轨道交通装备制造业职业技能鉴定指导丛书

电炉炼钢工

中国北车股份有限公司　编写

中国铁道出版社

2015年·北京

图书在版编目(CIP)数据

电炉炼钢工/中国北车股份有限公司编写 . —北京：
中国铁道出版社，2015.2

（轨道交通装备制造业职业技能鉴定指导丛书）

ISBN 978-7-113-19236-5

Ⅰ.①电… Ⅱ.①中… Ⅲ.①电炉炼钢－职业技能－
鉴定－教材 Ⅳ.①TF741

中国版本图书馆 CIP 数据核字(2014)第 210509 号

轨道交通装备制造业职业技能鉴定指导丛书

书　　名：**电炉炼钢工**

作　　者：中国北车股份有限公司

策　　划：江新锡　钱士明　徐　艳

责任编辑：徐　艳　　　　　　　编辑部电话：010-51873193

封面设计：郑春鹏

责任校对：龚长江

责任印制：郭向伟

出版发行：中国铁道出版社(100054,北京市西城区右安门西街 8 号)

网　　址：http://www.tdpress.com

印　　刷：北京大兴县新魏印刷厂

版　　次：2015 年 2 月第 1 版　2015 年 2 月第 1 次印刷

开　　本：787 mm×1 092 mm　1/16　印张：12.5　字数：320 千

书　　号：ISBN 978-7-113-19236-5

定　　价：39.00 元

序

在党中央、国务院的正确决策和大力支持下，中国高铁事业迅猛发展。中国已成为全球高铁技术最全、集成能力最强、运营里程最长、运行速度最高的国家。高铁已成为中国外交的新名片，成为中国高端装备"走出国门"的排头兵。

中国北车作为高铁事业的积极参与者和主要推动者，在大力推动产品、技术创新的同时，始终站在人才队伍建设的重要战略高度，把高技能人才作为创新资源的重要组成部分，不断加大培养力度。广大技术工人立足本职岗位，用自己的聪明才智，为中国高铁事业的创新、发展做出了重要贡献，被李克强同志亲切地赞誉为"中国第一代高铁工人"。如今在这支近 5 万人的队伍中，持证率已超过96%，高技能人才占比已超过 60%，3 人荣获"中华技能大奖"，24 人荣获国务院"政府特殊津贴"，44 人荣获"全国技术能手"称号。

高技能人才队伍的发展，得益于国家的政策环境，得益于企业的发展，也得益于扎实的基础工作。自 2002 年起，中国北车作为国家首批职业技能鉴定试点企业，积极开展工作，编制鉴定教材，在构建企业技能人才评价体系、推动企业高技能人才队伍建设方面取得明显成效。为适应国家职业技能鉴定工作的不断深入，以及中国高端装备制造技术的快速发展，我们又组织修订、开发了覆盖所有职业（工种）的新教材。

在这次教材修订、开发中，编者们基于对多年鉴定工作规律的认识，提出了"核心技能要素"等概念，创造性地开发了《职业技能鉴定技能操作考核框架》。该《框架》作为技能人才评价的新标尺，填补了以往鉴定实操考试中缺乏命题水平评估标准的空白，很好地统一了不同鉴定机构的鉴定标准，大大提高了职业技能鉴定的公信力，具有广泛的适用性。

相信《轨道交通装备制造业职业技能鉴定指导丛书》的出版发行，对于促进我国职业技能鉴定工作的发展，对于推动高技能人才队伍的建设，对于振兴中国高端装备制造业，必将发挥积极的作用。

中国北车股份有限公司总裁：

2015.2.7

前　言

　　鉴定教材是职业技能鉴定工作的重要基础。2002 年，经原劳动保障部批准，中国北车成为国家职业技能鉴定首批试点中央企业，开始全面开展职业技能鉴定工作。2003 年，根据《国家职业标准》要求，并结合自身实际，组织开发了《职业技能鉴定指导丛书》，共涉及车工等 52 个职业（工种）的初、中、高 3 个等级。多年来，这些教材为不断提升技能人才素质、适应企业转型升级、实施"三步走"发展战略的需要发挥了重要作用。

　　随着企业的快速发展和国家职业技能鉴定工作的不断深入，特别是以高速动车组为代表的世界一流产品制造技术的快步发展，现有的职业技能鉴定教材在内容、标准等诸多方面，已明显不适应企业构建新型技能人才评价体系的要求。为此，公司决定修订、开发《轨道交通装备制造业职业技能鉴定指导丛书》（以下简称《丛书》）。

　　本《丛书》的修订、开发，始终围绕促进实现中国北车"三步走"发展战略、打造世界一流企业的目标，努力遵循"执行国家标准与体现企业实际需要相结合、继承和发展相结合、坚持质量第一、坚持岗位个性服从于职业共性"四项工作原则，以提高中国北车技术工人队伍整体素质为目的，以主要和关键技术职业为重点，依据《国家职业标准》对知识、技能的各项要求，力求通过自主开发、借鉴吸收、创新发展，进一步推动企业职业技能鉴定教材建设，确保职业技能鉴定工作更好地满足企业发展对高技能人才队伍建设工作的迫切需要。

　　本《丛书》修订、开发中，认真总结和梳理了过去 12 年企业鉴定工作的经验以及对鉴定工作规律的认识，本着"紧密结合企业工作实际，完整贯彻落实《国家职业标准》，切实提高职业技能鉴定工作质量"的基本理念，在技能操作考核方面提出了"核心技能要素"和"完整落实《国家职业标准》"两个概念，并探索、开发出了中国北车《职业技能鉴定技能操作考核框架》；对于暂无《国家职业标准》、又无相关行业职业标准的 40 个职业，按照国家有关《技术规程》开发了《中国北车职业标准》。经 2014 年技师、高级技师技能鉴定实作考试中 27 个职业的试用表明：该《框架》既完整反映了《国家职业标准》对理论和技能两方面的要求，又适应了企业生产和技术工人队伍建设的需要，突破了以往技能鉴定实作考核中试卷的难度与完整性评估的"瓶颈"，统一了不同产品、不同技术含量企业的鉴定标准，提高了鉴定考核的技术含量，保证了职业技能鉴定的公平性，提高了职业技能鉴定工作质量和管理水平，将成为职业技能鉴定工作、进而成为生产操作者技能素质评价的新标尺。

　　本《丛书》共涉及98个职业(工种),覆盖了中国北车开展职业技能鉴定的所有职业(工种)。《丛书》中每一职业(工种)又分为初、中、高3个技能等级,并按职业技能鉴定理论、技能考试的内容和形式编写。其中:理论知识部分包括知识要求练习题与答案;技能操作部分包括《技能考核框架》和《样题与分析》。本《丛书》按职业(工种)分册,并计划第一批出版74个职业(工种)。

　　本《丛书》在修订、开发中,仍侧重于相关理论知识和技能要求的应知应会,若要更全面、系统地掌握《国家职业标准》规定的理论与技能要求,还可参考其他相关教材。

　　本《丛书》在修订、开发中得到了所属企业各级领导、技术专家、技能专家和培训、鉴定工作人员的大力支持;人力资源和社会保障部职业能力建设司和职业技能鉴定中心、中国铁道出版社等有关部门也给予了热情关怀和帮助,我们在此一并表示衷心感谢。

　　本《丛书》之《电炉炼钢工》由齐齐哈尔轨道交通装备有限责任公司《电炉炼钢工》项目组编写。主编贾长江,副主编李日;主审刘红生,副主审张忠;参编人员王欣、刘国侠。

　　由于时间及水平所限,本《丛书》难免有错、漏之处,敬请读者批评指正。

中国北车职业技能鉴定教材修订、开发编审委员会
二○一四年十二月二十二日

目　　录

电炉炼钢工(职业道德)习题

一、填空题

1. 职业道德是从事一定职业的人们在职业活动中应该遵循的(　　)的总和。

2. 职业化也称"专业化",是一种(　　)的工作态度。

3. 职业技能是指从业人员从事职业劳动和完成岗位工作应具有的(　　)。

4. 社会主义职业道德的基本原则是(　　)。

5. 社会主义职业道德的核心是(　　)。

6. 加强职业道德修养要端正(　　)。

7. 强化职业道德情感有赖于从业人员对道德行为的(　　)。

8. 敬业是一切职业道德基本规范的(　　)。

9. 敬业要求强化(　　)、坚守工作岗位和提高职业技能。

10. 诚信是企业形成持久竞争力的(　　)。

11. 公道是员工和谐相处,实现(　　)的保证。

12. 遵守职业纪律是企业员工的(　　)。

13. 节约是从业人员立足企业的(　　)。

14. 合作是企业生产经营顺利实施的(　　)。

15. 奉献是从业人员实现(　　)的途径。

16. 奉献是一种(　　)的职业道德。

17. 社会主义道德建设以社会公德、(　　)、家庭美德为着力点。

18. 合作是从业人员汲取(　　)的重要手段。

19. 利用工作之便盗窃公司财产的,将依据国家法律追究(　　)。

20. 认真负责的工作态度能促进(　　)的实现。

21. 到本机关、单位自办的定点复制单位复制国家秘密载体,其准印手续,由(　　)确定。

22. 我国劳动法律规定,女职工的产假为(　　)天。

23. 合同是一个允诺或一系列允诺,违反该允诺将由法律给予救济,履行该允诺是法律所确认的(　　)。

24. 当事人就技术开发、转让、咨询或者服务订立的确立相互之间权利和义务的合同是(　　)。

25. 劳动争议调解应当遵循自愿、(　　)、公正、及时原则。

26. 工伤保险费应当由(　　)缴纳。

27. 《产品质量法》所称产品是指经过加工、制作,用于(　　)的产品。

28. 生产者、销售者应当建立健全内部(　　)制度,严格实施岗位质量规范、质量责任以及相应的考核办法。

29. 产品质量应当检验合格,不得以(　　)产品冒充合格产品。

30. 国家对产品质量实行以(　　)为主要方式的监督检查制度。

31. 为从业人员配备的,使其在劳动过程中免遭或者减轻事故伤害及职业危害的个人防护装备叫做(　　)。

32. 劳动防护用品具有一定的(　　),需定期检查或维护,经常清洁保养,不得任意损坏、破坏劳防用品,使之失去原有功效。

33. 进行腐蚀品的装卸作业应该戴(　　)手套。

二、单项选择题

1. 社会主义职业道德以(　　)为基本行为准则。
(A)爱岗敬业　　　　　　　　　(B)诚实守信
(C)人人为我,我为人人　　　　　(D)社会主义荣辱观

2.《公民道德建设实施纲要》中,党中央提出了所有从业人员都应该遵循的职业道德"五个要求"是:爱岗敬业、(　　)、公事公办、服务群众、奉献社会。
(A)爱国为民　　　(B)自强不息　　　(C)修身为本　　　(D)诚实守信

3. 职业化管理在文化上的体现是重视标准化和(　　)。
(A)程序化　　　　(B)规范化　　　　(C)专业化　　　　(D)现代化

4. 职业技能包括职业知识、职业技术和(　　)。
(A)职业语言　　　(B)职业动作　　　(C)职业能力　　　(D)职业思想

5. 职业道德对职业技能的提高具有(　　)作用。
(A)促进　　　　　(B)统领　　　　　(C)支撑　　　　　(D)保障

6. 市场经济环境下的职业道德应该讲法律、讲诚信、(　　)、讲公平。
(A)讲良心　　　　(B)讲效率　　　　(C)讲人情　　　　(D)讲专业

7. 敬业精神是个体以明确的目标选择、忘我投入的志趣、认真负责的态度,从事职业活动时表现出的(　　)。
(A)精神状态　　　(B)人格魅力　　　(C)个人品质　　　(D)崇高品质

8. 下列关于爱岗敬业的说法中,正确的是(　　)。
(A)市场经济鼓励人才流动,再提倡爱岗敬业已不合时宜
(B)即便在市场经济时代,也要提倡"干一行,爱一行,专一行"
(C)要做到爱岗敬业就应一辈子在岗位上无私奉献
(D)在现实中,我们不得不承认,"爱岗敬业"的观念阻碍了人们的择业自由

9. 以下不利于同事信赖关系建立的是(　　)。
(A)同事间分派系　　　　　　　(B)不说同事的坏话
(C)开诚布公相处　　　　　　　(D)彼此看重对方

10. 公道的特征不包括(　　)。
(A)公道标准的时代性　　　　　(B)公道思想的普遍性
(C)公道观念的多元性　　　　　(D)公道意识的社会性

11. 从领域上看,职业纪律包括劳动纪律、财经纪律和(　　)。
(A)行为规范　　　(B)工作纪律　　　(C)公共纪律　　　(D)保密纪律

12. 从层面上看,纪律的内涵在宏观上包括(　　)。
(A)行业规定、规范　　　　　　(B)企业制度、要求
(C)企业守则、规程　　　　　　(D)国家法律、法规

13. 以下不属于节约行为的是(　　)。
(A)爱护公物　　(B)节约资源　　(C)公私分明　　(D)艰苦奋斗

14. 下列不属于合作特征的是(　　)。
(A)社会性　　(B)排他性　　(C)互利性　　(D)平等性

15. 奉献精神要求做到尽职尽责和(　　)。
(A)爱护公物　　(B)节约资源　　(C)艰苦奋斗　　(D)尊重集体

16. 机关、(　　)是对公民进行道德教育的重要场所。
(A)家庭　　(B)企事业单位　　(C)学校　　(D)社会

17. 职业道德涵盖了从业人员与服务对象、职业与职工、(　　)之间的关系。
(A)人与人　　(B)人与社会　　(C)职业与职业　　(D)人与自然

18. 中国北车团队建设目标是(　　)。
(A)实力 活力 凝聚力　　　　(B)更高 更快 更强
(C)诚信 创新 进取　　　　　(D)品牌 市场 竞争力

19. 以下体现互助协作精神的思想是(　　)。
(A)助人为乐　　(B)团结合作　　(C)争先创优　　(D)和谐相处

20. 对待工作岗位,正确的观点是(　　)。
(A)虽然自己并不喜爱目前的岗位,但不能不专心努力
(B)敬业就是不能得陇望蜀,不能选择其他岗位
(C)树挪死,人挪活,要通过岗位变化把本职工作做好
(D)企业遇到困难或降低薪水时,没有必要再讲爱岗敬业

21. 以下体现严于律己的思想是(　　)。
(A)以责人之心责己　　　　　(B)以恕己之心恕人
(C)以诚相见　　　　　　　　(D)以礼相待

22. 以下(　　)规定了职业培训的相关要求。
(A)专利法　　(B)环境保护法　　(C)合同法　　(D)劳动法

23. 能够认定劳动合同无效的机构是(　　)。
(A)各级人民政府　　　　　　(B)工商行政管理部门
(C)各级劳动行政部门　　　　(D)劳动争议仲裁委员会

24. 我国劳动法律规定的最低就业年龄是(　　)。
(A)18 周岁　　(B)17 周岁　　(C)16 周岁　　(D)15 周岁

25. 我国劳动法律规定,集体协商职工一方代表在劳动合同期内,自担任代表之日起(　　)年以内,除个人严重过失外,用人单位不得与其解除劳动合同。
(A)5　　(B)4　　(C)3　　(D)2

26. 坚持(　　),创造一个清洁、文明、适宜的工作环境,塑造良好的企业形象。
(A)文明生产　　(B)清洁生产　　(C)生产效率　　(D)生产质量

27. 在易燃易爆场所穿(　　)最危险。

(A)布鞋　　　　　(B)胶鞋　　　　　(C)带钉鞋　　　　　(D)棉鞋

三、多项选择题

1. 职业道德的价值在于(　　)。
(A)有利于企业提高产品和服务的质量
(B)可以降低成本、提高劳动生产率和经济效益
(C)有利于协调职工之间及职工与领导之间的关系
(D)有利于企业树立良好形象,创造著名品牌

2. 对从业人员来说,下列要素属于最基本的职业道德要素的是(　　)。
(A)职业理想　　(B)职业良心　　(C)职业作风　　(D)职业守则

3. 职业道德的具体功能包括(　　)。
(A)导向功能　　(B)规范功能　　(C)整合功能　　(D)激励功能

4. 职业道德的基本原则是(　　)。
(A)体现社会主义核心价值观
(B)坚持社会主义集体主义原则
(C)体现中国特色社会主义共同理想
(D)坚持忠诚、审慎、勤勉的职业活动内在道德准则

5. 以下既是职业道德要求,又是社会公德要求的是(　　)。
(A)文明礼貌　　(B)勤俭节约　　(C)爱国为民　　(D)崇尚科学

6. 下列行为中,违背职业道德的是(　　)。
(A)在单位的电脑上读小说
(B)拷贝和使用免费软件
(C)用单位的电话聊天
(D)私下打开同事的电子邮箱

7. 职业化行为规范要求遵守行业或组织的行为规范包括(　　)。
(A)职业思想　　(B)职业文化　　(C)职业语言　　(D)职业动作

8. 职业技能的特点包括(　　)。
(A)时代性　　　(B)专业性　　　(C)层次性　　　(D)综合性

9. 加强职业道德修养有利于(　　)。
(A)职业情感的强化　　　　　　　(B)职业生涯的拓展
(C)职业境界的提高　　　　　　　(D)个人成才成长

10. 职业道德主要通过(　　)的关系,增强企业的凝聚力。
(A)协调企业职工间　　　　　　　(B)调节领导与职工
(C)协调职工与企业　　　　　　　(D)调节企业与市场

11. 爱岗敬业的具体要求是(　　)。
(A)树立职业理想　　　　　　　　(B)强化职业责任
(C)提高职业技能　　　　　　　　(D)抓住择业机遇

12. 敬业的特征包括(　　)。
(A)主动　　　　(B)务实　　　　(C)持久　　　　(D)乐观

13. 诚信的本质内涵是(　　)。

(A)智慧　　　　　(B)真实　　　　　(C)守诺　　　　　(D)信任

14. 诚信要求(　　)。

(A)尊重事实　　　(B)真诚不欺　　　(C)讲求信用　　　(D)信誉至上

15. 公道的要求是(　　)。

(A)平等待人　　　(B)公私分明　　　(C)坚持原则　　　(D)追求真理

16. 坚持办事公道,必须做到(　　)。

(A)坚持真理　　　(B)自我牺牲　　　(C)舍己为人　　　(D)光明磊落

17. 平等待人应树立以下(　　)。

(A)市场面前顾客平等的观念　　　　　(B)按贡献取酬的平等观念

(C)按资排辈的固有观念　　　　　　　(D)按德才谋取职业的平等观念

18. 职业纪律的特征包括(　　)。

(A)社会性　　　　(B)强制性　　　　(C)普遍适用性　　(D)变动性

19. 节约的特征包括(　　)。

(A)个体差异性　　(B)时代表征性　　(C)社会规定性　　(D)价值差异性

20. 一个优秀的团队应该具备的合作品质包括(　　)。

(A)成员对团队强烈的归属感　　　　　(B)合作使成员相互信任,实现互利共赢

(C)团队具有强大的凝聚力　　　　　　(D)合作有助于个人职业理想的实现

21. 求同存异要求做到(　　)。

(A)换位思考,理解他人　　　　　　　(B)胸怀宽广,学会宽容

(C)端正态度,纠正思想　　　　　　　(D)和谐相处,密切配合

22. 奉献的基本特征包括(　　)。

(A)非功利性　　　(B)功利性　　　　(C)普遍性　　　　(D)可为性

23. 中国北车的核心价值观是(　　)。

(A)诚信为本　　　(B)创新为魂　　　(C)崇尚行动　　　(D)勇于进取

24. 中国北车企业文化核心理念包括(　　)。

(A)中国北车使命　　　　　　　　　　(B)中国北车愿景

(C)中国北车核心价值观　　　　　　　(D)中国北车团队建设目标

25. 企业文化的功能有(　　)。

(A)激励功能　　　(B)自律功能　　　(C)导向功能　　　(D)整合功能

26. 坚守工作岗位要做到(　　)。

(A)遵守规定　　　(B)坐视不理　　　(C)履行职责　　　(D)临危不退

27. 下列思想或态度不可取的是(　　)。

(A)工作后不用再刻苦学习　　　　　　(B)业务上难题不急于处理

(C)要不断提高思想素质　　　　　　　(D)要不断提高科学文化素质

28. 下列属于劳动者权利的是(　　)。

(A)平等就业的权利　　　　　　　　　(B)选择职业的权利

(C)取得劳动报酬的权利　　　　　　　(D)休息休假的权利

29. 下列属于劳动者义务的是(　　)。

(A)劳动者应当履行完成劳动任务义务

(B)劳动者具有提高自身职业技能的义务

(C)执行劳动安全卫生规程

(D)遵守职业道德

30. 调解劳动争议适用的依据是（　　　）。

(A)法律、法规、规章和相关政策　　　　(B)依法订立的集体合同

(C)依法订立劳动合同　　　　(D)职工(代表)大会依法制定的规章制度

31. 调解劳动争议的范围包括（　　　）。

(A)因用人单位开除、除名、辞退职工和职工辞职、自动离职等发生的争议

(B)因执行国家有关工资、社会保险、福利、培训、劳动保护的规定发生的争议

(C)因履行劳动合同发生的争议

(D)法律、法规规定应当调解的其他劳动争议

32. 以下属于劳动关系,适用《劳动法》的规定的是（　　　）。

(A)乡镇企业与其职工之间的关系

(B)某家庭与其聘用的保姆之间的关系

(C)个体老板与其雇工之间的关系

(D)国家机关与实行劳动合同制的工勤人员之间的关系

33. 根据《劳动法》规定,用人单位应当支付劳动者经济补偿金的情况有（　　　）。

(A)劳动合同因合同当事人双方协商一致而由用人单位解除

(B)劳动合同因合同当事人双方约定的终止条件出现而终止

(C)劳动者在试用期间被证明不符合录用条件的

(D)劳动者不能胜任工作,经过培训或者调整工作岗位仍不能胜任工作,由用人单位解除
　　　劳动合同的

34. 承担产品质量责任的主体包括（　　　）。

(A)生产者　　　　(B)销售者　　　　(C)运输者　　　　(D)生产原料提供者

35. 在产品质量国家监督抽查中,下列做法正确的是（　　　）。

(A)抽查的样品在市场上随机抽取

(B)抽查的样品由产品质量监督部门与生产者共同确定

(C)抽查的样品由产品质量监督部门与销售者共同确定

(D)抽查的样品在企业的成品仓库内的待销产品中随机抽取

36. 文明生产的具体要求包括（　　　）。

(A)语言文雅、行为端正、精神振奋、技术熟练

(B)相互学习、取长补短、互相支持、共同提高

(C)岗位明确、纪律严明、操作严格、现场安全

(D)优质、低耗、高效

四、判 断 题

1. 职业道德是企业文化的重要组成部分。（　　　）

2. 职业活动内在的职业准则是忠诚、审慎、勤勉。（　　　）

3. 职业化的核心层是职业化行为规范。（　　）

4. 职业化是新型劳动观的核心内容。（　　）

5. 职业技能是企业开展生产经营活动的前提和保证。（　　）

6. 文明礼让是做人的起码要求，也是个人道德修养境界和社会道德风貌的表现。（　　）

7. 敬业会失去工作和生活的乐趣。（　　）

8. 讲求信用包括择业信用和岗位责任信用，不包括离职信用。（　　）

9. 公道是确认员工薪酬的一项指标。（　　）

10. 职业纪律与员工个人事业成功没有必然联系。（　　）

11. 节约是从业人员事业成功的法宝。（　　）

12. 艰苦奋斗是节约的一项要求。（　　）

13. 合作是打造优秀团队的有效途径。（　　）

14. 奉献可以是本职工作之内的，也可以是职责以外的。（　　）

15. 社会主义道德建设以为人民服务为核心。（　　）

16. 集体主义是社会主义道德建设的原则。（　　）

17. 中国北车的愿景是成为轨道交通装备行业世界级企业。（　　）

18. 发生泄密事件的机关、单位，应当迅速查明被泄露的国家秘密的内容和密级、造成或者可能造成危害的范围和严重程度、事件的主要情节和有关责任者，及时采取补救措施，并报告有关保密工作部门和上级机关。（　　）

19. 数字移动电话传输的是数字信号，因此是保密的。（　　）

20. 国家秘密文件在公共场所丢失后，凡能够找回的，就不应视为泄密。（　　）

21. 企业的技术成果被确定为国家秘密技术后，企业不得擅自解密，对外提供。（　　）

22. 上级下发的绝密级国家秘密文件，确因工作需要，经本机关、单位领导批准，可以复印。（　　）

23. 合同是两个或两个以上的当事人之间为实现一定的目的，明确彼此权利和义务的协议。（　　）

24. 合同是一种民事法律行为。（　　）

25. 任何单位和个人有权对违反《产品质量法》规定的行为，向产品质量监督部门或者其他有关部门检举。（　　）

26. 适当的赌博会使员工的业余生活丰富多彩。（　　）

27. 忠于职守就是忠诚地对待自己的职业岗位。（　　）

28. 爱岗敬业是奉献精神的一种体现。（　　）

29. 严于律己宽以待人，是中华民族的传统美德。（　　）

30. 工作应认真钻研业务知识，解决遇到的难题。（　　）

31. 工作中应谦虚谨慎，戒骄戒躁。（　　）

32. 安全第一，确保质量，兼顾效率。（　　）

33. 不懂"安全操作规程"和未受过安全教育的职工，不许参加工作。（　　）

34. 安全生产是企业完成任务的必然要求。（　　）

35. 工作服主要起到隔热、反射和吸收等屏蔽作用。（　　）

36. 每个职工都有保守企业秘密的义务和责任。（　　）

37. "诚信为本、创新为魂、崇尚行动、勇于进取"是中国北车的核心价值观。（　　）

电炉炼钢工(职业道德)答案

一、填空题

1. 行为规范	2. 自律性	3. 业务素质	4. 集体主义
5. 全心全意为人民服务	6. 职业态度	7. 直接体验	8. 基础
9. 职业责任	10. 无形资产	11. 团队目标	12. 重要标准
13. 品质	14. 内在要求	15. 职业理想	16. 最高层次
17. 职业道德	18. 智慧和力量	19. 刑事责任	20. 个人价值
21. 上级主管部门	22. 90	23. 义务	24. 技术合同
25. 合法	26. 用人单位	27. 销售	28. 产品质量管理
29. 不合格	30. 抽查	31. 劳动防护用品	32. 有效期限
33. 橡胶			

二、单项选择题

1. D	2. D	3. B	4. C	5. A	6. B	7. C	8. B	9. A
10. B	11. D	12. D	13. C	14. B	15. D	16. B	17. C	18. A
19. B	20. A	21. A	22. D	23. D	24. C	25. A	26. A	27. B

三、多项选择题

1. ABCD	2. ABC	3. ABCD	4. ABD	5. ABCD	6. ACD	7. ACD
8. ABCD	9. BCD	10. ABC	11. ABC	12. ABC	13. BCD	14. ABCD
15. ABCD	16. AD	17. ABD	18. ABCD	19. BCD	20. AC	21. ABD
22. ACD	23. ABCD	24. ABCD	25. ABCD	26. ACD	27. AB	28. ABCD
29. ABCD	30. ABCD	31. ABCD	32. ACD	33. AD	34. AB	35. AD
36. ABCD						

四、判断题

1. √	2. √	3. ×	4. √	5. √	6. √	7. ×	8. ×	9. √
10. ×	11. √	12. √	13. √	14. √	15. √	16. √	17. √	18. √
19. ×	20. ×	21. √	22. ×	23. √	24. √	25. √	26. ×	27. √
28. √	29. √	30. √	31. √	32. √	33. √	34. √	35. √	36. √
37. √								

电炉炼钢工(初级工)习题

一、填空题

1. 标注一个大半圆弧的尺寸时,应在标注的数字前加(　　)。

2. 标注一个圆柱图形的直径时,应在标注的数字前加(　　)。

3. 单位数量的物质在加热(或冷却)过程中温度升高(或降低)1K 所吸收(或放出)的热量叫做(　　)。

4. 由两种或两种以上物质组成的均一体系,其成分能在一定范围内变动,这种体系称为(　　)。

5. 单位溶液中所含溶质的量叫做该溶液的(　　)。

6. 电炉炼钢的过程,主要就是将电能转化为(　　),促进废钢熔化并且继续升温,满足炼钢不同阶段物理化学反应的需求。

7. 热量传输的基本方式包括导热、对流和(　　)。

8. 将生铁、废钢炼成钢,必须进行(　　)熔炼。

9. 通常把钢分为碳素钢和(　　)两大类。

10. 铸钢按使用特性分为工程与结构用铸钢、铸造特殊钢、(　　)、专业铸造用钢。

11. 铸钢在力学性能的(　　)并不显著。

12. 耐火制品的质量与其总体积的比值称为(　　)。

13. 正火就是工件加热到 Ac_3 以上 30～50℃,保持一定时间,在(　　)中冷却。

14. 碳钢的体积收缩率随含碳量的增加而(　　)。

15. 含碳量在(　　)左右的碳钢抗热裂能力最强。

16. 疲劳载荷指大小和方向作(　　)变化的动载荷。

17. 钢的体积随温度而变化称为钢的(　　)。

18. 最典型、最常见的金属晶体结构的三种类型:体心立方晶格、面心立方晶格和(　　)。

19. 液态金属结构的重要特点是存在着金属键和(　　)。

20. 单位体积钢液所具有的质量称为(　　)。

21. 以各种不同运动速度的液体,各层之间所产生的内摩擦力,称为(　　)。

22. 通常提高(　　)可以降低炉渣黏度。

23. 当炉渣被加热时,固态渣完全转变为均匀液相或者冷却时候液态渣开始析出固相的温度,称为炉渣的(　　)。

24. 熔渣的(　　)能决定熔渣所占据的体积大小及钢液液滴在渣中的沉淀速度。

25. 炉渣的化学性质主要取决于炉渣中主要氧化物的(　　)和性质。

26. 判断熔渣酸碱性及其强弱的指标称为熔渣的(　　)。

27. 碱度是(　　)的重要性能指标。

28. 脱磷所采取的工艺手段是造好碱性氧化渣,脱硫则应造好(　　　)。

29. 电炉炼钢不仅可去除钢中的有害气体与夹杂物,还可脱氧、去硫、(　　　),故能冶炼出高质量的特殊钢。

30. 炼钢的目的之一是将钢水加热至一定温度,保证(　　　)的需要。

31. 碱性电弧炉炼钢工艺一般分为氧化法、不氧化法和(　　　)。

32. 电弧炉冶炼按照冶炼过程中造渣次数分,包括(　　　)和双渣法。

33. VD 精炼法是将转炉、电炉的初炼钢水置于真空室中,同时钢包底部(　　　)搅拌的一种真空处理法。

34. 浇注系统中,阻挡熔渣进入内浇道的部分称为(　　　)。

35. 浇注系统中,接纳来自浇包的金属液的部分称为(　　　)。

36. 冒口应设置在铸件最高而且(　　　)的部位。

37. 形状复杂零件的毛坯,尤其具有复杂内腔时,最适合采用(　　　)生产。

38. 最常见的砂型结构是上砂型(含砂箱)、下砂型(含砂箱)和(　　　)。

39. 石英砂的主要成分是(　　　)。

40. 炼钢电炉的构造主要是由(　　　)决定的,同时与电炉的容量大小、装料方式、传动方式等有关。

41. 普通电弧炉炉体由(　　　)、炉门、出钢口与出钢槽、炉盖圈和电极密封圈等组成。

42. 电弧炉的水冷炉衬构造大致可分为(　　　)与铸造两大类。

43. 普通电弧炉用水冷却部分为变压器、电极夹持器、炉门框、炉门和(　　　)。

44. 电弧炉炉壳、炉底的形状有平底形、(　　　)形和球形。

45. 炉门由(　　　)、炉门扇及升降机构组成。

46. 电弧炉机械设备主要包括:(　　　)、电极升降机构、炉体倾动机构及开出机构、炉盖旋转或旋出机构等。

47. 电弧炉电气设备供电系统由如下几部分组成:高压电缆、(　　　)、断路器、电抗器、变压器、短网等设备及相应控制系统。

48. 电弧炉的炉体外壳由钢板制成,内部砌筑(　　　)。

49. 底倾电弧炉一般有机械传动和(　　　)。

50. 炼钢炉按炉衬耐火材料的性质分为碱性炼钢炉和(　　　)。

51. 将三个电极从炉盖上的电极孔插入炉内,排列成等边三角形使得三个电极的圆心在一个圆周上,叫做电极的(　　　)。

52. 电弧炉炉体倾动机构有侧倾和(　　　)两种类型。

53. 电炉的(　　　)是指变压器低压侧的引出线至电极这一段,传导低压大电流的导体。

54. 炼钢用原材料包括金属材料、造渣材料、氧化剂和增碳剂、(　　　)和其他材料。

55. 废钢中严禁混入(　　　)、锌、锡、砷、铜等有色金属。

56. 废钢中不许混入爆炸物、(　　　)、管子、大量油垢以及冰、雪、水等,以免发生爆炸事故。

57. 密闭容器、爆炸物在受热后会引起(　　　),所以要杜绝密闭容器、爆炸物入炉。

58. 石灰是炼钢重要的造渣材料,主要成分为(　　　)。

59. 石灰在空气中长期存放易吸收水分成为粉末,粉末状石灰又极易吸水形成(　　　)。

60. 采用白云石造渣的主要目的是延长（　　）寿命。

61. 电炉常用的铁矿石中赤铁矿主要成分为 Fe_2O_3，磁铁矿为 Fe_3O_4，它们在氧化期的作用是（　　）。

62. 耐火材料按加工方式分类包括（　　）、不烧结砖和电熔砖三种。

63. 卤水的主要成分是（　　）。

64. 电弧炉炉底、炉坡分为绝热保温层、保护层和（　　）三层。

65. 电弧炉的炉衬分为炉底和（　　）。

66. 确定炉墙厚度的原则是为了提高炉衬的寿命和减少（　　）。

67. 电炉炉壁由外到内依次为绝热层、（　　）、工作层。

68. 电弧炉炉盖的工作条件十分恶劣，它一般承受 1 400 ℃以上高温，尤其是在（　　）期长时间地高温精炼是它损坏的主要原因。

69. 电炉炉盖芯安装时，在水冷炉盖与炉盖芯接触面均匀涂上一层 3～5 mm 厚的（　　）。

70. EBT 技术是在炉体的后部靠近炉壁 20～60 cm 的炉底增加了一个出钢口，出钢口分为两层，即座砖和（　　）。

71. LF 钢包进烘烤工位前要检查透气砖透气情况，透气良好后在透气砖上方盖上（　　）。

72. 钢包炉浇注结束后，及时将钢包炉吊到清理场地翻包，用（　　）将透气砖狭缝内尚未完全凝固的钢水吹出。

73. 配料的准确性包括炉料重量及（　　）两个方面。

74. 电炉炼钢时，如果配碳量过低，（　　）后势必进行增碳。

75. 电炉炼钢中，根据冶炼的钢种、设备条件、现有的原材料和不同的（　　）进行配料。

76. 电炉开第一炉的冶炼要考虑到收得率和（　　）的关系，一般比正常的配料量多 10%～20%。

77. 为了使炉衬保持一定的形状，保证正常冶炼和延长炉衬的使用寿命，每次出钢后都要（　　）。

78. 补炉的原则快补、（　　）、薄补。

79. 补炉方法可分为人工投补和（　　）。

80. 碱性电弧炉的补炉材料为（　　）。

81. 补炉材料可由人工拌制或（　　）拌制。

82. 出钢完毕应立即进行补炉，事先做好准备工作。补炉时，要相互密切配合，以缩短补炉（　　）。

83. 炉坡上涨时铲平或吹平上涨部位后，在上涨处加入碎矿石和（　　），有利于消除上涨。

84. 炉底、炉坡上涨时，应趁高温用铁耙子扒掘或铲平上涨部位，也可用压缩空气或（　　）吹平。

85. 装料结束，开始通电到炉料（　　），并将熔化的钢液加热到加矿或吹氧氧化所要求的温度时，称为熔化期结束。

86. 熔化期主要任务是保证（　　）的前提下，以最少的电耗将固体炉料迅速熔化为均匀的液体。

87. 电炉炼钢开始,电极端头和废钢之间的电路短路产生电弧燃烧的现象称为电炉炼钢过程中的(   )现象。

88. 电极起弧后,电极下方的废钢不断熔化,在电极下方会出现一个大于电极直径的孔洞,这种现象称为(   )现象。

89. 一般情况下,在电极下面和靠近(   )电极热点区的炉料熔化较快。

90. 当通电到一定时间后,炉门附近的炉料达到(   )程度,并在倾炉一定的角度能够见到钢水时,这时就可以开始吹氧助熔操作。

91. 如果配碳量偏低,可在渣面上(   ),以提高渣温为主,炉料熔化速度较快。

92. 熔末升温期供电上应采取低电压、(   ),否则采取泡沫渣埋弧工艺。

93. 氧化期的任务之一是进一步降低钢中的(   )含量,使其低于成品规格的一半。

94. 氧化末期温度高于出钢温度 10~20 ℃,为还原期(   ),加合金创造条件。

95. 氧化期的脱碳量是根据所炼钢种和(   )的要求,冶炼方法和炉料的质量等因素来决定。

96. 一般说来,炉料质量越差或对钢的质量要求越严,要求脱碳量相应(   )些。

97. 氧化期总的来说是一个(   )阶段,升温速度的快慢应根据脱碳、去磷两个反应的特点作适当控制。

98. 氧化前期的主要任务是去磷,温度应稍(   )些。

99. 氧化后期的主要任务是脱碳,温度应稍(   )些。

100. 因为脱磷是氧化反应,在还原期中不但无法去磷,还会发生(   ),所以扒渣前要求磷在成品规格一半以下。

101. 还原期碳高时只能进行重氧化,造成冶炼时间延长、炉体损坏、合金浪费等损失。所以(   )不能超出工艺要求。

102. 扒渣碳过低,除渣后必须增碳,会使钢液(   )、夹杂物含量增加、温度降低,冶炼时间延长。

103. 氧化期扒渣耙子一般采用 ϕ100 左右的木材、高压木屑、(   )等制做。

104. 还原期的任务主要是脱氧、合金化、(   )和化学成分的控制,将钢液的温度控制在规格范围内。

105. 传统电弧炉冶炼工艺从氧化末期(   )到出钢这段时间称为还原期。

106. 还原期的各项任务之间有着密切的联系,一般认为(   )是核心,温度是条件,造渣是保证。

107. 一般认为,冶炼对夹杂和发纹有严格要求的钢种,采用(   )白渣。

108. 一般认为,冶炼对夹杂和发纹要求不高的钢种,采用(   )白渣。

109. 还原渣中碳化钙能使(   )大大增加,出钢时炉渣能很强地黏附在钢水中,不易分离,增加钢中杂质,同时会使钢水增碳。

110. 电弧炉炼钢时,如果黄渣出钢,说明钢水(   ),不仅会使钢水中的合金元素氧化损失,成分控制不稳定,而且会玷污钢液。

111. 还原期(   )过大,会延长冶炼时间,增加电耗,并且渣料中带进的水分也会增多,会降低钢的质量。

112. 良好的还原渣观察炉内渣面呈均匀的(   ),用钢棒粘渣,渣层均匀,厚 3~5 mm,

说明炉渣黏度合适。

113. 冷却后的还原渣呈透明玻璃状,说明氧化铁含量不高,炉渣碱度低,(　　)含量高。

114. 还原期温度偏低时,炉渣流动性差,脱氧及钢中(　　)上浮等都受到影响。

115. 还原期造渣石灰不能加入过多,否则造成提温困难,并且钢渣还原的难度增加,只能(　　)、少量、多次加入。

116. 还原期后升温说明前期(　　),钢液流动性差,扩散脱氧过程进行的不好。

117. 出钢是炉前冶炼的最后一项操作,必须具备出钢条件才能出钢,否则将会影响钢的质量和(　　)。

118. 出钢降温包括出钢过程中钢液流周围环境散热,以及加热(　　),消耗热量而引起的降温。

119. 偏心底出钢电弧炉开炉前确认炉盖(　　),检查炉盖耐火材料能否继续使用。

120. 偏心底出钢电弧炉开炉前要对所有(　　)和液压系统进行详细检查,有无漏水、漏油、堵塞现象。

121. 偏心底出钢电弧炉开炉前检查(　　),避免在冶炼过程中接、松电极。

122. 偏心底出钢电弧炉开炉前检查测温、(　　)等工具是否准备齐全、到位并工作状态良好,材料是否准备充足。

123. 偏心底出钢电弧炉出钢后摇平炉体,同时清理(　　),修补、铺平炉门。

124. 偏心底出钢电弧炉出钢后仔细检查炉体情况,视情况迅速清除(　　)残钢残渣,然后趁高温尽快地进行补炉。

125. 偏心底出钢电弧炉补炉材料为(　　)或卤水镁砂补炉。

126. 偏心底出钢电弧炉补炉顺序:炉门下坎、两侧、(　　)、渣线。

127. 偏心底出钢电弧炉如渣线损坏严重或炉底深,应挡补或(　　)。

128. 偏心底出钢电弧炉出钢后快速将炉体前倾,迅速清理出钢口和填料口残钢残渣,关闭出钢口挡板并锁定,将出钢口填料填满略高于出钢口并呈(　　)凸起。

129. 装料入炉时,起吊料罐(　　),以防发生事故,可在炉盖抬起、旋转同时进行。

130. 装料应有专人指挥天车,料罐对正炉膛中心,当料罐底部与炉体上沿大致为(　　)时打开料罐。

131. 废钢不要高于炉体上沿,如高于可用磁盘吸出,不能用压铁压料,防止损坏(　　),不能旋转炉盖硬性刮料。

132. 装料结束后,清除炉体上沿废钢,(　　),准备开炉。

133. 偏心底出钢电弧炉留钢留渣操作时,加料后即可(　　),没有留钢留渣操作时,形成熔池后开始吹氧助熔。

134. 偏心底出钢电弧炉吹氧前期用于切割炉门区域的废钢,清理炉门,打开吹氧通道,供氧强度不得(　　)。

135. 偏心底出钢电弧炉随着氧枪插入熔池深度的增加可逐步加大供氧流量直至最大流量,促进(　　)、废钢熔化、成分和温度均匀、脱磷反应。

136. 吹氧操作时2人配合,1人加氧,1人开阀,在没开氧气阀门前,吹氧管不许插入钢水中,在吹氧管从(　　)中拔出后,可以关闭阀门。

137. 吹氧操作必须距炉门一定距离,以防烧伤,一般2.5~4 m,如遇大沸腾,则立即拔出吹氧管,关闭( ),人马上离开。

138. 吹氧管安装时必须将吹氧枪内的顶丝紧固到位,防止吹氧管( )及回火伤人。

139. 偏心底出钢电弧炉去磷操作应在( )基本完成,保证炉渣的碱度和氧化性,及时补加石灰和吹氧操作,及时放掉高磷炉渣,以免后期发生回磷。

140. 炉外精炼的目的是提高钢液( )。

141. 精炼前配电工应检查各选择开关位置是否正确,各指示信号、仪表显示是否正常,( )是否正常。

142. 进入精炼工位前,应事先检查 LF 炉盖及( )是否升到最高位,而且电极下端高于炉盖下沿,确认后方可把钢包车开至精炼工位,防止钢包上沿撞断电极。

143. LF 钢包精炼炉( )多箱浇注技术的成功应用,解决了实施电弧炉+精炼炉双联工艺流程进行多箱(30~50 箱)铸件浇注的工艺难题。

144. LF 钢包精炼炉( )结束后用塞杆吊将塞杆吊出,进入塞杆窑中进行烘烤,温度 150~240 ℃,加热时间 1 h 以上。

145. 钢包到达热装塞杆工位以后,对横臂与钢包升降机构连接部位进行清理、吹扫,保证( ),接触面无灰尘杂物、无残钢残渣。

146. LF 钢包引流时,先打开底塞,放掉引流砂,反复开启铸口,压破烧结层,放掉钢水( )预热铸口,关闭铸口后迅速吊到浇注区浇注。

147. LF 钢包引流时,如烧结层较厚,引流失败,则从铸口下部用铁钩捅破或( )。

148. LF 钢包精炼渣按生产工艺的不同可分为两种类型:一种是简单混合型,另一种是( )。

149. 钢包精炼炉的基本渣系为 $CaO\text{-}SiO_2\text{-}Al_2O_3$,为提高流动性可配加一部分( ),为增加发泡能力可配加一部分碳酸盐及发泡剂等。

150. LF 钢包精炼炉的造渣原则是:快、白、( )。

151. 精炼过程中,总渣量保持在当炉钢水量的 1.5%~2.5%,炉渣碱度( )。

152. 对 $CaO\text{-}SiO_2\text{-}MgO\text{-}Al_2O_3$ 渣而言,当( )为 8% 时,熔渣发泡效果最好。

153. 在低碱度范围内,当 $\omega(Al_2O_3)=$( )左右时,炉渣相对发泡高度取得最大值。

154. 发泡剂( )对发泡过程影响明显,具有一定粒度的发泡剂可使发泡效果得到较长时间的保持,不同粒度的发泡剂的混合使用有利于改善发泡效果。

155. LF 炉白渣保持时间要求在( )以上,取渣样化验时,FeO 含量不大于 1%。

156. 要实现造泡沫渣埋弧操作必须具备两个条件:一是要有( );二是炉渣具有储泡能力,即具有较长的发泡时间。

157. 电炉炼钢的特点就是熔池各部分的温度和成分是不均匀的,所以,取样前首先需要充分( )。

158. 热电偶具有结构简单、使用方便、测量精度高、( )、便于远距离传送和集中检测等优点。

159. 在电炉炼钢取样过程中,为减少误差,要求每次取样部位( )。

160. 轴之间可实现任意交错的传动类型是( )。

二、单项选择题

1. 圆的面积计算公式为( )。

(A)πR^2 (B)$4\pi R^2$ (C)$\frac{4}{3}\pi R^3$ (D)$2\pi R$

2. 圆的周长计算公式为( )。

(A)πR^2 (B)$\frac{4}{3}\pi R^3$ (C)$2\pi R$ (D)$4\pi R^2$

3. 尺寸就是用特定长度或角度单位表示的数值,并在技术图样上用图线、符号和( )要求表示出来。

(A)管理   (B)控制   (C)技术   (D)设计

4. 机械制图中用( )表示可见轮廓线。

(A)细实线   (B)粗实线   (C)细点划线   (D)粗点划线

5. 在国家标准中规定了( )种图线线型。

(A)6   (B)7   (C)8   (D)9

6. 标注一个小半圆弧的尺寸时,应在标注的数字前加( )。

(A)ϕ (B)D   (C)R   (D)r

7. 下列各组金属中,按金属活动性由强到弱顺序排列的是( )。

(A)Na、Fe、Mg   (B)K、Cu、Fc

(C)Ca、Al、Mn   (D)Zn、Al、Hg

8. 下列金属中导电性最好的是( )。

(A)银   (B)铝   (C)铜   (D)铁

9. 一般把含碳量小于( )的铁碳合金称为钢。

(A)0.53%   (B)0.77%   (C)2.14%   (D)4.30%

10. 通常把含碳量在( )以上的铁碳合金叫生铁。

(A)4.30%   (B)3.10%   (C)2.14%   (D)0.80%

11. 含碳量为( )的钢称为共析钢。

(A)0.53%   (B)0.77%   (C)2.14%   (D)4.30%

12. 易切削钢的含硫、磷量( )。

(A)较低   (B)较高   (C)极低   (D)极高

13. 调质钢的含碳量一般为( )。

(A)不大于0.20%   (B)0.25%~0.50%   (C)大于0.50%   (D)大于0.060%

14. 中碳钢的含碳量为( )。

(A)0.25%~0.60%   (B)0.10%~0.25%

(C)0.60%~0.70%   (D)0.70%~0.80%

15. Q235A属于( )钢。

(A)优质碳素钢   (B)合金结构钢   (C)普碳钢   (D)碳素工具钢

16. 镇静钢与沸腾钢的主要区别在于( )。

(A)脱氧工艺不同   (B)脱氧剂不同

(C)脱氧程度不同   (D)吹氧量不同

17. 优质钢和合金钢一般都是( )。

(A)镇静钢   (B)沸腾钢   (C)半镇静钢   (D)半沸腾钢

18. 常见铸钢件碳含量范围是(　　)。

(A)0.15％以下 　　　　　　　　　　　　(B)0.15％～0.50％

(C)0.50％～2.14％ 　　　　　　　　　　(D)2.14％以上

19. 耐火材料在(　　)干燥后的重量与总体积之比称为体积密度。

(A)90℃ 　　　(B)100℃ 　　　(C)110℃ 　　　(D)120℃

20. 碳钢随含碳量增加,钢(　　)。

(A)强度提高,塑性下降 　　　　　　　　(B)强度提高,塑性提高

(C)强度下降,塑性提高 　　　　　　　　(D)强度下降,塑性下降

21. 在下列钢号中(　　)的塑性最好。

(A)ZG230-450 　　(B)ZG270-500 　　(C)ZG310-570 　　(D)ZG340-640

22. 在下列钢号中(　　)的强度最高。

(A)ZG230-450 　　(B)ZG270-500 　　(C)ZG310-570 　　(D)ZG340-640

23. 常用硬度有布氏硬度、洛氏硬度、维氏硬度,其表示依次是(　　)。

(A)HA、HB、HC 　　(B)HB、HC、HV 　　(C)HB、HRC、HV 　　(D)HB、HC、HA

24. ZG230-450 钢的延伸率不小于(　　)。

(A)22％ 　　　(B)18％ 　　　(C)25％ 　　　(D)30％

25. ZG230-450 钢的冲击韧性 A_{KV}(J)不小于(　　)。

(A)30 　　　(B)25 　　　(C)22 　　　(D)18

26. 含碳量为 0.20％的碳钢,熔点是(　　)。

(A)1 503 ℃ 　　(B)1 535 ℃ 　　(C)1 470 ℃ 　　(D)1 580 ℃

27. 下列牌号中的熔点最高的是(　　)。

(A)ZG230-450 　　(B)ZG270-500 　　(C)ZG310-570 　　(D)ZG340-640

28. 纯铁的熔点是(　　)。

(A)1 438 ℃ 　　(B)1 483 ℃ 　　(C)1 538 ℃ 　　(D)1 583 ℃

29. 铁水中的碳含量通常稳定在(　　)。

(A)2.5％～3.0％ 　(B)3.0％～3.5％ 　(C)3.5％～4.0％ 　(D)4.0％～4.5％

30. γ-Fe 的晶体结构类型是(　　)。

(A)体心立方结构 　　　　　　　　　　　(B)面心立方结构

(C)密排立方结构 　　　　　　　　　　　(D)底心立方结构

31. α-Fe 的晶体结构类型是(　　)。

(A)体心立方结构 　　　　　　　　　　　(B)面心立方结构

(C)密排立方结构 　　　　　　　　　　　(D)底心立方结构

32. 面心立方晶胞的配位数是(　　)。

(A)10 　　　(B)12 　　　(C)14 　　　(D)16

33. 将钢件加热到 A_{C_3} 以上 20～30℃,保持一定时间,随炉缓慢冷却的热处理方式,叫(　　)处理。

(A)正火 　　　(B)淬火 　　　(C)回火 　　　(D)退火

34. 炉渣碱性氧化物主要有(　　)等。

(A)CaO、MnO、FeO 　　　　　　　　　　(B)P_2O_5、TiO_2、、V_2O_5

(C)Al_2O_3、Fe_2O_3、Cr_2O_3 (D)CaO、FeO、P_2O_5

35. 铁棒粘渣,待冷却后进行观察,炉渣呈玻璃状,说明炉渣中(　　)含量高。

(A)CaO (B)FeO (C)SiO_2 (D)MnO

36. 在电弧炉炼钢中氧是以(　　)的形式进入渣中。

(A)FeO (B)氧原子   (C)氧离子   (D)CaO

37. 炉渣的主要作用是(　　)。

(A)保温与脱气   (B)脱硫与脱磷等

(C)控制和调整化学成分   (D)脱硫、调整化学成分

38. 酸性炉渣是指炉渣碱度(　　)。

(A)<1   (B)=1   (C)<2   (D)=2

39. 碳氧化反应产物 CO 是气体,只有在(　　),才有异相生核条件。

(A)钢液中   (B)炉渣中

(C)钢液与不光滑的炉衬接触处   (D)钢液与光滑的炉衬接触处

40. 碱性电弧炉单渣法炼钢是指(　　)。

(A)氧化法   (B)不氧化法   (C)返回法   (D)AOD 法

41. VD 精炼对钢包净空一般要求为(　　)。

(A)600 mm～800 mm   (B)800 mm～1 000 mm

(C)1 000 mm～1 200 mm   (D)1 400 mm～1 600 mm

42. 型砂划分为面砂、背砂、单一砂,是根据(　　)划分的。

(A)浇注金属的种类   (B)造型种类

(C)型砂用途   (D)黏结剂的种类

43. 型砂划分为干型砂、湿型砂、表面干型砂,是根据(　　)划分的。

(A)浇注金属的种类   (B)造型种类

(C)型砂用途   (D)黏结剂的种类

44. 树脂砂是按(　　)而划分的型砂。

(A)粘结剂的种类   (B)造型种类

(C)造型方法   (D)型砂用途

45. 在所有的造型工艺中,应优先采用(　　)。

(A)干砂型   (B)表干砂型   (C)湿砂型   (D)金属型

46. 型砂的(　　)是获得轮廓清晰铸件的重要因素。

(A)透气性   (B)耐火性   (C)强度   (D)可塑性

47. 采用(　　),则型砂的流动性较好。

(A)粒度大而集中的圆形砂   (B)混碾时间足够长的型砂

(C)混碾时间非常短的型砂   (D)在一定范围内增大黏土与水的加入量

48. 型砂的耐火性差,易使铸件产生(　　)。

(A)气孔   (B)砂眼   (C)裂纹   (D)粘砂

49. 湿型砂配方中黏土及水分的含量较干砂型要(　　),砂粒均匀度要(　　)。

(A)多;高   (B)多;低   (C)少;高   (D)少;低

50. 砂型的主要作用是形成铸件(　　)。

(A)侧面　　　　　　(B)下面　　　　　　(C)内表面　　　　　　(D)外表面

51. 树脂砂造型,起型后的下一步操作是(　　　)。

(A)烘干砂型　　　(B)刷涂料　　　　(C)修型　　　　　　(D)合箱

52. 树脂砂造型,修型后的下一步操作是(　　　)。

(A)烘干　　　　　(B)刷涂料　　　　(C)浇注　　　　　　(D)合箱

53. 造型时,在砂型上放置定位销的目的是(　　　)。

(A)固定砂型　　　(B)定位砂芯　　　(C)固定冷铁　　　　(D)固定浇冒口

54. 浇注系统中,把金属液引入型腔的部分称为(　　　)。

(A)横浇道　　　　(B)直浇道　　　　(C)内浇道　　　　　(D)冒口

55. 铸造中,设置冒口的主要目的是(　　　)。

(A)改善冷却条件　　　　　　　　　(B)排出型腔中的空气

(C)减少砂型用量　　　　　　　　　(D)有效地补充收缩

56. 补缩效率最高的冒口是(　　　)冒口。

(A)方形　　　　　(B)圆柱形　　　　(C)球形　　　　　　(D)腰圆形

57. 铸钢件最常用的内浇道断面形状是(　　　)。

(A)方梯形　　　　(B)三角形　　　　(C)半圆形　　　　　(D)圆形

58. 对于(　　　)铸件,采用缓慢浇注的方式。

(A)薄壁　　　　　(B)形状复杂　　　(C)板状　　　　　　(D)厚壁

59. 电弧炉根据炉衬的性质不同可分为(　　　)。

(A)沥青炉、囱炉　　　　　　　　　(B)镁砂炉、萤石炉

(C)碱性炉、酸性炉　　　　　　　　(D)镁砂炉、石英炉

60. 碱性炉用(　　　)作炉衬的耐火材料,炼钢过程中用(　　　)造碱性渣。

(A)镁砂;石灰　　　　　　　　　　(B)石英砂;石灰

(C)镁砂;石英砂　　　　　　　　　(D)石英砂;石英砂

61. 酸性炉用(　　　)作炉衬的耐火材料,炼钢过程中用(　　　)造酸性渣。

(A)镁砂;石灰　　　　　　　　　　(B)石英砂;石灰

(C)镁砂;石英砂　　　　　　　　　(D)石英砂;石英砂

62. 比较炉衬的使用寿命(　　　)。

(A)酸性炉比碱性炉高　　　　　　　(B)碱性炉比酸性炉高

(C)酸性炉与碱性炉相当　　　　　　(D)中性炉最高

63. 比较炉衬的保温性能(　　　)。

(A)酸性炉比碱性炉好　　　　　　　(B)碱性炉比酸性炉好

(C)酸性炉与碱性炉相当　　　　　　(D)中性炉最好

64. 比较钢水所含气体与杂质含量(　　　)。

(A)酸性炉比碱性炉高　　　　　　　(B)碱性炉比酸性炉高

(C)酸性炉与碱性炉相当　　　　　　(D)中性炉最高

65. 酸性电弧炉炉衬所用耐火材料的热导率为碱性耐火材料的(　　　)。

(A)一倍　　　　　(B)二分之一　　　(C)四分之一　　　　(D)三分之一

66. 正常情况下,炉壳外表面温度为(　　　)。

(A)50 ℃～100 ℃　　　　　　　　　　　(B)100 ℃～150 ℃

(C)150 ℃～200 ℃　　　　　　　　　　　(D)200 ℃～250 ℃

67. 电炉以出钢槽形式出钢时,炉体向出钢口方向倾动(　　)。

(A)0～15°　　　　(B)15°～30°　　　　(C)30°～45°　　　　(D)45°～60°

68. 中频感应炉的炉体部分不包括(　　)。

(A)感应器　　　　　(B)坩埚　　　　　(C)油缸　　　　　(D)炉盖

69. 中频感应炉中,液压式倾炉装置适用于(　　)感应炉。

(A)小型　　　　　(B)中型　　　　　(C)大型　　　　　(D)特大型

70. 电弧炉炼钢用辅助材料有(　　)。

(A)造渣材料、脱氧剂、氧化剂等　　　　(B)铁合金、废钢、生铁等

(C)耐火材料、氧化剂、废钢　　　　　　(D)造渣材料、铁合金、耐火材料等

71. 板材厚度(　　)称为轻薄料。

(A)<8 mm　　　　(B)>8 mm　　　　(C)>10 mm　　　　(D)<10 mm

72. 高碳锰铁是指碳含量不大于(　　)的合金。

(A)6%　　　　　(B)7%　　　　　(C)8%　　　　　(D)9%

73. 电弧炉炼钢常用的造渣剂不包括(　　)。

(A)炭粉　　　　　(B)萤石　　　　　(C)石灰　　　　　(D)锰铁

74. 炼钢中不允许使用石灰粉末,因为其中含有大量(　　)。

(A)气体　　　　　(B)水分　　　　　(C)夹杂物　　　　　(D)粉尘

75. 下列属于铁矿石的主要成分的是(　　)。

(A)Fe　　　　　(B)CaO　　　　　(C)Fe_2O_3　　　　　(D)FeO

76. 增碳剂要求残留水分含量(　　)。

(A)<5%　　　　(B)<3%　　　　(C)<1%　　　　(D)<0.5%

77. 以下增碳材料中,(　　)的吸收率最高。

(A)电极碎块　　　(B)焦炭碎块　　　(C)无烟煤块　　　(D)生铁

78. 以下增碳材料中,最清洁纯净的是(　　)。

(A)电极碎块　　　(B)焦炭碎块　　　(C)无烟煤块　　　(D)生铁

79. 电极的电阻率越低,对电能的损耗就(　　)。

(A)越低　　　　　(B)越高　　　　　(C)无影响　　　　　(D)无规律

80. 酸性耐火材料包括(　　)。

(A)黏土砖和黏土质耐火泥　　　　　　(B)硅石和硅砖

(C)高铝砖和铬砖　　　　　　　　　　(D)白云石和白云砖

81. 高铝质耐火砖指 Al_2O_3 含量在(　　)的砖。

(A)48%以上　　　(B)38%以上　　　(C)80%以上　　　(D)90%以上

82. 目前电炉最常用的透气砖类型是(　　)。

(A)弥散型　　　　(B)狭缝型　　　　(C)直通孔型　　　　(D)迷宫型

83. 不砌砖,带有绝热层,需要压力较高的循环冷却水的炉盖是(　　)。

(A)全水冷炉盖　　　　　　　　　　　(B)半水冷炉盖

(C)高铝砖炉盖　　　　　　　　　　　(D)铝镁砖炉盖

84. 碱性电弧炉补炉材料粘结剂常用(　　)。

(A)水玻璃　　　　(B)卤水或沥青　　　　(C)硼润土　　　　(D)高岭土

85. 下列可以用来修补 EBT 出钢口的材料有(　　)。

(A)黏土　　　　　　　　　　　(B)含 10％Fe_2O_3 和 MgO-SiO_2 混合粉料

(C)铬钢玉料　　　　　　　　　(D)CaO

86. 补炉原则是薄补、快补、热补,先补(　　),后补(　　)。

(A)炉底及炉墙四周;出钢口与炉门两侧

(B)炉门、炉底及炉墙部分;出钢口与其余部分

(C)出钢口与炉门两侧;其余部分

(D)炉门、炉底;炉墙、出钢口

87. 热补炉时,补炉厚度不宜(　　),且补炉期间(　　)。

(A)过厚;可以打开炉盖　　　　　　(B)过薄;可以打开炉盖

(C)过厚;绝不准打开炉盖　　　　　(D)过薄;绝不准打开炉盖

88. 薄补利于烧结,薄补的厚度一般在(　　)。

(A)10 mm～20 mm　　　　　　(B)20 mm～30 mm

(C)30 mm～40 mm　　　　　　(D)40 mm～50 mm

89. 电炉冶炼时熔化期约占全炉冶炼时间的(　　)。

(A)20％～40％　　(B)40％～50％　　(C)50％～70％　　(D)70％～80％

90. 电炉冶炼时熔化期分为(　　)阶段。

(A)2 个　　　　(B)3 个　　　　(C)4 个　　　　(D)5 个

91. 熔化过程的电耗,占全炉冶炼总电耗的(　　)。

(A)20％～40％　　(B)40％～50％　　(C)50％～60％　　(D)60％～80％

92. 为加速炉料的熔化,有时采取吹氧助熔方法。吹氧时(　　),以搅动熔池,并提高熔池温度。

(A)应移动吹氧管至熔池中心底部吹　　(B)应沿熔池表面吹

(C)应将吹氧管移至熔池 1/2 处吹　　　(D)应将吹氧管移至熔池 1/3 处吹

93. 氧化期的任务之一是去除钢中的气体和非金属夹杂物。氧化结束时 $\omega[H]$ 降到(　　)。

(A)0.04％～0.07％　　　　　　(B)0.01％～0.03％

(C)$3.5×10^{-6}$ 以下　　　　　　(D)0.01％以下

94. 氧化脱碳量的大小取决于(　　)。

(A)炉料质量　　　　　　　　　(B)铸件用途

(C)炉料质量与铸件用途　　　　　(D)炉体状态

95. 在下列因素中,(　　)有利于碳的氧化。

(A)氧化性炉渣　　(B)低碱度炉渣　　(C)还原性炉渣　　(D)高碱度炉渣

96. 在下列因素中,(　　)有利于碳的氧化。

(A)钢液中 Si、Mn 含量低　　　　(B)低温

(C)低碱度炉渣　　　　　　　　(D)大渣量

97. 脱碳反应在一定的温度下才能进行,一般规定氧化期加矿温度在(　　)以上。

(A)1 520 ℃　　(B)1 540 ℃　　(C)1 560 ℃　　(D)1 600 ℃

98. 常用的脱碳操作方法中,( )的脱碳速度最快。

(A)吹氧法 (B)氧化剂法 (C)综合氧化法 (D)无法确定

99. 吹氧时要特别防止吹坏( )。

(A)炉墙 (B)炉底 (C)炉盖 (D)炉门

100. 用矿石脱碳时,反应的总过程是( )反应过程。

(A)放热 (B)吸热 (C)恒温 (D)恒压

101. 在综合脱碳法中,应( )。

(A)采取分批加矿石的方式,并在两批矿石之间吹氧

(B)采取一次性加矿石的方式,然后吹氧

(C)先吹氧,然后加入全部矿石

(D)边吹氧边加矿石

102. 氧化结束时的温度,一般控制在钢的熔点以上( )。

(A)70 ℃～90 ℃ (B)90 ℃～110 ℃

(C)110 ℃～130 ℃ (D)130 ℃～150 ℃

103. 冶炼过程中,烟气量最大的阶段是( )。

(A)熔化期 (B)氧化期 (C)还原期 (D)出钢

104. 净沸腾期间,应( )。

(A)使钢液在薄渣层下进行均匀的沸腾

(B)使钢液在厚渣层下进行均匀的沸腾

(C)使钢液在薄渣层下进行剧烈的沸腾

(D)使钢液在厚渣层下进行剧烈的沸腾

105. 在净沸腾阶段中,为了避免钢液( ),一般可加入适量的锰铁或生铁,靠锰的氧化或碳、硅、锰的氧化来降低钢液中的氧活度。

(A)中碳、硅、锰的氧化 (B)过度氧化

(C)继续沸腾 (D)吸气

106. 正常情况下,氧化末期扒渣后增碳,焦炭粉的收得率为( )。

(A)20%～30% (B)30%～40% (C)40%～60% (D)60%～70%

107. 正常情况下,氧化末期扒渣后增碳,电极粉的收得率为( )。

(A)20%～30% (B)30%～40% (C)40%～60% (D)60%～80%

108. 正常情况下,氧化末期扒渣后增碳,生铁的收得率为( )。

(A)100% (B)30%～40% (C)40%～60% (D)60%～80%

109. 生铁作为增碳剂,因其碳含量低,用量大,磷含量高,一般仅在增碳量小于( )时使用。

(A)0.20% (B)0.15% (C)0.10% (D)0.05%

110. 对氧化末期碳含量降的过低,可以在扒渣后使钢液增碳。对低、中碳钢的增碳量应限制在( )以内;对高碳钢的增碳量应限制在( )以内。

(A)0.10%;0.15% (B)0.20%;0.25%

(C)0.25%;0.30% (D)0.30%;0.35%

111. 钢中气体含量最少的时间为( )。

(A)熔化期末 (B)氧化期末 (C)出钢前 (D)LF 精炼后

112. 冶炼 ZG270-500 氧化末期的终点碳应控制在（ ）范围内。
(A)0.35%～0.40%　　　　　　　(B)0.30%～0.35%
(C)0.25%～0.30%　　　　　　　(D)0.15%～0.20%

113. 在碳钢中，Si、Mn 主要用于（ ）。
(A)脱氧　　　　　　　　　　　(B)改善钢的机械性能
(C)改善钢的铸造性能　　　　　(D)脱硫

114. 在还原性熔渣下的脱氧是（ ）。
(A)综合脱氧　　　(B)沉淀脱氧　　　(C)扩散脱氧　　　(D)吸附脱氧

115. 锰在炼钢过程中作为（ ）加入钢中，可以提高硅和铝的脱氧效果。
(A)脱氧剂　　　(B)变质剂　　　(C)氧化剂　　　(D)孕育剂

116. 扩散脱氧的优点是（ ）。
(A)钢液纯净　　　(B)脱氧效率高　　　(C)操作简便　　　(D)反应迅速

117. 铁合金与脱氧剂中脱氧能力最强的是（ ）。
(A)硅铁　　　　(B)铝　　　　(C)锰铁　　　　(D)电石

118. 下列炉渣中，能更好保证钢质量的是（ ）。
(A)弱电石渣　　　　　　　　　(B)炭-硅粉混合白渣
(C)炭-硅粉白渣　　　　　　　　(D)快白渣

119. 炭-硅粉白渣精炼时，向渣面撒入硅铁粉脱氧时，将有（ ）左右的硅进入钢液。
(A)20%　　　　(B)30%　　　　(C)40%　　　　(D)50%

120. 炭-硅粉白渣精炼时，钢液将从炉渣中吸收（ ）的碳。
(A)0.02%～0.04%　　　　　　　(B)0.04%～0.06%
(C)0.06%～0.08%　　　　　　　(D)0.08%～0.10%

121. 一般电弧炉还原期白渣的 CaO 含量为（ ）。
(A)15%～25%　　(B)25%～35%　　(C)35%～45%　　(D)45%～55%

122. 一般电弧炉还原期白渣的 SiO_2 含量为（ ）。
(A)15%～25%　　(B)25%～35%　　(C)35%～45%　　(D)45%～55%

123. 一般电弧炉还原期白渣的 FeO 含量为（ ）以下。
(A)2.5%　　　(B)2.0%　　　(C)1.5%　　　(D)1.0%

124. 采用电石渣进行还原时，（ ）。
(A)可以保持电石渣至出钢前进行成分调整
(B)必须在出钢前将电石渣改变为良好的白渣，然后进行成分调整
(C)可以在出钢前将电石渣改变为弱电石渣，然后进行成分调整
(D)必须进行成分调整，然后在出钢前将电石渣改变为良好的白渣

125. 将电石渣改变为白渣的方法是（ ）。
(A)加入石灰、萤石和硅铁粉并打开炉门，从炉外引入空气，使炉渣中的电石氧化
(B)加入石灰、萤石和炭粉并打开炉门，从炉外引入空气，使炉渣中的电石氧化
(C)加入石灰、炭粉和硅铁粉并打开炉门，从炉外引入空气，使炉渣中的电石氧化
(D)加入石灰、碳化硅粉和萤石并打开炉门，从炉外引入空气，使炉渣中的电石氧化

126. 电石渣与白渣组分主要区别在于（ ）。

(A)电石渣 FeO 含量较少　　　　　　　(B)电石渣含有 CaC_2，而白渣不含此成分
(C)电石渣的黏度比白渣黏度大　　　　　(D)电石渣的黏度比白渣黏度小

127. 电炉炼钢还原期渣量一般为当炉钢水量的(　　)，根据硫含量高低确定渣量。
(A)1%～2%　　　(B)2%～4%　　　(C)4%～5%　　　(D)5%～8%

128. 电炉还原渣冷却后呈黄色，说明渣中(　　)含量高。
(A)二氧化硅　　　(B)氧化钙　　　(C)氟化钙　　　(D)氧化铁

129. 电炉还原渣冷却后呈绿色，说明渣中(　　)含量高。
(A)二氧化硅　　　(B)氧化锰　　　(C)三氧化二铬　　　(D)氧化铁

130. 炉渣中的(　　)含量多少，直接影响合金元素收得率的高低。
(A)CaO　　　(B)SiO_2　　　(C)CaF_2　　　(D)FeO

131. 钼铁的加入时间为(　　)。
(A)随炉料装入　　　(B)氧化末期　　　(C)还原初期　　　(D)出钢过程

132. 出钢温度通常是由(　　)决定的。
(A)开浇温度、出钢温降和浇注过程中的温降
(B)开浇温度、出钢温降和镇静温降
(C)开浇温度、出钢温降和钢包中停留温降
(D)开浇温度、出钢温降、镇静温降和和浇注过程温降

133. 一般情况下，出钢温度最高的应该是(　　)。
(A)低碳钢　　　　(B)中碳钢　　　　(C)高碳钢　　　　(D)都一样

134. 出钢过程中脱硫主要是(　　)。
(A)加铝终脱氧的同时也进行了脱硫
(B)钢渣混出过程扩大炉渣与钢液间的接触面积，起到了进一步脱硫的作用
(C)钢渣混出过程扩大铝与钢液硫的接触，起到了进一步脱硫的作用
(D)加稀土进行脱硫

135. 进行终脱氧插铝操作要点是(　　)。
(A)将铝固定的钢钎的端部，于出钢前 10 min 插入钢液，并搅动
(B)将铝固定在钢钎的端部，于出钢前 2～3 min 插入钢液，并搅动
(C)将铝固定的钢钎的端部，于出钢前 10 min 插入钢液即可
(D)将铝固定的钢钎的端部，在出钢同时插入钢液即可

136. 电弧炉炉衬在熔炼时温度很高，而出钢后开出炉体装料时，温度由原来的 1 600 ℃左右骤然下降到(　　)以下。
(A)900 ℃　　　(B)1 300 ℃　　　(C)500 ℃　　　(D)200 ℃

137. 钢种规格成分要求 $P \leqslant 0.035\%$，偏心底电弧炉出钢前 $P \leqslant$(　　)。
(A)0.017%　　　(B)0.025%　　　(C)0.010%　　　(D)0.030%

138. 钢种规格成分要求 $P \leqslant 0.020\%$，偏心底电弧炉出钢前 $P \leqslant$(　　)。
(A)0.017%　　　(B)0.025%　　　(C)0.010%　　　(D)0.030%

139. 钢种规格成分要求 $P \leqslant 0.015\%$，偏心底电弧炉出钢前 $P \leqslant$(　　)。
(A)0.017%　　　(B)0.025%　　　(C)0.010%　　　(D)0.008%

140. 偏心底出钢电弧炉冶炼 $C \leqslant 0.30\%$ 的钢种时，出钢温度要求(　　)。

(A)1 650 ℃～1 690 ℃ 　　　　　　　　(B)1 640 ℃～1 670 ℃

(C)1 630 ℃～1 660 ℃ 　　　　　　　　(D)1 610 ℃～1 640 ℃

141. 偏心底出钢电弧炉冶炼 $C=0.30\%\sim0.40\%$ 的钢种时,出钢温度要求(　　)。

(A)1 650 ℃～1 690 ℃ 　　　　　　　　(B)1 640 ℃～1 670 ℃

(C)1 630 ℃～1 660 ℃ 　　　　　　　　(D)1 610 ℃～1 640 ℃

142. 偏心底出钢电弧炉冶炼 $C=0.40\%\sim0.60\%$ 的钢种时,出钢温度要求(　　)。

(A)1 650 ℃～1 690 ℃ 　　　　　　　　(B)1 640 ℃～1 670 ℃

(C)1 630 ℃～1 660 ℃ 　　　　　　　　(D)1 610 ℃～1 640 ℃

143. 钢包从停止烘烤到出钢,一般不许超过(　　)。

(A)2 min 　　　　　(B)3 min 　　　　　(C)4 min 　　　　　(D)5 min

144. 偏心底电弧炉出钢时,出钢前(　　)开始吹氩,保证透气正常,若不透气,不允许出钢,必须换包处理。

(A)120 s 　　　　　(B)90 s 　　　　　(C)60 s 　　　　　(D)30 s

145. 偏心底电弧炉出钢时,炉体向出钢方向倾(　　),形成足够的钢水静压力,打开出钢口底板,放掉出钢口填料,钢水自动流出。

(A)4°～6° 　　　　　(B)6°～9° 　　　　　(C)9°～12° 　　　　　(D)10°～14°

146. 宜在氧化性气氛中使用的热电偶是(　　)。

(A)镍铬—镍铝 　　　(B)铂铑—铂 　　　(C)镍铬—铜 　　　(D)镍铬—铝

147. 炉前钢水检验用的试样,要保证一定的取样温度,其中,圆杯试样温度要接近(　　)。

(A)1 530 ℃ 　　　(B)1 570 ℃ 　　　(C)1 610 ℃ 　　　(D)1 650 ℃

148. 光学高温计上的温度表是按照(　　)的条件进行刻度的。

(A)绝对黑体 　　　(B)灰体 　　　(C)白体 　　　(D)电流值

149. 记录用(　　)填写,可以(　　)。

(A)钢笔或铅笔;涂改 　　　　　　　　(B)钢笔或圆珠笔;杠改或刮改

(C)钢笔或圆珠笔;杠改 　　　　　　　(D)钢笔或铅笔;杠改

150. 炼钢记录应包含的主要内容有炉号、钢的牌号、配料情况、电炉状况、(　　)及相关人员签字。

(A)冶炼操作记录 　　　　　　　　　　(B)加料记录

(C)加料记录、出钢温度 　　　　　　　(D)配电记录

151. 炼钢记录的目的主要是(　　)。

(A)指导炼钢过程按工艺规程要求进行操作

(B)作为判断是否严格按工艺执行的追溯文件

(C)作为炼钢活动或结果的一种证明或证据

(D)作为质量考核的记录

152. 炼钢记录可以采用(　　)的形式。

(A)专用记录表 　　(B)任何媒体 　　(C)电子媒体 　　(D)随意记录

153. 扑灭电气火灾选用(　　)。

(A)泡沫灭火器 　　　　　　　　　　　(B)四氯化碳灭火器

(C)二氧化碳灭火器 　　　　　　　　　(D)水

154. 正弦交流电就是电动势、( )、电流随时间按正弦函数规律而变化的交流电。

(A)电阻   (B)电抗   (C)电路   (D)电压

155. 并联时电流分配是电阻值小的支路电流大,电阻值大的支路电流( )。

(A)小   (B)大   (C)零   (D)相同

156. 以下选项中属于啮合传动类的带传动是( )。

(A)平带传动   (B)V带传动   (C)圆带传动   (D)同步带传动

157. 两轴相距较远,且要求传动准确,应采用( )。

(A)带传动   (B)链传动   (C)轮系传动   (D)摩擦传动

158. 链条的传动功率随链的节距增大而( )。

(A)减小   (B)不变   (C)增大   (D)减小或增大

159. 钙基润滑脂适用于工作温度低于( )的机械设备的润滑。

(A)20 ℃   (B)60 ℃   (C)100 ℃   (D)150 ℃

160. 产品为满足使用目的所具备的技术特性即是产品( )。

(A)寿命   (B)可靠性   (C)安全性   (D)性能

三、多项选择题

1. 下列单位中,是面积单位的是( )。

(A)m^2 (B)cm^2 (C)m   (D)cm

2. 下列单位中,是体积单位的是( )。

(A)m^2 (B)cm^2 (C)m^3 (D)cm^3

3. 4个直径5 mm、深6 mm的螺孔的注写方法错误的是( )。

(A)4-φ5 深6   (B)4-M5 深6   (C)4-φ6 深5   (D)4-M6 深5

4. 属于机械制图中国家规定的线型是( )。

(A)细实线   (B)虚线   (C)点划线   (D)曲线

5. 以下视图不属于基本视图的是( )。

(A)主视图   (B)局部视图   (C)斜视图   (D)旋转视图

6. 钢按化学成分分类包括( )。

(A)非合金钢   (B)低合金钢   (C)合金钢   (D)不锈钢

7. 钢按用途分类包括( )。

(A)结构钢   (B)工具钢

(C)具有特殊性能的钢   (D)渗碳钢

8. 钢按脱氧程度分类包括( )。

(A)镇静钢   (B)沸腾钢   (C)半镇静钢   (D)半沸腾钢

9. 下列属于优质非合金钢的是( )。

(A)工程结构用碳素钢   (B)碳素钢筋钢

(C)造船用碳素钢   (D)焊条用碳素钢

10. 下列属于耐火材料结构性能的是( )。

(A)气孔率   (B)比热容   (C)透气度   (D)吸水率

11. 下列属于钢的力学性能的有( )。

(A)热膨胀性　　　　(B)强度　　　　(C)塑性　　　　(D)硬度

12. 退火的目的是(　　)。

(A)消除钢锭成分偏析,使成分均匀化

(B)消除铸件存在的魏氏组织或带状组织,细化晶粒和均匀组织

(C)降低硬度,改善组织,以便于切削加工

(D)改善高碳钢中碳化物形态和分布,为淬火作好组织准备

13. 加热至 A_{c_1} 或 A_{c_3} 以上的退火可分为(　　)。

(A)完全退火　　　(B)不完全退火　　　(C)等温退火　　　(D)球化退火

14. 正火的目的是(　　)。

(A)对于大工件用来细化晶粒,均匀组织,消除魏氏组织或带状组织

(B)对于低碳钢提高硬度,改善切削加工性

(C)作为某些中碳钢或中碳合金钢工件的最终热处理

(D)用于过共析钢消除网状碳化物

15. 影响钢液密度的主要的因素包括(　　)。

(A)钢液的质量　　(B)钢液的体积　　(C)温度　　　　(D)钢液成分

16. 影响钢热导率的主要因素包括(　　)。

(A)钢的成分　　　(B)钢的组织　　　(C)温度　　　　(D)非金属夹杂物含量

17. 影响钢液黏度的主要因素有(　　)。

(A)钢液体积　　　(B)温度　　　　　(C)钢液成分　　　(D)非金属夹杂物

18. 熔渣的主要来源包括(　　)。

(A)冶炼中生铁、废钢、合金钢等金属原料中各种元素的氧化产物及脱硫产物

(B)人为加入的造渣材料如石灰、萤石、电石等

(C)被侵蚀下来的耐火材料

(D)各种原材料带入的泥沙和铁锈

19. 熔渣的作用包括(　　)。

(A)通过调整熔渣成分来控制炉内反应进行的方向及防止炉衬被过分侵蚀

(B)覆盖钢液,减少散热和吸收氢、氮等气体

(C)吸收钢液中的非金属夹杂物

(D)搅拌钢液,均匀钢液成分

20. 电炉炼钢对熔渣的要求有(　　)。

(A)导电能力大及熔点不宜太高并具有适当的流动性和相对的稳定性

(B)能确保冶炼过程中各项化学反应顺利进行

(C)渣钢易于分离及对炉衬耐火材料的侵蚀尽量小

(D)选用的造渣材料应当资源丰富、价格便宜、容易获得

21. 下列属于熔渣的物理性质的有(　　)。

(A)熔点　　　　　(B)黏度　　　　　(C)密度　　　　(D)表面张力

22. 影响电炉炉渣熔点的主要因素有(　　)。

(A)炉渣的碱度　　　　　　　　　　(B)渣中氧化镁含量

(C)渣量　　　　　　　　　　　　　(D)渣中氧化铁含量

23. 影响熔渣黏度的主要因素有( )。

(A)固相质点　　　(B)熔渣组成　　　(C)温度　　　(D)渣量

24. 下列说法正确的是( )。

(A)碱性氧化物可降低酸性熔渣的黏度,升高碱性熔渣的黏度

(B)碱性氧化物可降低碱性熔渣的黏度,升高酸性熔渣的黏度

(C)酸性氧化物可降低酸性熔渣的黏度,升高碱性熔渣的黏度

(D)酸性氧化物可降低碱性熔渣的黏度,升高酸性熔渣的黏度

25. 碳氧反应在炼钢过程中的作用包括( )。

(A)促进钢液、熔渣的成分和温度的均匀

(B)加快反应物和生成物扩散,加速熔池内的物理化学反应

(C)促进钢中气体和非金属夹杂物的上浮,利于提高钢的质量

(D)促进炉渣泡沫化,加速炼钢反应

26. 下列关于传统电炉炼钢优点的说法中,正确的是( )。

(A)电炉以废钢为资源,减少了废钢对空间的占用和污染

(B)电炉能够冶炼温度较高的钢种

(C)热效率较高

(D)适应性强可连续生产也可间断生产

27. 下列关于传统电炉炼钢缺点的说法中,正确的是( )。

(A)电弧炼钢的工作环境比较差

(B)电炉炼钢的成品钢坯的气体含量比转炉炼钢的气体含量高

(C)由于有些废钢的循环使用,电炉钢坯中有害元素的含量比转炉的高

(D)电炉炼钢过程中危险源较多,安全工作的难度较大

28. 下列属于VD精炼功能的是( )。

(A)脱氧　　　(B)脱氢　　　(C)均匀温度　　　(D)改善夹杂物形态

29. 特种冒口包括( )。

(A)发热冒口　　　(B)普通顶冒口　　　(C)加氧冒口　　　(D)易割冒口

30. 关于冒口描述正确的是( )。

(A)冒口起补缩作用　　　　　　(B)球形冒口是最理想的补缩作用

(C)冒口的数量应尽可能多　　　(D)选用散热表面积最大的

31. 冒口设置的好坏直接影响( )。

(A)铸件产生缺陷　　　　　　(B)金属液的消耗量

(C)铸件的补缩效果　　　　　(D)工艺出品率

32. 确定电炉炉型尺寸的原则有( )。

(A)满足炼钢工艺的要求　　　(B)有利于电炉炼钢过程的热交换,热损失小

(C)具有较高的炉衬寿命　　　(D)装料量越大越好

33. 电极夹持器的组成包括( )。

(A)夹头　　　(B)电极　　　(C)横臂　　　(D)松放电极机构

34. 下列关于电抗器说法正确的是( )。

(A)小炉子的电抗器是装在电炉变压器箱体内部的

(B)较大炉子的电抗器是独立安装的

(C)20 t 以上的电炉电抗器是独立安装的

(D)20 t 以上的电炉因主电路本身的电抗相当大,一般不需另加电抗器

35. 废钢的来源主要包括(　　)。

(A)返回废钢　　　　　　　　　　(B)拆旧废钢

(C)加工工业的边角余料　　　　　　(D)垃圾废钢

36. 废钢按其外形尺寸和单件重量可分为(　　)。

(A)重型废钢　　　(B)中型废钢　　　(C)轻料型废钢　　　(D)统料型废钢

37. 废钢按其化学成分可分为(　　)。

(A)非合金废钢　　　(B)低合金废钢　　　(C)合金废钢　　　(D)高合金废钢

38. 潮湿的废钢对电炉冶炼的危害包括(　　)。

(A)加料时可能引起爆炸,对炉衬的寿命产生影响

(B)潮湿废钢中的水蒸发吸热会造成冶炼电耗增加

(C)引起钢中氢含量的增加

(D)影响钢液导电性

39. 电炉炼钢对生铁的质量要求包括(　　)。

(A)磷硫含量要低　　　　　　　　(B)锰不能高于 2.5%

(C)硅不能高于 1.2%　　　　　　　(D)碳含量不低于 2.75%

40. 直接还原铁外观形状有(　　)。

(A)块状　　　(B)粒状　　　(C)金属化球团　　　(D)热压块铁 HBI

41. 在电炉炼钢过程中,常用碱性造渣材料有(　　)。

(A)石灰石　　　(B)石灰　　　(C)萤石　　　(D)硅石

42. 在电炉炼钢过程中,采用质量高的造渣材料的优点包括(　　)。

(A)减少钢中气体和夹杂　　　　　　(B)提高脱磷和脱硫能力

(C)缩短冶炼时间　　　　　　　　(D)减少电耗和耐火材料的消耗

43. 电炉炼钢常用增碳剂包括(　　)。

(A)增碳生铁　　　(B)电极粉　　　(C)石油焦粉　　　(D)焦炭粉

44. 下列材料属于电炉炼钢常用的绝热保温材料有(　　)。

(A)石棉板　　　(B)硅藻土砖　　　(C)轻质黏土砖　　　(D)白云石

45. 炉底、炉坡工作层的砌筑方法主要有(　　)。

(A)镁砂或其他耐火材料的干式打结

(B)镁砂或其他耐火材料与粘结剂混合的人工打结

(C)机械振动浇灌成形捣制

(D)耐火制品的砌筑

46. 下列属于高铝砖炉盖特点的是(　　)。

(A)耐火度较高　　　　　　　　　(B)热稳定性好

(C)使用寿命长　　　　　　　　　(D)对熔渣影响较小

47. 水冷炉盖的优点包括(　　)。

(A)提高炉盖使用寿命　　　　　　(B)简化了水冷系统

(C)节约了大量的耐火材料　　　　　　(D)改善了劳动条件

48. EBT 出钢口耐火材料由(　　)组成。

(A)尾砖　　　　(B)袖砖　　　　(C)顶砖　　　　(D)座砖

49. EBT 填料应具备的性质有(　　)。

(A)冶炼期间,必须作为炉底耐火材料的一部分,保证冶炼期间的安全

(B)具备合适的烧结性能,以便形成均匀而较薄的烧结层

(C)粒度合适

(D)在冶炼期间由上到下依次为:液相层,烧结层,松散层

50. 下列属于 LF 钢包炉在砌筑前应检查的项目是(　　)。

(A)包壳　　　　(B)包底　　　　(C)吊耳　　　　(D)排气孔

51. 电炉炼钢中,科学的配料包括(　　)。

(A)准确合理的使用钢铁料　　　　　　(B)缩短冶炼时间

(C)节约合金材料　　　　　　　　　　(D)降低金属及其他辅助材料的消耗

52. 钢铁料的使用原则主要应考虑的方面包括(　　)。

(A)冶炼方法　　　　　　　　　　　　(B)装料方法

(C)钢种的化学成分　　　　　　　　　(D)产品对质量的要求

53. 电炉配碳的作用包括(　　)。

(A)为电炉炼钢提供必要的化学热　　　(B)可以搅动熔池,加速冶金反应速度

(C)碳优先于铁和氧的反应　　　　　　(D)碳氧反应有利于去气、去杂质

54. 下列因素受装料的好坏影响的有(　　)。

(A)炉衬寿命　　　　(B)冶炼时间　　　　(C)电耗　　　　(D)电极消耗

55. 熔化期的主要任务包括(　　)。

(A)化料　　　　(B)造熔化渣　　　　(C)脱磷　　　　(D)去碳

56. 熔化期可分为(　　)几个阶段。

(A)起弧　　　　(B)穿井　　　　(C)主熔化期　　　　(D)熔末升温

57. 下列属于电炉吹氧助熔方法的有(　　)。

(A)氩氧复吹法　　　　　　　　　　　(B)切割法

(C)渣面上吹氧　　　　　　　　　　　(D)先吹熔池的冷区废钢

58. 氧化期的主要任务是(　　)。

(A)进一步降低钢中的磷含量,使其低于成品规格的一半

(B)去除钢液中的气体和非金属夹杂物

(C)控制钢中的含碳量

(D)加热和均匀钢水温度

59. 氧化末期进行扒渣操作的原因是(　　)。

(A)防止还原期回磷　　　　　　　　　(B)防止还原期回硫

(C)提高合金元素的收得率　　　　　　(D)减少脱氧剂消耗

60. 扒除氧化渣的操作要求有(　　)。

(A)扒渣要迅速

(B)扒渣要干净彻底

(C)先不升高电极,将要扒完时才升高电极

(D)炉渣较黏时,吹氧送电化渣后再扒渣

61. 扒渣前的准备工作包括( )。

(A)制作扒渣耙子 (B)清理炉门残钢残渣

(C)在炉门扒渣耳朵上面架一根铁棒 (D)调整好炉渣流动性

62. 增碳剂的收得率与( )等条件有关。

(A)增碳剂用量 (B)增碳剂密度 (C)钢液中碳含量 (D)温度

63. 下列措施中,可提高脱碳、脱磷效率的是( )。

(A)保持炉渣良好流动性 (B)吹氧和加氧化剂法相结合

(C)前期大渣量,后期小渣量 (D)保持较高的碱度

64. 下列属于大沸腾破坏作用的是( )。

(A)钢水气体含量增加 (B)影响碳的控制

(C)易发生安全事故 (D)还原期回磷多

65. 还原期的任务包括( )。

(A)脱磷 (B)脱硫、脱氧 (C)合金化 (D)调整温度

66. 钢中氧含量高的危害主要是( )。

(A)容易引起钢锭(铸件)皮下气泡和疏松等冶金缺陷

(B)钢中非金属夹杂增多

(C)氧降低硫在钢中的溶解度,加剧硫的有害作用

(D)使钢的综合性能变坏

67. 下列炉渣中,属于还原性炉渣的是( )。

(A)弱电石渣 (B)炭-硅粉混合白渣

(C)炭-硅粉白渣 (D)快白渣

68. 向还原性炉渣中加入电石、炭粉、硅铁粉,还原炉渣中的( )生成金属铁、锰和一氧化碳。

(A)氧化亚铁 (B)氧化锰 (C)二氧化硅 (D)氧化钙

69. 出钢前将电石渣破坏,变为白渣的方法是( )。

(A)打开炉门和炉盖的加料孔

(B)根据炉渣的流动性,适当补加石英砂、火砖或石灰

(C)加强推渣搅拌

(D)严重时可扒掉部分炉渣,重新造渣

70. 用钢棒粘渣,下列情况属于良好白渣的表现是( )。

(A)表面白色鱼籽状 (B)渣层均匀,厚 3~5 mm

(C)断面白色带有灰色点或细线 (D)冷却后粉化成白色粉末

71. 还原期温度偏高时,容易出现( )等问题。

(A)炉渣变稀 (B)还原渣不易保持稳定

(C)钢液脱氧不良 (D)钢液容易吸气

72. 出钢时渣量过大会造成( )。

(A)影响钢水量的准确判断 (B)增加耐火材料的消耗

(C)影响钢液镇静脱氧 (D)钢液化学成分不稳定

73. 出钢前,做好出钢槽的清洁工作,出钢口至出钢槽要尽量平整的作用是(   )。
(A)保证钢水流畅
(B)有利于脱氧
(C)防止散流
(D)减少钢水二次氧化

74. 提高 EBT 填料速度的方法有(   )。
(A)工器具准备齐全
(B)出钢口清理工作要迅速
(C)EBT 填料的包装质量要合适,10 kg～15 kg/袋左右
(D)填料操作两人进行,一人填料,一人配合

75. 熔氧期的主要任务包括(   )。
(A)熔化废钢
(B)去磷、降碳
(C)去气、去夹杂
(D)调整温度

76. 偏心底出钢电弧炉出钢条件有(   )。
(A)成分合格
(B)温度合格
(C)炉渣合格
(D)合金、脱氧剂、增碳剂准备就位

77. 下列属于 LF 钢包精炼主要任务的是(   )。
(A)脱氧
(B)脱硫
(C)合金化
(D)调整温度

78. LF 精炼开始前需要准备的材料包括(   )。
(A)合金材料
(B)造渣材料
(C)增碳剂
(D)铁矿石

79. LF 精炼前配电工应检查(   )。
(A)各选择开关位置是否正确
(B)各指示信号、仪表显示是否正常
(C)高压系统是否正常
(D)炼钢工具准备情况

80. LF 精炼渣根据其功能由(   )等部分组成。
(A)基础渣
(B)脱硫剂
(C)发泡剂
(D)助熔剂

81. LF 精炼渣的基本功能包括(   )。
(A)深脱氧、起泡埋弧
(B)深脱硫
(C)去夹杂,改变夹杂物形态
(D)防止钢液二次氧化和保温

82. LF 精炼渣的成分中,具有脱硫作用的是(   )。
(A)CaO
(B)$CaCO_3$
(C)SiC
(D)RE

83. LF 精炼渣的成分中,具有调整炉渣黏度作用的是(   )。
(A)CaO
(B)CaF_2
(C)SiO_2
(D)Al

84. LF 根据造渣目的不同可分为(   )。
(A)埋弧渣
(B)脱硫渣
(C)脱氧渣
(D)脱磷渣

85. 为了发挥精炼渣的作用,对精炼渣的一般要求有(   )。
(A)高碱度,有利于脱硫
(B)低氧化性,以利于脱氧
(C)良好的流动性,以利于钢渣反应
(D)良好的发泡性,利于埋弧

86. LF 炉造渣原则是(   )。
(A)多
(B)快
(C)白
(D)稳

87. 下列属于影响熔渣发泡效果的因素是(   )。
(A)熔渣碱度
(B)基础渣中 $\omega(CaF_2)$
(C)渣中 $\omega(MgO)$
(D)渣中 $\omega(Al_2O_3)$

88. 对钢水的检验项目包括(　　　)。
(A)钢水重量　　　　(B)钢水温度　　　　(C)钢水体积　　　　(D)钢水化学成分

89. 电炉测温取样前搅动熔池的作用是(　　　)。
(A)促进合金元素的扩散　　　　　　　(B)使钢液的成分均匀化
(C)减少取样偏差　　　　　　　　　　(D)增强炉渣的流动性

90. 短路保护一般采用(　　　)。
(A)熔丝　　　　　(B)自动开关　　　　(C)继电器　　　　(D)交流接触器

91. 关于带传动的特点,以下说法正确的是(　　　)。
(A)传动带富有弹性,可以缓和冲击,吸收振动,使运动平稳,无噪声
(B)传动带与带轮间总有一些滑动,不能保证恒定的传动比
(C)带传动能适应两轴中心距较大的场合,结构简单,使用维护方便
(D)带传动轮廓尺寸较大,对轴和轴承的压力较大

92. 关于链传动特点,下列说法正确的是(　　　)。
(A)结构紧凑,能在低速、重载和高温条件及尘土飞扬等不良环境中工作
(B)链传动传递效率高,一般可达 0.95～0.97
(C)链传动的安装和维护要求较高
(D)链条的铰链磨损后,因节距变大易发生脱落现象

93. 以下选项中属于全面质量管理基本观点的是(　　　)。
(A)用户第一的观点　　　　　　　　　(B)以预防为主的观点
(C)一切用数据说话的观点　　　　　　(D)全员参加管理的观点

四、判 断 题

1. 称量重量一般以千克为计量单位。(　　　)

2. 一度电也叫一千瓦时,即一支 1 000 瓦电灯点一小时的电量。(　　　)

3. 化学反应速率是用单位时间内反应物或产物的浓度变化来表示。(　　　)

4. 同一周期从左到右金属单质的还原性逐渐增强。(　　　)

5. 物质系统中存在浓度差时的物质自动迁移过程称为扩散。(　　　)

6. 随着温度的升高,金属的导电性提高,电阻增大。(　　　)

7. 当两根电极与电源接触以后通电时,将两极做短时间的接触,即短路以后分开,保持一定的距离,在电极两极之间就会出现电弧。(　　　)

8. 电弧炉使用电压越大,电弧长度越短。(　　　)

9. 三相电弧炉炼钢的热源主要是三相交流电,在电极和金属炉料之间产生电弧,从而对金属进行加热。(　　　)

10. 借助于液体的流动,将热能从一处传到另一处的现象称为热传导。(　　　)

11. 钢是以铁为基体、碳为主要元素的多元合金。(　　　)

12. 生铁的含碳量总是高于钢的含碳量。(　　　)

13. 生铁和钢都具有良好的物理化学性能与力学性能,可进行挤、压、拉、拔等深加工,所以应用十分广泛。(　　　)

14. 20 钢、45 钢是合金结构钢。(　　　)

15. 按化学成分分类,钢分为碳素钢和合金钢两大类。(　　　)

16. 铸造碳钢的含碳量为 0.12%～0.62%,属于亚共析钢。(　　　)

17. 制造金属结构、机器设备的碳钢及合金钢,总称结构钢。(　　　)

18. 铸造碳钢的碳含量一般在 0.20%～0.60%之间,若含碳量过高则钢的塑性差,在铸造时就容易产生裂纹。(　　　)

19. 所有铸钢均含有碳、硅、锰、硫、磷等元素。(　　　)

20. 磷、硫是铸钢中的有害元素,其含量应小于0.1%。(　　　)

21. 铁道使用的碳素钢都是优质碳素钢。(　　　)

22. 铸钢的吸振性、流动性比铸铁好。(　　　)

23. 耐火度是判定材料能否作为耐火材料使用的依据。(　　　)

24. 我们可以把耐火度作为耐火材料的使用温度。(　　　)

25. 材料受外力作用发生变形后,能随外力的去除而变形消失,这种变形称为塑性变形。(　　　)

26. 钢的性能是指抗拉强度、弯曲强度和断面收缩率、延伸率等。(　　　)

27. 钢中碳含量的提高有利于钢材塑性的提高和强度的降低。(　　　)

28. 热导率就是钢的导热能力,是当体系内维持单位温度梯度时,在单位时间内流经单位面积的热量。(　　　)

29. 体心立方晶格是最紧密的排列方式。(　　　)

30. 退火主要目的是降低钢的硬度,细化晶粒。(　　　)

31. 电弧炉炼钢过程中,控制炉渣是控制炼钢过程的重要手段。(　　　)

32. 炉渣的物理、化学性能对炉渣控制冶炼过程不重要。(　　　)

33. 钢液的扩散脱氧速度随着熔渣黏度的降低而降低。(　　　)

34. 均匀熔渣的黏度较低,非均匀熔渣的黏度较高,由均匀熔渣向非均匀熔渣过渡时,熔渣的黏度将急剧升高。(　　　)

35. 一般来说,当温度升高时熔渣的黏度也升高。(　　　)

36. 熔渣是由各种化合物组成的,熔渣的密度与渣中氧化物的组分、含量以及温度有关。(　　　)

37. 提高渣中氧化钙含量或降低渣中二氧化硅的含量均使熔渣的碱度升高。(　　　)

38. 炉渣的碱度愈高,脱磷愈快。(　　　)

39. 碱性炉渣比酸性渣的扩散脱氧能力差。(　　　)

40. 炉渣中 CaO 含量增多,碱度增加,有利于钢水脱硫。(　　　)

41. 气态氧和钢中碳的反应为放热反应,因此,低温有利于碳与氧反应的进行。(　　　)

42. 碳氧化反应的热力学条件是,钢液中的氧活度高,钢液温度高。(　　　)

43. 氧化和脱磷是同时进行的。(　　　)

44. 吹氧脱碳就不能同时用矿石脱碳。(　　　)

45. 脱碳沸腾过程中,钢中的氢含量不断增加。(　　　)

46. 吹氧时的供氧速度远大于加铁矿石的供氧速度,所以电炉吹氧氧化的脱碳速度比加矿石氧化的脱碳速度要快得多。(　　　)

47. 氧化期去除钢中常存元素碳、锰、磷、硅,还原期去除钢中的硫。(　　　)

48. 炉料全熔后,按比例将混合好的氩、氧气体从炉门或从炉底吹入,这种氧化的方法称为返回吹氧法。(　　)

49. 碱性电弧炉不氧化法炼钢,不存在氧化期,炉料熔清后即开始还原。(　　)

50. 当 VD 法抽真空时,真空室内的压力降低,使氢氮随之降低。(　　)

51. 酸性电弧炉炼钢,可去除大部分的磷和硫。(　　)

52. 内浇道的开设方向不能顺着横浇道中液流方向开设。(　　)

53. 冒口的形状直接影响它的补缩效果。(　　)

54. 砂箱铸造的铸钢件顶面加工余量比底、侧面加工余量大。(　　)

55. 起模斜度的大小取决于造型方式、造型材料、模型种类等。(　　)

56. 电弧炉炼钢设备主要由机械系统和电气系统两部分组成。(　　)

57. 电炉容量愈大,钢液单位耗电量愈大。(　　)

58. 电极夹持器将电极夹持在一定的高度上,并通过水冷电缆传来的大电流传送到电极上,需要接放电极时,夹持器可以方便地松开。(　　)

59. 交流电炉的电抗器是一个三相铁芯线圈,与变压器高压线圈串联。(　　)

60. 废钢中两端封闭的管状物及封闭器皿、易燃或易爆及毒品等应分别处理或清除。(　　)

61. 封闭容器不允许加入炉内。(　　)

62. 电炉炼钢生铁中的硅含量过高会侵蚀炉衬或延缓熔池的氧化沸腾时间。(　　)

63. 生铁表面具有许多不平的微小孔洞和半贯穿性的气孔,有利于脱碳反应的一氧化碳气泡的形成,有利于脱碳反应的进行。(　　)

64. 直接还原是指在矿石不熔化、不造渣的条件下将铁的氧化物还原为金属铁的工艺方法。(　　)

65. 用直接还原法生产直接还原铁时用焦炭作还原剂,使用高炉。(　　)

66. 炼钢过程中加入炉内的造渣材料在入炉前宜预先进行烘烤。(　　)

67. 冶金石灰是炼钢生产的重要造渣材料。(　　)

68. 造渣材料有石灰、矿石两种。(　　)

69. 下列各物质主要成分的分子式为:石灰 CaO、萤石 CaF_2。(　　)

70. 石灰石的主要成分为 $CaCO_3$。(　　)

71. 石灰石加入炉中后,高温分解成氧化钙和一氧化碳。(　　)

72. 铁矿石在氧化期使用,其作用是脱碳、除磷、去气、去除夹杂物。(　　)

73. 铁矿石、萤石是电弧炉炼钢的辅助材料。(　　)

74. 萤石在电弧炉炼钢中既能改善炉渣的流动性,又能提高炉渣的碱度。(　　)

75. 莹石用量要适当,不能太多。(　　)

76. 铁基合金通常有锰铁、硅铁、钨铁、钛铁、硼铁等。(　　)

77. 硅铁中含硅量越高,它就越重。(　　)

78. 通常除铁(锰、铬)及铁基合金以外的所有金属称为有色金属。(　　)

79. 铁合金仅作合金料之用。(　　)

80. 增碳剂有焦炭、硅粉、电极。(　　)

81. 增碳剂在使用前必须进行烘干。(　　)

82. 电极块含碳量高,同时含硫量也高。(　　)

83. 黏土砖属于酸性耐火材料。(　　)

84. 在电炉炼钢中,卤水可作为捣打镁砂炉衬及挡、垫补炉体时的黏结剂,也用于耐火泥料或镁砂的调泥浆。(　　)

85. 电弧炉炼钢用氧气纯度对钢液质量无影响。(　　)

86. 由于炉体工作层与渣钢直接接触,热负荷高,机械振动强烈,化学侵蚀、冲刷严重,所以极易损坏。(　　)

87. 电弧炉炉墙厚度一般在 230～450 mm 之间。(　　)

88. 电炉炼钢炉壁材质可分为,绝热层为石棉板,保温层为黏土砖,工作层为镁碳砖。(　　)

89. 炉门的尺寸应该尽量小,只要能够满足工艺操作就可以。(　　)

90. EBT 出钢口袖砖与座砖之间用干式捣打料填充,以利于热态更换。(　　)

91. 清理钢包和拆除、更换钢包工作层时可根据需要浇水。(　　)

92. 对于钢包炉的透气砖、水口座砖,烧损超过总高度的 1/3 时要及时更换。(　　)

93. 钢铁料及铁合金的科学管理是影响配料准确性的因素。(　　)

94. 一般炉前装料要求合理搭配,科学布局。(　　)

95. 装料时,含镍、钼的浇冒口、水口、废品、废钢必须称量。(　　)

96. 开炉前检查炉盖需要确认炉盖升降是否正常,检查炉盖耐火材料是否能继续使用。(　　)

97. 补炉的顺序是先补电极下炉底部分,其次补炉门及出钢口两侧部分,最后补其他部分。(　　)

98. 碱性电弧炉人工投补的补炉材料是镁砂、白云石或部分回收的镁砂。(　　)

99. 炼钢的熔化期中,炉渣的氧化性强,FeO 的活度高,不利于硅的氧化。(　　)

100. 在碱性炉炼钢的熔化期和氧化期的前一阶段内,锰不被氧化。(　　)

101. 插入钢液部分的吹氧管外部应用耐火泥(或耐火黏土调水玻璃)包一层,经干燥后使用。(　　)

102. 吹氧助熔越早越好,加速炉料熔化。(　　)

103. 吹氧助熔时氧气压力要大于 1.0 MPa,炉料熔化速度快。(　　)

104. 熔化期合理的吹氧助熔能降低钢中的气体含量。(　　)

105. 吹氧助熔时应该采取边切割、边推料的方法进行,而不应集中吹某一处炉料,发现有搭桥现象应立即用氧气切割,使炉料落入熔池。(　　)

106. 起弧阶段供电上采用低电压、大电流、中等功率供电。(　　)

107. 电弧炉冶炼时,电流越大冶炼速度越快。(　　)

108. 一般情况下,Al、Ti、Si 三种元素在氧化期结束时都能全部氧化。(　　)

109. 去除钢中的气体和非金属夹杂物是氧化期的任务之一。(　　)

110. 氧化期脱碳的目的就是使碳在氧化末期达到扒渣要求。(　　)

111. 实践证明,脱碳量过少,达不到去除钢中一定量气体和夹杂物的目的。(　　)

112. 一般认为,氧化法冶炼的脱碳量为 0.2%～0.5%。(　　)

113. 氧化期在升温速度的控制上,要前期快后期慢,使熔池温度逐渐升高。(　　)

114. 氧化渣中含有五氧化二磷的磷酸盐,它的含量比较高,在还原条件下会产生钢液的回磷现象,造成钢水的磷高废品事故。(　　)

115. 低温氧化易产生大沸腾事故。(   )

116. 一般钢种要求氧化末期的磷含量小于 0.010%～0.015% 的范围。(   )

117. 还原期要求调整好炉渣成分,使炉渣碱度合适,流动性良好,有利于脱氧和去硫。(   )

118. 还原期是不能脱磷的。(   )

119. 在还原期中,脱硫和脱氧是同时进行的。(   )

120. 还原期使钢液脱氧,尽可能地去除钢液中溶解的氧和氧化物夹杂。(   )

121. 白渣分为炭-硅粉白渣和炭-硅粉混合白渣两种。(   )

122. 炭-硅粉白渣精炼时间较炭-硅粉混合白渣精炼时间短。(   )

123. 氧化镁-二氧化硅中性渣精炼适用于冶炼高磷高硫的易切削钢。(   )

124. 白渣比电石渣脱氧能力更强。(   )

125. 白渣极易与钢水分离而上浮,不致污染钢水,所以通常规定一定要在白渣下出钢。(   )

126. 还原期渣量过少,渣况不稳定,忽黄忽灰,脱氧作用差,有时盖不住钢水面,这样就使吸气增加。(   )

127. 还原期钢液温度将影响钢液成分控制,影响浇注操作与钢锭(坯、件)质量。(   )

128. 氧化末期钢液的温度控制与还原期温度控制的关系不大。(   )

129. 还原期在温度控制上,应严格避免在还原期进行后升温。(   )

130. 还原期温度偏高时,对炉衬侵蚀严重,影响炉龄及增加外来夹杂物。(   )

131. 熔渣的流动性和碱度要合适是传统电炉的出钢条件。(   )

132. 出钢时炉渣黏度过大,会造成先出钢后出渣,或只出钢液不出渣,易使钢液温度急剧下降,影响正常的镇静与注温注速的控制。(   )

133. 出钢时熔渣过稀会造成钢液降温过快。(   )

134. 挡渣出钢的优点是能提高某些包中合金化元素的收得率和稳定钢液的化学成分。(   )

135. 出钢时,保持供电,升高电极,避免出钢过程中,受钢水的侵蚀,使钢水增碳。(   )

136. 出钢时不需要停电。(   )

137. 炉体倾动时,向出钢口方向应大于 45°,向炉门方向大于 15°。(   )

138. 钢渣混出既有利于脱硫又有利于脱氧。(   )

139. 电炉出钢时,如果出钢口有较黏的炉渣堵塞,要把炉渣推入炉内。(   )

140. 出钢时,一般要求先出渣,或者渣钢同时出,还有要求最后出渣的,这与冶炼的钢种无关。(   )

141. 出钢的速度越快越好,这样可以防止二次氧化吸收大量气体。(   )

142. 偏心底出钢电弧炉通电前应对电极进一步检查,有无连电及与炉盖是否存在干涉,发现问题应及时处理。(   )

143. 多次装料在最后一次装料前根据前期流渣情况部分放渣,一般为渣量的 10%～30%。(   )

144. 开新炉时吹氧操作应该在熔清后开始,并且控制好供氧强度,不许深吹氧。(   )

145. 吹氧操作时可以触及炉底和炉坡,脱氧效果好。(   )

146. 钢液达到 50％后向熔池吹氧造泡沫渣,熔氧后期可向渣层吹氧同时加入适量炭粉造泡沫渣。（　　）

147. 偏心底出钢电弧炉留钢留渣操作时,装料送电后即可吹氧。（　　）

148. 偏心底出钢电弧炉熔化后期及时推料,遇到大块料以切割为主,以加速熔化。（　　）

149. 偏心底出钢电弧炉钢水成分合格、温度合格才能出钢。（　　）

150. 偏心底出钢电弧炉出钢前磷含量,应保证加入合金所带入的磷加上回磷 0.002％～0.003％后不大于规格要求。（　　）

151. 偏心底出钢电弧炉出钢时确保出钢车在出钢位,钢包烘烤温度超过 800℃,包衬呈亮红色。（　　）

152. 偏心底电弧炉出钢时,如引流砂烧结层较厚,钢水流不出来,要用氧气烧开。（　　）

153. 为降低成本,在 LF 精炼过程中,可将氩气关闭一定时间。（　　）

154. 发泡剂的种类和粒度对炉渣的发泡效果影响较大。（　　）

155. 电炉的测温取样时间可以参考炉内情况,根据泡沫渣时间或者电耗决定。（　　）

156. 热电偶中与测量仪表相连接的一端称为工作端。（　　）

157. 热电偶测量钢液温度时,其仪表上所显示的温度值不需进行修正。（　　）

158. 微型快速热电偶更换偶头后可反复使用多次。（　　）

159. 消除热电偶测温时因自由端温度变化而受到的影响,可以采用调整仪表指针法与修正系数法。（　　）

160. 结膜法测温只能反映炉内钢液温度的相对高低。（　　）

161. 经过充分脱氧的钢液,如果注入潮湿、不干净的脱氧杯中,或注入的钢水量太少或太猛,也容易引起上涨。（　　）

五、简　答　题

1. 电炉炼钢对废钢的基本要求有哪些?

2. 潮湿的废钢对电炉冶炼的危害有哪些?

3. 直接还原铁对电炉冶炼有哪些好处?

4. 什么是合金元素的收得率?

5. 碱性电炉常用的原材料有哪些?

6. 铁合金按用途的分类及炼钢对铁合金的要求是什么?

7. 钒铁合金有何用途?

8. 硅钙合金有何用途?

9. 电炉炼钢常用造渣剂有哪些?

10. 电炉炼钢对增碳剂的要求有哪些?

11. 锰在钢中的主要作用是什么?

12. 钢包烘烤的目的是什么?

13. 怎样进行钢包的烘烤?

14. 为何钢水包烘烤前要松开升降杆顶丝?

15. 配料时应注意什么?

16. 什么是渣线？

17. 补炉的原则是什么？

18. 补炉的方法是什么？

19. 为什么要补炉？

20. 湿补炉常用材料及配制方法有哪些？

21. 干补炉常用材料有哪些？

22. 碱性电弧炉氧化法炼钢熔化期的任务是什么？

23. 为什么在开始通电熔化时声音很大？

24. 熔化期吹氧氧化操作的原理是什么？

25. 简述熔化期吹氧助熔的顺序。

26. 熔化期吹氧助熔应注意的问题是什么？

27. 简述熔清后锰含量过高对脱磷的影响。

28. 碳低磷高时如何脱磷？

29. 简述炉渣碱度和氧化铁含量对脱磷的影响。

30. 简述炉温对脱磷的影响。

31. 简述渣量对脱磷的影响。

32. 钢液脱磷的基本条件是什么？

33. 什么是熔渣的氧化性？

34. 氧化期造成爆发性大沸腾的原因是什么？

35. 碱性电弧炉氧化法炼钢氧化期的任务是什么？

36. 钢液脱碳常用方法有哪些？

37. 吹氧氧化有什么特点？

38. 什么是单渣还原法？

39. 双渣还原法的特点是什么？

40. 双渣氧化法的特点是什么？

41. 简述综合脱碳法操作要点。

42. 什么叫综合氧化法？

43. 综合氧化法有何优点？

44. 为什么要扒除氧化渣？

45. 怎样进行扒除氧化渣的操作？

46. 钢液为什么要脱氧？

47. 沉淀脱氧法的原理是什么？

48. 沉淀脱氧的优点？

49. 还原期磷高如何预防？

50. 白渣法与电石渣法操作的优缺点分别是什么？

51. 还原期炉渣的作用是什么？

52. 还原期渣量过少的危害是什么？

53. 还原期渣量过大的危害是什么？

54. 什么叫重氧化？

55. 碱性电弧炉氧化法炼钢还原期的任务是什么？

56. 还原后期提温有什么不好？

57. 白渣有哪些特点？

58. 简述普通电弧炉出钢的基本条件。

59. 简述普通电弧炉出钢操作要点。

60. 电炉终脱氧插铝操作要点有哪些？

61. 根据不同的吹氧目的采用哪些吹氧操作？

62. 偏心底出钢的优点是什么？

63. EBT 电炉出钢过程的注意事项有哪些？

64. LF 钢包精炼的主要任务是什么？

65. 如何控制 LF 精炼炉氮含量？

66. 如何砌筑可以提高 LF 钢包炉使用寿命？

67. 什么是 VOD 法精炼？

68. 什么是 AOD 法精炼？

69. 简述微型快速热电偶高温计使用方法。

70. 微型快速热电偶测温主要优点是什么？

六、综 合 题

1. 如何在原料上降低电炉炼钢合金料的消耗？

2. 电极接长过程的注意事项有哪些？

3. 如何在吹氧制度上降低电炉炼钢合金料的消耗？

4. 钢液为什么要去气？

5. 为什么要脱除钢中的磷？

6. 为什么氧化期要有足够强烈的均匀沸腾？

7. 引起 LF 钢包内衬蚀损率较高的内部因素有哪些？

8. EBT 电炉的出钢过程是什么？

9. 如何更换 EBT 电炉出钢口袖砖、尾砖？

10. EBT 电炉的出钢口填料有何要求？

11. 槽式出钢的缺点是什么？

12. 配料时应掌握哪些原则？

13. 如何确定炉料装入量？

14. 料罐合理布料的原则有哪些？

15. 三相电弧炉炉盖旋转式顶装料工作特点是什么？

16. 论述碱性电弧炉氧化法冶炼过程中对钢液温度的控制过程。

17. 如何进行吹氧助熔操作？

18. 怎样快速去磷？

19. 论述碳出格的原因。

20. 论述碳出格的防范措施。

21. 论述氧化期使用吹氧管吹氧操作要点。

22. 大沸腾的破坏作用是什么？

23. 扒渣增碳的方法有哪些？各有何特点？

24. 试计算：冶炼 30CrMnSi 钢，钢水量为 8 t，需加多少铁合金？

成品钢成分：$\omega(Cr)=0.95\%$，$\omega(Mn)=0.95\%$，$\omega(Si)=1.05\%$

炉前分析结果：$\omega(Cr)=0.75\%$，$\omega(Mn)=0.80\%$，$\omega(Si)=0.20\%$

合金成分：$\omega(Fe\text{-}Cr)=65\%$，$\omega(Fe\text{-}Mn)=65\%$，$\omega(Fe\text{-}Si)=75\%$

收得率：$\omega(Si)=95\%$，$\omega(Cr)=100\%$，$\omega(Mn)=100\%$

25. 还原期是怎样进行操作的？

26. 还原期温度要求的特点是什么？

27. 还原期的搅拌操作如何进行？

28. 还原期的取样如何操作？

29. EBT 的填料操作程序是什么？

30. EBT 熔氧期的主要任务有哪些？

31. 钢包底吹氩位置如何确定，为什么？

32. LF 精炼前的准备工作有哪些？

33. 论述热装塞杆操作工艺。

34. 热电偶测温原理是什么？

35. 电炉炼钢技术安全规程主要内容有哪些？

电炉炼钢工(初级工)答案

一、填 空 题

1. C	2. φ	3. 比热容	4. 溶液
5. 浓度	6. 热能	7. 热辐射	8. 氧化
9. 合金钢	10. 铸造工具钢	11. 各向异性	12. 体积密度
13. 空气	14. 增大	15. 0.20%	16. 周期性
17. 热膨胀性	18. 密排六方晶格	19. 离子键	20. 钢液密度
21. 黏度	22. 温度	23. 熔点	24. 密度
25. 含量	26. 碱度	27. 熔渣	28. 碱性还原渣
29. 合金化	30. 浇注	31. 返回吹氧法	32. 单渣法
33. 吹氩	34. 横浇道	35. 直浇道	36. 最厚
37. 铸造	38. 砂芯	39. SiO_2	40. 炼钢工艺
41. 炉壳	42. 焊接	43. 炉盖圈	44. 圆截锥
45. 炉门框	46. 电极夹持器	47. 隔离开关	48. 耐火材料
49. 液压传动	50. 酸性炼钢炉	51. 极心圆	52. 底倾
53. 短网	54. 耐火材料	55. 铅	56. 封闭物
57. 爆炸	58. CaO	59. $Ca(OH)_2$	60. 炉衬
61. 脱碳脱磷	62. 烧结砖	63. $MgCl_2$	64. 工作层
65. 炉墙	66. 热损失	67. 保温层	68. 还原
69. 耐火泥浆	70. 袖砖	71. 黏土砖片	72. 氩气
73. 配料成分	74. 熔清	75. 冶炼方法	76. 留钢量
77. 补炉	78. 热补	79. 机械喷补	80. 镁砂(或烧结白云石)
81. 机械	82. 时间	83. 萤石	84. 氧气
85. 熔化完毕	86. 炉体寿命	87. 起弧	88. 穿井
89. $2^\#$	90. 红热	91. 吹氧助熔	92. 大电流
93. 磷	94. 造渣	95. 技术条件	96. 高
97. 升温	98. 低	99. 高	100. 回磷
101. 扒渣碳	102. 气体	103. 废电极切片	104. 脱硫
105. 扒渣完毕	106. 脱氧	107. 炭-硅粉	108. 炭-硅粉混合
109. 炉渣黏度	110. 脱氧不良	111. 渣量	112. 小泡沫
113. 二氧化硅	114. 夹杂物	115. 分批	116. 温度低
117. 产量	118. 钢水包	119. 升降正常	120. 水冷系统
121. 电极长度	122. 取样	123. 炉门残渣	124. 渣线

125. 炉底合成料　126. 偏心　127. 垫炉底　128. 馒头状
129. 不能过早　130. 同一平面　131. 水冷炉壁　132. 旋回炉盖
133. 吹氧　134. 过大　135. 碳氧反应　136. 熔池
137. 氧气阀门　138. 脱落　139. 熔氧前期　140. 冶金质量
141. 高压系统　142. 电极　143. 热装塞杆　144. 塞杆冷装
145. 接触良好　146. 300～500 kg　147. 烧氧处理　148. 预熔型
149. CaF_2　150. 稳　151. 2.5～3.5　152. $\omega(CaF_2)$
153. 5%　154. 粒度　155. 15 min　156. 气源
157. 搅拌熔池　158. 测量范围宽　159. 基本不变　160. 齿轮传动

二、单项选择题

1. A　2. C　3. C　4. B　5. C　6. C　7. C　8. A　9. C
10. C　11. B　12. B　13. B　14. A　15. C　16. C　17. C　18. B
19. C　20. A　21. A　22. D　23. C　24. A　25. B　26. A　27. A
28. C　29. C　30. B　31. A　32. B　33. D　34. A　35. C　36. A
37. B　38. A　39. C　40. C　41. B　42. C　43. B　44. A　45. C
46. D　47. A　48. D　49. B　50. D　51. C　52. B　53. C　54. C
55. D　56. C　57. A　58. D　59. C　60. A　61. D　62. A　63. A
64. B　65. C　66. B　67. C　68. C　69. C　70. A　71. B　72. C
73. D　74. B　75. C　76. D　77. B　78. A　79. A　80. B　81. A
82. B　83. A　84. B　85. C　86. C　87. C　88. B　89. C　90. C
91. D　92. C　93. C　94. C　95. A　96. A　97. C　98. A　99. B
100. B　101. A　102. C　103. B　104. A　105. B　106. C　107. D　108. A
109. D　110. A　111. B　112. C　113. A　114. C　115. A　116. A　117. B
118. C　119. D　120. A　121. D　122. A　123. D　124. B　125. A　126. B
127. B　128. D　129. C　130. A　131. B　132. C　133. A　134. B　135. B
136. A　137. A　138. C　139. A　140. A　141. B　142. C　143. B　144. C
145. A　146. B　147. B　148. A　149. C　150. A　151. C　152. B　153. A
154. D　155. A　156. D　157. C　158. C　159. B　160. D

三、多项选择题

1. AB　2. CD　3. ACD　4. ABC　5. BCD　6. ABC　7. ABC
8. ABC　9. ACD　10. ACD　11. BCD　12. ABCD　13. ABCD　14. ABCD
15. CD　16. ABCD　17. BCD　18. ABCD　19. ABC　20. ABCD　21. ABCD
22. ABD　23. ABC　24. AD　25. ABCD　26. ABCD　27. ABCD　28. ABCD
29. ACD　30. AB　31. CD　32. ABC　33. ACD　34. ABD　35. ABCD
36. ABCD　37. ABC　38. ABC　39. ABCD　40. ACD　41. ABC　42. ABCD
43. ABCD　44. ABC　45. ABCD　46. ABCD　47. ABCD　48. ABD　49. ABCD
50. ABCD　51. ABCD　52. ABCD　53. ABCD　54. ABCD　55. ABC　56. ABCD

57. BCD　　58. ABCD　　59. ACD　　60. ABCD　　61. ABCD　　62. ABCD　　63. ABCD
64. ABCD　　65. ABCD　　66. ABCD　　67. ABCD　　68. AB　　69. ABCD　　70. ABCD
71. ABCD　　72. AB　　73. ACD　　74. ABCD　　75. ABCD　　76. ABD　　77. ABCD
78. ABC　　79. ABC　　80. ABCD　　81. ABCD　　82. ABD　　83. BC　　84. ABC
85. ABCD　　86. BCD　　87. ABCD　　88. ABD　　89. ABC　　90. AB　　91. ABCD
92. ABCD　　93. ABCD

四、判 断 题

1. √　　2. √　　3. √　　4. ×　　5. √　　6. ×　　7. √　　8. ×　　9. √
10. ×　　11. √　　12. ×　　13. √　　14. ×　　15. √　　16. √　　17. √　　18. √
19. √　　20. ×　　21. √　　22. √　　23. √　　24. ×　　25. √　　26. √　　27. ×
28. √　　29. √　　30. √　　31. √　　32. √　　33. √　　34. √　　35. ×　　36. √
37. √　　38. ×　　39. √　　40. √　　41. √　　42. √　　43. √　　44. √　　45. √
46. √　　47. ×　　48. ×　　49. √　　50. √　　51. √　　52. √　　53. √　　54. √
55. √　　56. √　　57. √　　58. √　　59. √　　60. √　　61. √　　62. √　　63. √
64. √　　65. √　　66. √　　67. √　　68. √　　69. √　　70. √　　71. ×　　72. √
73. √　　74. ×　　75. √　　76. √　　77. √　　78. √　　79. √　　80. √　　81. √
82. √　　83. √　　84. √　　85. √　　86. √　　87. √　　88. √　　89. √　　90. √
91. ×　　92. √　　93. √　　94. √　　95. √　　96. √　　97. √　　98. √　　99. √
100. ×　　101. √　　102. ×　　103. √　　104. √　　105. √　　106. √　　107. ×　　108. √
109. √　　110. ×　　111. √　　112. √　　113. √　　114. √　　115. √　　116. √　　117. √
118. √　　119. √　　120. √　　121. √　　122. √　　123. √　　124. √　　125. √　　126. √
127. √　　128. √　　129. √　　130. √　　131. √　　132. √　　133. √　　134. √　　135. √
136. √　　137. √　　138. √　　139. √　　140. √　　141. ×　　142. √　　143. √　　144. √
145. ×　　146. √　　147. √　　148. √　　149. √　　150. √　　151. √　　152. √　　153. √
154. √　　155. √　　156. ×　　157. √　　158. √　　159. √　　160. ×　　161. √

五、简 答 题

1. 答:(1)外形尺寸和块度要合适(1分)。(2)不得混有封闭器皿、爆炸物、易燃物及毒品(1分)。(3)不得混铜、锌、铅、锡、砷等有色金属;硫、磷含量均≤0.05%(1分)。(4)清洁少锈,少混有泥沙、水泥及耐火材料等(1分)。(5)按性质分类存放(1分)。

2. 答:(1)潮湿废钢在加料时可能引起爆炸(2分)。(2)潮湿废钢中的水蒸发吸热,会造成冶炼电耗增加(1分)。(3)引起钢中氢含量增加(2分)。

3. 答:(1)降低钢中有害元素 Cu、Sn 等的含量(2分)。(2)泡沫渣的控制比较容易,可以提高入炉功率,降低冶炼电耗和耐火材料消耗(1分)。(3)脱碳反应能够顺利地进行,有利于钢液脱气、去除杂质,纯净钢水(2分)。

4. 答:合金元素的收得率是指进入钢中合金元素的质量占合金元素加入总量的百分比(3分)。所炼钢种、合金加入种类、数量和顺序、氧化终点碳以及操作因素等,均影响合金元素收得率(2分)。

5. 答:钢铁料(1分),脱氧剂和合金剂(1分),造渣材料(1分),氧化剂(1分),增碳剂(0.5分),耐火材料等(0.5分)。

6. 答:铁合金按用途分为脱氧剂和合金剂(2分)。

炼钢对铁合金的要求是:有用的合金元素含量要高,有害的合金元素含量要低(1分);合金块度要合适(1分);使用前要充分烘烤(1分)。

7. 答:钒铁用于冶炼优质钢和特种钢(2分)。钒既是合金剂,又是脱氧剂(1分)。钒能提高钢的韧性、弹性和强度(1分),使钢具有很高的耐磨性和耐冲击性(1分)。

8. 答:硅钙合金是冶炼优质钢较为理想的脱氧剂和去硫剂(1分),炼钢过程中向钢中加入硅钙合金后,可以改变钢中残留夹杂物的形态(1分),降低钢中夹杂物的含量(1分),提高钢材的力学性能(1分),它是高纯净钢生产用的净化剂(1分)。

9. 答:石灰(1分),萤石(1分),白云石(1分),火砖块(1分),合成造渣剂(1分)。

10. 答:电炉炼钢对增碳剂的要求是:固定碳要高(2分),灰分、挥发分和硫、磷、氮等杂质含量要低(2分),干燥、粒度适中(1分)。

11. 答:(1)锰能消除和减弱钢因硫而引起的热脆性,改善钢的热加工性能(2分)。(2)锰能溶于铁素体中,即和铁形成固溶体,提高钢的强度和硬度(1分)。(3)锰能提高钢的淬透性,锰高会使晶粒粗化,增加钢的回火脆性(1分)。(4)锰会降低钢的热导率(1分)。

12. 答:钢水包使用耐火砖和耐火泥浆修砌,都含有水分,烘烤的目的首先是去除这部分水分,以免进入钢水(3分),其次是使包衬升温,不致因钢包过冷使钢水降温太多,造成粘钢(2分)。

13. 答:烘烤时间要适当(1分),烘烤要均匀而且不能过急,防止将袖砖、塞头砖烤裂(2分),烘至砖缝不冒潮气,保证干透(1分),包衬是亮红色即可(1分)。

14. 答:钢水包烘烤时,塞杆部分受热后要伸长,若不松开会造成升降机构变形,不仅会损坏升降机构,而且使塞头与水口砖发生位移而造成关不严(2分)。另外,还可能使袖砖或塞头砖开裂(2分),烘烤后轻松压把,将顶丝顶紧,防止钢水浮力造成漏钢(1分)。

15. 答:(1)必须正确地进行配料(1分)。(2)炉料的大小要按比例搭配,以达到好装、快化的目的(1分)。(3)各种炉料应根据钢的质量要求和冶炼方法搭配使用(1分)。(4)配料成分必须符合工艺要求(2分)。

16. 答:渣线是指炼钢炉内靠近熔渣层的这一部分炉衬叫渣线(3分),渣线是一个随时变化的位置,随着熔池的深度和装入量的变化而变化(2分)。

17. 答:(1)高温、快补、薄补(2分)。(2)垫炉底前必须扒净残钢残渣(1分)。(3)先补易冷却的炉门及出钢口两侧,再补被侵蚀严重的部位如 2# 电极炉壁处等,最后补其他部位(2分)。

18. 答:(1)人工补炉用大铲贴补或铁锨投补(3分)。(2)机械补炉用压缩空气喷补或机械投补(2分)。

19. 答:电弧炉炉衬在炼钢过程中处于高温状态下,不断地受到机械冲击和化学侵蚀作用,每炉钢冶炼后炉衬总要受到不同程度的损坏(3分)。为了保持炉衬一定的形状,保证正常冶炼和延长炉衬的使用寿命,每次出钢后必须进行补炉(2分)。

20. 答:湿补炉常用材料是镁砂、卤水(2分)。

其配制比例为:镁砂:卤水为100:(8~10),混匀后即可使用(2分)。其用量为每炉(5~

10t 电炉)200~400 kg(1分)。

21. 答:镁砂用沥青作粘结剂混制而成的补炉料(3分)、电炉炉底用 $MgO\text{-}CaO\text{-}Fe_2O_3$ 系合成料(2分)。

22. 答:(1)迅速熔化炉料,并将钢液加热到足够进行氧化的温度(2分);(2)脱磷(1分);(3)减少钢液吸收气体,减少金属的挥发(2分)。

23. 答:(1)电极下面金属料突然受到高温时,会发生爆裂(2分)。(2)开始时电弧不稳定,经常断弧(2分)。(3)金属料之间有空隙,通电后金属料与金属料之间也会发生电子发射轰击的现象(1分)。

24. 答:(1)直接氧化。吹氧初期,钢液温度较低,氧含量不足,在气体和钢液界面上,主要是碳的直接氧化(2分)。(2)间接氧化。当钢液温度升高和氧含量足够后,首先氧化钢液中的氧生成 FeO,然后借氧气泡的机械搅拌作用,迅速扩散到反应区,使碳发生间接氧化(3分)。

25. 答:炉门吹氧操作顺序一般为首先切割炉门两侧炉料(2分),然后将炉坡上的炉料予以吹化和切割(1分)。炉料被切割后,应随即推入或拉入熔池(1分)。炉料全浸入熔池后,在渣、钢界面吹氧提温(1分)。

26. 答:(1)吹氧助熔的开始时间,通常是炉内已经形成了熔池和炉料发红后进行(3分)。(2)氧气的压力,合适的助熔压力一般控制在 4~8 个大气压(2分)。

27. 答:锰高后由于锰的氧化是放热反应(2分),同时限制了氧在钢液中的溶解度(2分),因此锰高后进行的脱磷反应比较慢(1分)。

28. 答:首先放尽熔化渣(1分),然后加入石灰和氧化铁皮或碎矿石,渣量偏大,在通电化渣同时渣面浅吹氧化渣(1分)。磷低于成品规格,升温和深吹氧,大量流渣(1分),流渣后再造一次渣,磷低于成品规格一半时,方可进行还原(2分)。

29. 答:当炉渣碱度较高和氧化铁含量较高时,都会使脱磷效果提高(2分),但应指出炉渣碱度过高(超过 3.5)时,由于炉渣变稠,反而会使脱磷效果降低(2分)。当炉渣中氧化铁含量过多时,由于其对炉渣的"稀释"作用,也会使脱磷效果降低(1分)。

30. 答:在较低的温度下,磷的分配比 $(P_2O_5)/[P]^2$ 较高,也就是钢水中有较多的磷进到炉渣中(2分)。随着炉温升高,磷的分配比降低,即发生"回磷"现象(2分)。因此应抓紧在熔化末期和氧化初期造渣脱磷,并及时放掉高磷炉渣,以免后期发生"回磷"(1分)。

31. 答:渣量过大,渣层也随之加厚,炉渣流动性就降低,脱磷反应变慢,脱磷效果变差(3分)。渣量过小,渣中脱磷反应生成物浓度变大,反应进行的速度变慢(2分)。

32. 答:(1)高碱度(1分)。(2)氧化性强和流动性良好(黏度较小)的炉渣(2分)。(3)较低的温度(2分)。

33. 答:熔渣的氧化性是指熔渣向金属相提供氧的能力,也可以认为是熔渣氧化金属熔池中杂质的能力(5分)。

34. 答:(1)加矿温度过低(1分)。(2)加小块矿过快(1分)。(3)熔池温度高时,加矿过猛,反应过于激烈(1分)。(4)炉渣过黏(1分)。(5)炉料未熔清(1分)。

35. 答:(1)去除钢液中的磷(2分)。(2)去除钢液中的气体和非金属夹杂物(1分)。(3)脱碳,使之达到需要控制的范围(1分)。(4)加热并均匀钢水温度(1分)。

36. 答:有三种方法:吹氧脱碳法(2分)、氧化剂脱碳法(2分)和综合脱碳法(1分)。

37. 答:吹氧氧化时,氧气直接与钢水中的各种元素发生反应,生成的氧化铁再向渣中扩散,故不利于去磷(2分),但氧气比较纯洁,有利于提高钢的质量(1分),反应时间又较短,吹氧还能升温,可加速冶炼速度,节约电的消耗(2分)。

38. 答:利用含高合金元素的返回废钢做原料(1分),冶炼与返回废钢成分相同或成分相近的钢种,在冶炼过程中只造还原渣(2分)。炉料熔化后对炉渣进行还原,一直进行到炉渣变白,当钢液成分合格、温度达到要求后进行终脱氧,然后出钢(2分)。

39. 答:特点是冶炼过程中除有熔化期外,有较短的氧化期、造氧化渣(2分),还有还原期、造还原渣,能吹氧脱碳、去气、去夹杂(2分)。但由于该种方法去磷较难,故要求炉料应由含低磷返回废钢组成(1分)。

40. 答:特点是冶炼过程有氧化期,能脱碳、脱磷、去气、去夹杂等(2分)。对炉料无特殊要求(1分),冶炼过程中除有熔化期外,既有氧化期,又有还原期,有利于钢质量的提高(2分)。

41. 答:分批加矿:一般为2~3批。两批矿石之间进行吹氧,以达到钢水高温均匀沸腾(2分);自动流渣:加一批矿、吹一次氧、流一次渣(1分);净沸腾:供氧结束后,钢水较平稳时,加入锰铁,转入净沸腾(2分)。

42. 答:综合氧化法是既向熔池中吹氧,又向熔池中加氧化剂(铁矿石、氧化铁皮)综合氧化的方法(5分)。

43. 答:综合氧化法具有两种氧化法的优点,又克服了它们所存在的缺点,二者相互补充,相互完善,具有快速去磷、快速脱碳的效果(5分)。

44. 答:因为氧化渣中五氧化二磷和氧化亚铁含量比较高,为避免回磷,造好还原渣,完成还原期脱氧、脱硫的任务,所以要扒除氧化渣(5分)。

45. 答:扒除氧化渣要迅速、彻底、干净(1分)。因扒渣时间长会造成钢水温度下降(1分),如果扒渣不净,还原期容易回磷,白渣形成慢(2分)。扒除氧化渣时先不升高电极,将要扒完时才升高电极,避免炉内热损失多(1分)。

46. 答:(1)随着温度的下降钢液中氧的溶解度降低,因而促使碳氧反应的继续进行,钢液强烈沸腾,造成浇注困难(2分)。(2)在凝固过程中,氧将以氧化物的形式大量析出,这就会严重降低钢的性能(2分)。(3)钢液脱氧不好,降低合金元素的收得率,提高了炼钢成本(1分)。

47. 答:直接向钢液内加入块状的脱氧元素或脱氧剂,根据它们的密度不同,使脱氧反应在钢液表面或熔池内的不同部位进行,从而生成该元素的脱氧产物,并使脱氧产物从钢液中排出,以达到脱氧的目的(5分)。

48. 答:沉淀脱氧具有脱氧反应速度快(2分)、合金消耗少(2分)、操作方便的优点(1分)。

49. 答:(1)在熔化期,做好造渣去磷工作(2分)。(2)及时流渣,再造新渣,不要使炉内留渣过多(1分)。(3)扒渣必须干净彻底(1分)。(4)不许带料氧化及扒渣(1分)。

50. 答:(1)白渣成渣速度快,电石渣成渣速度慢(1分)。(2)白渣脱氧速度较慢,电石渣脱氧速度较快(1分)。(3)白渣增碳程度小,电石渣增碳程度大(1分)。(4)白渣易与钢液分离,电石渣不易与钢液分离,易玷污钢液(1分)。(5)白渣还原时间短,电石渣还原时间长(1分)。

51. 答:还原期炉渣的作用主要是脱氧(2分)、脱硫(1分)、吸收夹杂物(1分)。另外炉渣也起着保护钢水的作用,防止钢水吸收气体(1分)。

52. 答:渣量过少,渣况就不稳定,忽黄忽灰,脱氧作用差,有时盖不住钢水面,这样就使吸气增加(5分)。

53. 答：渣量过大，会延长冶炼时间(2分)，增加电耗(2分)，并且渣料中带进的水分也会增多，会降低钢的质量(1分)。

54. 答：重氧化是指还原期取样分析，发现钢中碳或其他成分的含量高于钢种规格要求而不能正常出钢，被迫向炉内重新供氧氧化成分超标元素的操作(5分)。

55. 答：(1)尽量去除钢中熔解的氧和氧化物夹杂(2分)。(2)去除钢中的硫使之满足成品钢的要求(1分)。(3)调整钢液化学成分，使之达到规格要求(1分)。(4)调整钢液温度，保证浇注顺利进行(1分)。

56. 答：还原期的传热条件差，使电弧下的钢水过热。大量热被平静的炉渣反射到炉衬、炉盖，使之寿命降低(2分)。渣中的氧化镁增加，炉渣变稠，使钢中气体和夹杂物增加，对钢的质量不利(2分)，同时影响铁合金的收得率，成分不易控制(1分)。

57. 答：白渣是电弧炉常造的一种碱性渣，其碱度高，在 3～4 之间(1分)，氧化亚铁小于1%(1分)，CaO 在 60% 左右(1分)，冷却后呈白色，会粉化(1分)。白渣极易与钢水分离而上浮，不致污染钢水，所以一般都要在白渣下出钢(1分)。

58. 答：(1)钢液的化学成分应符合冶炼钢种的规格要求(2分)。(2)钢液温度要满足所炼钢种浇注的要求(1分)。(3)出钢前炉渣变白且流动性良好(1分)。(4)脱氧良好(1分)。

59. 答：(1)出钢槽必须清洁干燥(1分)。(2)出钢前必须开好出钢口(1分)。(3)炉渣与钢水混出(1分)。(4)钢水流对准钢包中心，避免冲刷包壁和塞杆(1分)。(5)出钢后，向钢渣面撒上保温材料(如碳化稻壳)(1分)。

60. 答：(1)插铝使用中间带孔的铝饼(1分)。(2)插铝棒不宜过短或过长(1分)。(3)一根插铝棒不宜插铝块过多(1分)。(4)插铝时要迅速将铝插入钢水，停留半分钟再移动(1分)。(5)插铝时不要使铝浮在渣面上，以免浪费并影响钢水终脱氧(1分)。

61. 答：(1)化渣操作在渣面或渣层中吹氧(2分)。(2)脱碳操作吹氧管与钢液面成20°～30°角，插入钢水深 200mm 左右，沿水平方向徐徐移动(1分)。(3)脱磷操作在钢渣界面吹氧，增加反应界面，促进钢渣反应(2分)。

62. 答：(1)缩短了冶炼周期(1分)。(2)出钢钢流短，减少了二次氧化，降低了出钢过程温度损失(1分)。(3)由于实现了留渣操作，使石灰等造渣材料的消耗降低(1分)。(4)提高了炉衬寿命，减少了耐火材料的消耗，节约电极消耗(1分)。(5)扩大了炉体体积，从而提高了生产效率(1分)。

63. 答：(1)出钢倾动速度合适，保证出钢箱中的钢水有足够的高度(1分)。(2)出钢不要倾动过快，防烧坏水冷盖板，而造成烧损(2分)。(3)出钢不要倾动过慢，防止炉渣因漩涡效应被带进钢包(2分)。

64. 答：(1)降低钢液中的氧和氧化物夹杂(1分)。(2)脱硫(1分)。(3)调整钢液的合金成分(1分)。(4)全程吹氩，促进夹杂物上浮，促进成分、温度均匀(1分)。(5)调整钢液温度(1分)。

65. 答：(1)控制好氩气的流量，避免脱氧良好的钢液长时间裸露于大气中(2分)。(2)保持合理的渣量，保证精炼过程中能够很好地覆盖钢液(2分)。(3)尽量造良好地泡沫渣，降低高温渣的存在时间，有利于防止钢液吸氮(1分)。

66. 答：(1)钢包材质优化，熔池工作层使用镁碳砖或高质量的镁铝碳砖(2分)。(2)提高砌筑质量，确保砖缝小于 1 mm(1分)。(3)改善包底的砌筑，提高冲击区耐火砖的厚度，冲击区镁碳砖比周围区域高出 50 mm(2 分)。

67. 答:VOD 法就是不断降低钢水所处环境的 P_{CO} 的分压,达到去碳保铬,冶炼不锈钢的方法(5 分)。

68. 答:钢液的氩氧吹炼简称 AOD 法,主要用于不锈钢的炉外冶炼上(5 分)。

69. 答:微型快速热电偶高温计测温是将它直接插入钢液熔池(1 分)。电炉钢液熔池温度不均匀,在测温前应先充分搅动钢液(2 分),热电偶插入位置在炉门与 2$^\#$ 电极之间钢液面下约 200 mm 处(2 分)。

70. 答:具有结构简单(1 分)、使用方便(1 分)、测量精度高(1 分)、测量范围宽(1 分)、便于远距离传送和集中检测等优点(1 分)。

六、综 合 题

1. 答:铁合金在炼钢生产中主要用做脱氧剂和合金剂。降低合金料消耗的主要途径有以下几方面(1 分)。(1)采购优质铁合金。尽量选购有用元素含量高的铁合金,块度符合要求(3 分)。(2)合金在使用前要进行烘烤,提高合金收得率,同时,烘烤后减少了氢、氮等气体,有利于提高钢的质量(3 分)。(3)正确的合金加入方式。在合金加入炉内后,要适当控制冶炼时间(3 分)。

2. 答:(1)电极接长前,对于要接长的电极必需做吹灰处理。积累灰尘后电阻过大,会导致电极接头部位局部过热,引起应力增加,导致断电极(2 分)。(2)电极接长前,要在被接长的电极孔上方做木质垫圈,以便于对中和防止螺纹损坏(2 分)。(3)电极接长过程中,出现的电极碎小颗粒要及时清理(2 分)。(4)需要接长的电极换下来后,采取措施使其冷却,再进行接长处理(2 分)。(5)电极在热状态下接长的,冷却后螺丝头可能会出现松动,使用前要再次做旋紧处理(1 分)。(6)电极在接长或吊装过程中,要注意轻放,操作要平稳,防止电极的碰撞(1分)。

3. 答:应杜绝钢液过氧化(2 分)。首先要考虑在工艺中增加配料环节(2 分),其次要考虑供氧量(2 分)。过量的供氧还表现在钢液的过氧化,一般钢液含碳量小于 0.05% 就称为过氧化(2 分)。此时碳与氧不再保持平衡,加入合金后,合金元素与过剩的氧发生反应,生成夹杂物,合金收得率大幅度降低(2 分)。

4. 答:钢液中的气体会显著降低钢的性能,而且会造成钢的许多种缺陷(2 分)。钢中的气体大多指溶解在钢中的氢和氮(2 分)。氢含量高容易造成白点、发纹并易造成偏析(3 分),氮含量高导致时效和冷脆,易在钢中形成气泡和疏松,形成带棱角而性脆的夹杂群,使钢的力学性能和其他物理性能降低,所以除在少数钢中氮可以作为合金元素加入外,其他钢中氮越少越好(3 分)。

5. 答:对绝大多数钢种来说磷是有害元素(1 分)。钢中磷含量高会引起钢的"冷脆",降低钢的塑性和冲击韧性,并使钢的焊接性能与冷弯性能变差(3 分),磷对钢的这种影响常随着氧、氮含量的增高而加剧(3 分)。磷在连铸坯(钢锭、铸件)中偏析度仅次于硫,同时它在铁固溶体中扩散速度又很小,不容易均匀化,因而磷的偏析很难消除(3 分)。

6. 答:(1)去除非金属夹杂如 SiO_2、Al_2O_3、MnO 等。由于气泡的搅动,它们彼此增加了接触机会,就很容易聚合在一起,甚至相互融合,体积增加,在钢液中受到的浮力也增加,就可能从钢中浮起进入渣中,另外,也容易吸附在上升的气泡表面,随气泡一起上升进入渣中(4 分)。

（2）均匀升温。电炉依靠电弧来加热钢液，热量集中在三个电极下的电弧区域内，因此易造成温度的不均匀，强烈的沸腾来搅动钢液和炉渣，使传热速度加快，减少了熔池温度的不均匀（3分）。（3）去气。熔化末期，钢液中熔入了大量的氢气、氮气，氧化期要靠沸腾来去气（3分）。

7. 答：（1）就二次炼钢而言，钢包的热循环相当大，耐火材料的损耗也会比第一次炼钢大（2分）。（2）钢包移动和提升时，较薄的耐火工作衬内部会出现热裂纹（2分）。（3）高的出钢温度以及某些类型的搅拌所带来的热损（2分）。（4）由石灰、铝酸钙和萤石等造成的过热熔渣对耐火内衬的高度侵蚀（2分）。（5）通常缺少渣的保护层和喷补层，这些与用来延长一次炼钢寿命是相同的（2分）。

8. 答：先将钢包运到电炉出钢箱下面，打开出钢口之前，使炉子向出钢口侧倾斜4°～6°，形成足够的钢水静压力，防止炉渣从钢水产生的漩涡中流入钢包（3分）。打开出钢口托板，开始出钢。出钢过程中，炉体逐渐倾斜到约12°，保证出钢口上面的钢水深度基本不变（4分）。当钢水出至约95％时，炉体以较快的速度回倾至出渣方向5°的位置，以避免或减少炉渣从出钢口流进钢包，实现无渣出钢（3分）。

9. 答：（1）出钢时将炉内钢水出尽，拆下法兰，用风镐清除旧的出钢口砖，操作时应注意不得损坏出钢孔座砖（5分）。（2）清理干净后，将法兰固定在炉壳上，依次放入出钢口尾砖和袖砖，装的时候要确保出钢孔的垂直度，然后将袖砖与座砖之间的间隙用炉底合成料捣实，更换结束（5分）。

10. 答：要求熔点较高，热稳定性好，导热性差，流动性好，粒度合适（2分）；在炼钢温度下，接触钢水表面为熔融状态的液相层，中间为烧结层，下部仍为散状料（2分）；合适的粒度配比，防止钢液渗入填料内部，保证烧结层厚度适中（2分）；烧结层能保护下面填料不上浮，又能防止钢液下渗（2分）；烧结层强度较小，当出钢口开启时下部散状料下落，烧结层在钢水静压力作用下自动破裂，钢水流入钢包中，实现自动出钢（2分）。

11. 答：（1）出钢方式为槽式出钢，不能实现无渣出钢（3分）。（2）必须扒除氧化渣，防止回磷，在炉内脱氧、脱硫及合金化，导致冶炼时间长，生产效率低，消耗高（2分）。（3）槽式出钢时，钢水在空气中暴露时间长，易造成钢的二次氧化和吸气。同时温降大，必须提高出钢温度，造成电耗升高（3分）。（4）出钢时必须倾动约45°才能将钢水出净，导致电缆长度较长，铜损上升，电耗升高（2分）。

12. 答：（1）炉料的大小要按比例搭配，以达到好装快化的目的（3分）。（2）炉料的好坏要按钢种质量要求和冶炼方法来搭配。如果使用太坏的炉料，必须充分估计收得率（3分）。（3）配料的含C量，必须根据钢种的要求，S、P≤0.05％（2分）。（4）炉料装入量必须保证铸件（钢锭）能浇足的钢水量。每炉钢要有规定的注余钢水，防止钢水量不足或过多注余钢水（2分）。

13. 答：根据装入的炉料，加铁合金用量，再加上矿石中铁进入钢液量之总和，被综合收得率除，即是炉料的装入量（2分）。一般生产情况下，每熔炼炉次的装入量相同，即钢液量不变（2分）。综合收得率是根据所用废钢炉料的等级不同而有差别（2分）。矿石中的铁进入钢液量一般忽略不计，与去除氧化渣及沸腾时所损失的钢液相抵销（2分）。注余钢液，根据电弧炉容量的大小而定，一般在200～400 kg左右（2分）。

14. 答：首先把部分轻型废钢及钢屑装在料罐底部（2分），然后在料罐的中心区装入全部大块废钢（2分），中块废钢和生铁则装在大料的上面及四围（2分），最上面再放一层小块废钢或钢屑（2分）。对不易导电的废钢、粘砂的铸件、浇冒口等不要放在电极下面，防止通电时不起弧。为了起弧容易,常在三相电极下面放些焦炭或电极块(2分)。

15. 答:电极升降机构与挂炉盖的横臂为一体,加料时,炉盖提起与电极升降机构一同向出钢方向旋转70°～90°,炉体上口露出,即可装料(4分)。优点是旋转部分重量较轻,多为液压传动(2分)。炉前不需要操作平台(2分)。缺点是炉子中心与变压器的距离增大,短网加长,增大电损失(2分)。

16. 答:(1)炉料熔清时,钢液的温度较低,应在氧化期中提高温度,使钢液在氧化期末的实际温度达到或略高于钢液的出钢温度(4分)。(2)还原期中基本上保持冶炼过程在钢液出钢温度条件下进行。如钢液温度稍低,可适当提温,但应避免在氧化期末钢液温度过低,而在还原期大幅度提温(4分)。(3)钢液的出钢温度是冶炼过程中控制钢液温度的基本依据(2分)。

17. 答:当通电一定时间后,炉门附近的炉料达到红热程度并在倾炉一定角度见钢水时,即可进行吹氧助熔(2分)。吹氧助熔开始时应以切割为主,先切割炉门及其两侧炉料,后切割靠近电极"搭桥"的大块料,再切割炉坡附近的炉料(2分)。在吹氧助熔时,对大块料,不宜太靠近氧气管,以免钢渣飞溅厉害,但也不能太远,以免影响化料速度。对炉坡附近炉料能用铁耙推拉进入熔池的,就不用氧气切割,防止损坏炉衬(2分)。当炉料全浸入熔池后,立即在渣、钢界面吹氧提温,以尽快熔清废钢(2分)。如果配碳量偏低,可在渣面吹氧助熔,以提高渣温为主,如果配碳量偏高,可浅插钢水吹氧助熔,这样升温降碳均较快(2分)。

18. 答:(1)适当提前吹氧助熔,可以大大加速磷的去除,吹氧迟了熔清磷就会偏高(4分);(2)当熔池有足够钢水可以陆续地加一批小矿石,增加渣中的氧化铁以充分利用低温条件达到快速去磷的目的(3分);(3)全熔后,在合适温度情况下,调整好炉渣,使其有一定碱度和良好的流动性,然后适当地加入铁矿石或进行吹氧,等熔池开始沸腾,炉渣发泡,渣面上升,使炉渣大量流出(3分)。

19. 答:(1)渣未变过来或渣面上还有未燃烧完的炭粉(碳化硅粉)就出钢(1分)。(2)还原分析结果与成品规格相差较大,依靠大量合金来调整,由于合金含碳量波动而造成出格(1分)。(3)最后一次试样分析距离出钢时间长,而实际钢水已发生了变化没有进行分析(2分)。(4)电极头脱落熔池未发现(1分)。(5)取样没有代表性(1分)。(6)大量补炉沥青镁砂在还原期进入熔池,且未再作分析(1分)。(7)出钢电极抬的不够高,钢水冲刷电极(1分)。(8)扩散脱氧剂加入方法不正确(1分)。(9)带料进入还原,使碳成分不合格(1分)。

20. 答:(1)还原期炉渣必须均匀,在渣色稳定的白渣或灰白渣下取样分析(1分)。(2)最后一次碳分析距出钢时间不能过长,否则,应取样再分析方可出钢(1分)。(3)出钢前用合金调碳量不能太大(1分)。(4)取样一定要有代表性(1分)。(5)加入炭粉及增碳用的生铁、合金必须过磅,必须等熔化完全,进行充分搅拌后再取样分析(1分)。(6)还原期碳的波动较大或计算误差大时,应重新取样分析(1分)。(7)装料前必须检查电极头(1分)。(8)沥青镁砂补炉的,发现镁砂大量上浮或炉墙塌落,须换新渣并取样分析(1分)。(9)出钢前电极是否升到足够高度(1分)。(10)掌握好加炭粉(碳化硅粉)的时间、数量和方法(1分)。

21. 答:(1)根据不同的吹氧目的采用不同的吹氧操作。化渣操作在渣面或渣层中吹氧。脱碳操作吹氧管与钢液面成20°～30°角,插入钢水深200 mm左右,沿水平方向徐徐移动。脱磷操作在钢渣界面吹氧,增加反应界面,促进钢渣反应(3分)。(2)吹氧操作时不能触及炉底和炉坡,防止损坏炉底或炉坡(1分)。(3)吹氧操作时2人配合,1人加氧,1人开阀,在没开氧气阀门前,吹氧管不许插入钢水中,在吹氧管从熔池中拔出后,可以关闭阀门(2分)。(4)吹氧操作必须距炉门一定距离,以防烧伤,一般2.5~4 m,如遇大沸腾,则立即拔出吹氧管,关闭氧气阀门,人马上离开(2分)。(5)吹氧管安装时必须将吹氧枪内的顶丝紧固到位,防止吹氧管脱落及回火伤人(2分)。

22. 答:(1)由于脱碳反应的吸热和钢水飞溅的冷却,再加上沸腾时被迫停止供电,结果导致钢水温度大大下降。导致电耗增加,延长冶炼时间,损坏炉衬,影响钢的质量(2分)。(2)钢水面裸露,大大增加了吸气机会,钢中气体含量增加,使钢质量恶化(2分)。(3)影响碳的正确控制,容易造成碳含量过低(1分)。(4)钢水溢出炉外,使钢水量减少,又不易正确估计,影响成分的正确控制(1分)。(5)对炉衬,尤其是炉底,受损较大(1分)。(6)炉内压力猛增,火焰钢渣剧烈喷吐易发生安全事故(1分)。(7)大沸腾时炉渣飞溅到炉壁处侵蚀炉壁,到还原期淌下,还原期造渣困难,易回磷(2分)。

23. 答:扒渣增碳的常用方法有两种。一是电极块增碳:要求材料块度10~15 mm,使用前须经干燥;扒渣后,加在钢水面上;碳的收得率在80%左右,带入钢水杂质少(5分)。二是生铁增碳:要求用低磷生铁,生铁应清洁少锈,使用前须经干燥;扒渣后,加入钢水中;碳的收得率为100%,易控制增碳量,但带入钢水杂质多(5分)。

24. 答:计算公式:

$$补加铁合金量=\frac{钢水量\times(成品成分-炉前分析成分)}{铁合金含量\times回收率}(4分)$$

需补加铁合金量:

$$Fe-Si=\frac{8\,000\times(1.05\%-0.20\%)}{75\%\times95\%}=95.4\ kg(2分)$$

$$Fe-Mn=\frac{8\,000\times(0.95\%-0.80\%)}{65\%\times100\%}=18.5\ kg(2分)$$

$$Fe-Cr=\frac{8\,000\times(0.95\%-0.75\%)}{65\%\times100\%}=24.6\ kg(2分)$$

所以需加铁合金:硅铁95.4 kg,锰铁18.5 kg,铬铁24.6 kg。

25. 答:一般当钢液中碳、磷和钢水温度达到要求时可进入还原期操作。(1)扒除全部氧化渣,加入稀薄渣料,随后加入锰铁,渣化好后再加入扩散脱氧剂进行还原(2分)。(2)炉渣变白后,进行充分搅拌,取样分析(2分)。(3)用炭粉、硅铁粉(碳化硅粉)保持白渣(2分)。(4)调整化学成分,进行合金化(2分)。(5)出钢温度合适,化学成分合格后插铝出钢(2分)。

26. 答:还原期操作基本上是在出钢温度条件下进行的(3分)。如钢液温度稍低,可适当提温,但应避免在氧化期末钢液温度过低,而在还原期大幅度提温(3分)。还原期钢液平静,热量传递较慢,整个熔池提温困难,而且炉渣反射热的能力强,输入功率提高时,易导致炉盖和炉墙损坏(4分)。

27. 答:搅拌时,应先将搅拌耙粘好炉渣,使炉渣包住搅拌耙,不粘冷钢(2分),然后逐渐将搅拌耙插入一定深度的钢水中进行搅拌,搅拌次数和程度视所炼钢种的成分和要求而定(2分)。质量要求高、黏度大、合金加入量大的钢水搅拌要充分一些(2分)。有条件的可采用还原期炉内吹氩搅拌,搅拌效果好,省时,省力(2分),注意吹氩管不要触及炉底、炉坡,同时注意吹氩强度,防止钢液二次氧化和吸气(2分)。

28. 答:取样前首先要充分搅拌熔池,使之尽量均匀(2分)。要求每次取样部位基本不变。

一般是在炉门至 2# 电极中间,熔池深度的三分之一左右的位置上(2分)。取样有两种方法:一种是取球拍样,氧化期使用脱氧的球拍取样器,还原期使用不脱氧的取样器(2分);另外一种是使用样勺取样,使用样勺前,要在勺样上均匀地粘一层炉渣(2分)。还原期要求在白渣下或弱电石渣下取样,并且取样温度要合适(2分)。

29. 答:(1)出钢以后,炉体回摇到出渣方向5°左右,无钢渣流出时,将钢包车开出出钢位。清理 EBT 下部,将粘在出钢口底部的冷钢和炉渣清理干净。在出钢口底部冷钢粘结严重,出钢口后期不好清理时,采用吹氧处理(3分)。

(2)同时一人到填料平台,揭开 EBT 填料口盖板,视情况清理出钢口内腔冷钢,清理结束后,关闭 EBT 挡板,准备填料(3分)。

(3)确认 EBT 挡板关闭的情况下,从 EBT 填料孔将填料用漏斗或者流槽填入出钢口内腔,直到填料微微隆起,呈现馒头状即可(2分)。

(4)填料结束后,关闭盖板,填料孔与盖板之间应该密封良好(2分)。

30. 答:采用熔氧结合的方式,合理供电,及时吹氧助熔,尽快使固体炉料熔化成为均匀的钢液(2分),提早造泡沫渣,以稳定电弧,减少钢液的吸气及金属的挥发和氧化损失(2分)。利用熔氧前期温度不高对去磷的有利条件,调整好炉渣的碱度和氧化性,及时放掉高磷炉渣并补充新渣,去除钢液中 50%～70% 的磷,后期进一步降低钢中的磷含量,使其低于成品规格的一半以下(3分)。控制好脱碳速度,保证熔池均匀激烈的沸腾,去除钢中的气体和夹杂物,促进钢液成分和温度的均匀,使熔氧末期钢液的成分和温度达到工艺要求(3分)。

31. 答:吹气点最佳位置通常应当在包底半径方向(离包底中心)的 1/2～1/3 处(4分)。

原因:此处上升的气泡流会引起水平方向的冲击力,从而促进钢水的循环流动,减少涡流区,缩短混匀时间,同时钢渣乳化程度低,有利于钢水成分、温度的均匀及夹杂物的排除(6分)。

32. 答:(1)确认炉盖升降正常,炉盖水冷系统正常,检查炉盖耐火材料是否能继续使用(2分)。(2)确认精炼炉电气、机械、液压、仪表等设备运转正常(1分)。(3)检查电极长度,避免在冶炼过程中接、松电极(1分)。(4)喂线机状态良好,具备工作条件,调整喂线速度到设定值,所备盘线要能满足本炉次使用量(1分)。(5)测温、取样等工具准备齐全、到位并状态良好(1分)。(6)合金材料、造渣材料、增碳剂等符合要求,成分明确,块度合适,干燥无杂质,准备充足(2分)。(7)钢包车运行正常,轨道畅通无阻(1分)。(8)配电工检查:各选择开关位置是否正确;各指示信号、仪表显示是否正常;高压系统是否正常(1分)。

33. 答:钢包到达热装塞杆工位以后,对横臂与钢包升降机构连接部位进行清理、吹扫,保证接触良好,接触面无灰尘杂物、无残钢残渣(2分)。然后操作者启动塞杆吊,将加热后的塞杆吊到盛满钢水的精炼包上部(2分)。将塞杆压入钢液内,横臂定位销子插入连接架销孔中,将锁紧销子插入定位销孔打紧,并用力紧固顶紧螺栓,使塞杆装置中横臂及塞杆与连接件连接紧密、牢固(4分)。旋转塞杆吊手轮将塞杆吊与塞杆及横臂松开,将塞杆吊旋开,热装塞杆结束(2分)。

34. 答:热电偶由两根不同材料的导线组成(2分)。其一端是互相焊接的,形成热电偶的工作端也称热端,将它插入待测介质中测量温度(2分)。其另一端称自由端也称冷端,用连接导线引出与测温仪表相连接(2分)。如果热电偶的工作端与自由端存在温度差时,二次仪表将会指示出热电偶中所产生的热电势(2分)。热电偶中所产生的热电势随工作端温度升高而增大,其大小只与热电偶的材料和热电偶两端的温度有关,而与热电偶的长短和直径无关。因此,依据热电势的大小与两端的温度差存在的对应关系,可以通过热电势来测定温度(2分)。

35. 答:(1)炉前工必须穿戴好劳动保护用品(1分)。(2)开炉前检查电器、机械、水冷系统是否正常(1分)。(3)工作场地前后渣坑、渣罐必须干燥(1分)。(4)严禁向炉内加入潮湿炉料(1分)。(5)炉顶工作必须停电(1分)。(6)炉内已有钢水时,严禁下坑清渣(1分)。(7)严禁带负载送电,换电压及不停电出钢(1分)。(8)天车吊运物件通过时,要让路躲开(0.5分)。(9)通电过程中禁止从短网下通过(0.5分)。(10)用大锤砸物时,防止物件飞起伤人(0.5分)。(11)冷却水的出水温度不应超过 $70℃$(0.5分)。(12)出钢时,钢水不应直冲塞杆和包壁(0.5分)。(13)吹氧时,严格遵守吹氧操作规程(0.5分)。

电炉炼钢工(中级工)习题

一、填空题

1. 物质系统中存在浓度差时的物质自动迁移过程称为( )。

2. 溶液由溶质和( )组成。

3. 氧在钢中( )很小,几乎全部以氧化物夹杂形式存在。

4. 钢水温度影响气体在( )中的溶解度。

5. 合金钢按钢的主要质量等级分为( )和特殊质量合金钢。

6. 炼钢用生铁牌号中数字表示生铁中( )的名义千分含量。

7. 钢抵抗载荷作用的特性,称为钢的( )。

8. 镍在钢中主要提高钢的强度和( )。

9. 耐腐蚀不锈钢有铬不锈钢和( )两大类。

10. 铁碳合金相图简称( )图或铁碳平衡图。

11. 铁具有 δ 铁、β 铁和( )三种同素异构形式。

12. 渗碳体与铁素体组成的共析体,称为( )。

13. 渗碳体与奥氏体组成的共晶体,称为( )。

14. 影响不锈钢腐蚀性能的主要是( )和析出的碳化物。

15. 防止机械性能不合格的措施是( ),减少钢中气体、夹杂含量,细化钢的晶粒。

16. 晶粒度对金属性能的影响,实质是( )大小的影响。

17. 溶质原子使固溶体的( )升高的现象称为固溶强化。

18. 在足够大的过冷度下,金属晶核将从液相中直接涌现自发形成。这种形核方式称为( )。

19. 一般可采用增加结晶时的( ),减轻或消除比重偏析。

20. 任何一种热处理工艺,都是由加热、保温和( )三个阶段所组成。

21. 表面热处理分为( )和化学热处理两种。

22. 按温度分,回火可分为低温回火、中温回火和( )。

23. 在冶金上,熔渣的( )是指熔渣传递氢的能力,即在单位时间内透过熔渣使钢液吸收氢的数量。

24. 熔渣的氧化性是指熔渣向金属相提供( )的能力。

25. 在其他条件相同时,当 R 为( )时,熔渣对钢液的氧化能力为最大。

26. 在平衡条件下,熔渣的还原能力主要取决于渣中 FeO 含量和( )。

27. 钢中氢的来源包括原材料中的( )和炉气中的水蒸气。

28. 钢中的硫会导致钢在热加工发生晶界开裂,这样的现象称为( )。

29. 磷使钢的脆性转变温度升高,造成低温脆化的现象称为( )。

30. 锰和硅都能部分溶于( )而显著提高其强度和硬度。

31. 电弧炉炼钢的脱碳过程也是个脱气和去除( )的过程。

32. 内生夹杂物是钢液内部发生的反应产物,或者因为温度降低而形成( )。

33. 实际生产中对钢产品进行非金属夹杂物检验的方法大都采用( ),观察其分布特性进行判定。

34. 二次氧化产物的颗粒比脱氧产物的颗粒大,且由于钢液凝固而难于( ),大部分将留在钢中成为夹杂。

35. 常见的氧化物夹杂有( )、MnO、SiO_2、Al_2O_3、CaO 等。

36. 钢中磷化物夹杂有( )。

37. 炼钢过程是一个升温过程,其热量来自炼钢过程中的( )或引入的外来能源如电能等。

38. 电弧炉的能量损失主要是电损失和( )。

39. 炉衬的热损失与散热面积,各层耐火材料的厚度及( )有关。

40. 为了提高电炉的( )和改善炉前的操作条件,电炉的许多部位是用水冷却的。

41. 电弧炉上所有通水冷却的部位都必须保证( )和不漏水。

42. 碱性电弧炉不氧化法炼钢基本上是炉料的( )过程。

43. 返回吹氧法一般适用于( )和高速工具钢等。

44. 电炉炼钢用氧量不断增加是强化( )的重要手段之一。

45. 用熔氧结合法炼钢,钢中含氢量( )。

46. 电弧炉装料炉盖旋转式结构的优点是旋转部分( ),动作迅速。

47. 电弧炉装料炉体开出式结构的优点是( ),龙门架可以和倾炉架连成一体。

48. 电炉变压器的冷却主要有油浸自冷式和强迫油循环( )两种方式。

49. 电弧炉中完成电能转变为热能使炉料熔化并进行冶炼的主要设备是( )。

50. 由高压电缆至电极的电路称为电弧炉的( )。

51. 电弧炉的主电路主要由隔离开关、高压断路器、电抗器、电炉变压器及( )等几部分组成。

52. 电弧炉使用的断路器有油开关、空气断路器和( )。

53. 铁损和( )会使变压器的输出功率降低,同时造成变压器发热。

54. 变压器的工作温度减去他周围的大气温度叫变压器的( )。

55. 布袋除尘器、电除尘器和文氏管洗涤器在电炉烟尘的净化中应用最广泛的是( )。

56. 在电炉设备检修时用来断开高压电源线路的三相刀闸形空气开关称为( )。

57. 电极升降机构有( )和电动两种方式。

58. 电极夹头和电极接触表面需( ),接触不良或有凹坑可能引起打弧而使夹头烧坏。

59. 偏心底出钢电炉在原出钢侧安装一突出炉壳的( )以取代原来的出钢槽。

60. 碳钢铸件的浇注温度主要由钢的( )及铸件的壁厚和结构复杂程度所决定。

61. 废钢锈蚀严重时会降低钢和合金元素的( ),增加钢中氢含量。

62. 石灰石的主要成分为( )。

63. 在电炉炼钢中,硅铁主要用于脱氧和( )。

64. 锰铁按碳含量可分为( )、中碳锰铁和高碳锰铁。

65. 电炉炼钢中,用氧代替铁矿石作氧化剂,由于氧气泡在钢液中的流动,对排除钢中气体和(　　)特别有利。

66. 脱氧剂按脱氧元素的个数可分为单元素脱氧剂和(　　)。

67. 电炉炼钢耐火材料按化学性质可分为酸性耐火材料、(　　)和中性耐火材料。

68. 在炼钢过程中,炉渣、炉气、钢水对耐火材料有强烈的化学侵蚀作用,因此耐火材料应有良好的(　　)。

69. 熔渣对炉衬的(　　)和冲刷作用会缩短炉衬的使用寿命。

70. 砖砌炉盖前,应检查炉盖圈是否变形,同时做(　　)试验。

71. 电炉炉盖用砖按形状和尺寸可分为标准砖和(　　)。

72. 电炉炉底的砌砖方法有平砌、侧砌和(　　)三种。

73. 电炉炉底的(　　)层的主要作用是绝热保温、减少炉内热量损失。

74. 熔渣对炉衬的化学侵蚀与熔渣的(　　)及流动性有关。

75. 钢包烘烤时,启动风机,对整个系统进行吹扫,时间不少于(　　)min。

76. 对于换工作层的 LF 钢包烘烤时间不小于(　　)h。

77. LF 钢包烘烤工作要求烤包温度达到(　　)以上,包衬呈亮红色。

78. 铸口砖安装好后,包底内、外铸口周围用(　　)修抹,防止钢液进入缝隙影响铸口砖拆卸。

79. 塞杆装配前要检查铁芯是否弯曲变形,(　　)是否完整。

80. 装料时料罐应力求装的紧密,以利于(　　)。

81. 电炉炼钢时,如果配碳量过低,(　　)后势必进行增碳。

82. 补炉是将补炉材料喷投到炉衬损坏的地方,并借用炉内的(　　)在高温下使新补的耐火材料和原有的炉衬烧结成为一个整体。

83. 起弧阶段,二次电压越高,(　　),对炉顶辐射越厉害,并且热量损失越多。

84. 开始通电时电极不起弧,相电流表上无电流,主要是因为电极下面(　　)的绝缘作用所致。

85. 电极不起弧主要表现在电极不起弧光、该相电流表上无电流或(　　)时断时续。

86. 当采用(　　)增碳时,应使用含磷量较低的品种。

87. 当使用碳质材料增碳时,有一部分被炉气(　　)而烧损,只有一部分的碳能被钢液所吸收。

88. 电弧炉所用的氧气要求有较高的纯度,以免增加钢液的含氢量和(　　)。

89. 如果配碳量偏高,可(　　)吹氧助熔,这样升温降碳均较快,可获得更快的熔化速度。

90. 氧化期温度过快的(　　)对钢液脱磷不利。

91. 为确保熔化期不塌料,必须要有合适的(　　)。

92. 氧化期对碳含量的控制,考虑到还原期脱氧和电极增碳,氧化末期的(　　)一般低于钢种规格下限 0.03%～0.08%。

93. 炉料熔清后,如含磷过高时,可部分放渣或(　　),出渣后随即加入石灰和萤石造新渣。

94. 炉料熔清后,如钢液含碳量不足,(　　)开始前需进行增碳。

95. 氧化期的主要任务是(　　)和脱碳,去除钢中气体、夹杂和钢液升温是在脱碳过程中同时进行的。

96. 钢液脱碳常用方法:吹氧脱碳法、氧化剂脱碳法和(   )。

97. 吹氧氧化法是一种(   ),即直接向钢液熔池吹入氧气,氧化钢中碳、磷等元素。

98. 综合氧化法是既向钢液熔池中加入(   ),又向熔池吹入氧气,氧化钢中碳、磷等元素。

99. 吹氧法脱碳提高钢液温度,钢液温度升高快,脱碳速度(   )。

100. 矿石脱碳降低钢液温度,钢液温度升高慢,脱碳速度(   )。

101. 冶炼过程中,只有碳氧反应的(   )大于从炉气中的吸气速度时,才能使钢液中的气体减少。

102. 吹氧脱碳过程中,可以根据炉内冒出烟尘(   )和多少来大约估计钢水中的含碳量。

103. 吹氧脱碳过程中,根据吹氧时(   )来大约估计钢水中的含碳量。

104. 吹氧脱碳过程中,可以根据炉门口喷出火星的(   )或稀疏来大约估计钢水中的含碳量。

105. 临近氧化终点时可取样看碳花估碳。$\omega[C]$(   )时,碳花弹跳无力,基本不分叉,呈球状颗粒。

106. 氧化期的渣量是根据(   )任务而确定的。在完成去磷任务时,渣量应以能稳定电弧燃烧为宜。

107. 氧化渣过稠,会使钢渣间反应减慢,流渣困难,对(   )和脱碳反应均不利。

108. 氧化期末扒除全部氧化渣并重新造渣,要消耗热量,导致钢液(   )。

109. 炉渣碱度过高时,由于炉渣(   ),反而使脱磷效果降低。

110. 当炉渣中氧化铁含量过多时,由于其对炉渣有(   )作用,也会使脱磷效果降低。

111. 还原期的技术要求是有效的脱氧、脱硫,并调整好钢液的(   )和钢液温度,使之达到出钢的要求。

112. 还原初期往钢液中加入锰铁,进行初步的脱氧,这一过程称为(   )。

113. 扩散脱氧又称间接脱氧,主要特点是脱氧反应在(   )内进行,因而脱氧产物不进入钢液中,钢中夹杂物含量较少。

114. 扩散脱氧是电炉炼钢(   )而基本的脱氧方法。

115. 扩散脱氧的速度慢,时间长,可以通过(   )或钢渣混冲等方式加速脱氧进程。

116. 稀薄渣下加电石是一种(   )方法。

117. 当锰和硅、铝同时使用时,锰能提高硅和铝的(   ),同时也使本身的脱氧能力有所增强。

118. 脱氧产物的残留量、组成及其形态与(   )密切相关。

119. 白渣的特征是白色,冷却后(   )。

120. 炼钢中常用的(   )有硅锰、硅钙、硅锰铝等合金。

121. 还原期碳高时应该进行(   ),直到碳达到规格再重新还原。

122. 电炉炼钢常用的扩散脱氧剂有(   )、硅铁粉、铝粉、硅钙粉、碳化硅粉、电石等。

123. 脱硫反应的化学方程式为(   )。

124. 脱硫的原则是将完全溶解于钢中的(   )和部分溶解于钢中的 MnS 转变成为不溶

于钢液而能溶于渣中的稳定 CaS,转入渣中而得到去除。

125. 在保证炉渣碱度的条件下,适当增加渣量可以稀释渣中(　　)浓度,对脱硫有利。

126. 脱硫的必要条件是(　　)、高碱度、低氧化性。

127. 电炉炼钢还原期炉渣碱度控制在 2.0～2.5 的范围内,还原渣系通常采用(　　)或碳-硅粉混合白渣。

128. 电炉炼钢还原期渣量一般为当炉钢水量的(　　),根据硫含量高低确定渣量。

129. 电炉还原期硫高时可增大渣量,流渣及(　　)操作。

130. 以碳-硅粉白渣还原精炼时,钢液将从炉渣中吸收(　　)的碳。

131. 白渣状态下炼钢的目的是减少夹杂、(　　)。

132. 终脱氧加铝方法一般有插铝法、冲铝法和(　　)。

133. 出钢前 5 min 内,禁止向渣面上撒炭粉,以免出钢时钢液(　　)。

134. 偏心底电弧炉冶炼过程中,在(　　),电弧在炉料面上敞开燃烧,一般以功率较低电压、电流操作。

135. 偏心底电弧炉冶炼过程中,在主熔化期中,电弧几乎完全被炉料所覆盖,此时电弧与炉料间传热条件较好,可用长弧(　　)操作。

136. 偏心底电弧炉冶炼过程中,在冶炼升温期,废钢熔清后,熔池面趋于平稳,电弧是敞开燃烧状态,此时造泡沫渣埋弧操作,根据(　　)状况以较大功率供电,达到使熔池快速升温和减轻炉衬热负荷的双重目的。

137. 偏心底电弧炉冶炼过程中,熔清后(　　)如果偏高,应适当降低输入功率,防止升温过快,待磷达到要求后,改为大功率供电。

138. EBT 电弧炉炉内废钢熔清 50% 以上时,就开始泡沫渣的操作,先进行化渣操作,促进炉渣熔化,然后吹氧脱碳,使炉渣(　　)。

139. EBT 电弧炉留钢留渣操作可使炉内液态钢水和(　　)炉渣为下一炉冶炼的初期脱磷提供极好的条件。

140. EBT 电弧炉在磷能达到要求的情况下应尽量避免补加渣料和流渣。全炉所需渣料尽可能在全熔前加完,特殊情况(如全熔 P 钢或冶炼低 P 钢),全熔后可进行(　　)。

141. EBT 电弧炉在熔氧后期操作中应做到:在氧化顺序上,先磷后碳;在温度控制上,(　　);在造渣上,先大渣量去磷,后薄渣脱碳。

142. EBT 电弧炉钢液达到 50% 后采用(　　)操作,泡沫渣效果应持续至出钢。

143. EBT 电弧炉出钢操作时炉体的倾动角度要与装入量和出钢的吨位密切配合,出钢箱内的钢水液位不能过高,防止钢水从 EBT 填料孔溢出或者烧坏(　　)。

144. 电弧炉炉役前期,留钢留渣量按(　　)控制,炉役后期按中上限控制。

145. LF 钢包精炼的主要任务是脱氧、(　　)、合金化、调整温度、去夹杂。

146. LF 炉的加热工位可使钢水温度得到有效控制,温度范围可控制在(　　)内。

147. LF 精炼初期,泡沫渣形成前,应采用(　　)供电,以保护炉衬耐火材料。

148. LF 泡沫渣形成后,此时可以进行埋弧加热,以较大功率供电,加热速度可达到(　　)℃/min。

149. LF 炉精炼过程中,根据化渣、调整成分、脱硫、喂线等工艺的不同要求,确定不同的(　　)。

150. 喂线结束后的软吹操作要求( )供氩,以钢液面不裸露,渣面微微涌动为准。

151. LF 钢包到位后,降下炉盖,补加石灰、萤石并以中低功率供电,中等强度供氩,以加速化渣并促进( )。

152. LF 精炼过程中,总渣量保持在当炉钢水量的( ),炉渣碱度 2.5~3.5。

153. LF 精炼过程中,化渣完毕加入碳化硅粉(或硅铁粉+炭粉)脱氧造渣,炉渣转白后,高强度供氩,促进钢渣界面反应,时间控制在( )min。

154. LF 精炼扩散脱氧剂加入原则要少加,( ),低碳钢或碳规格窄的钢种不许用炭粉。

155. LF 炉测温取样时,停电并调低氩气压力,取样部位为( ),深度在钢液面下 300~500 mm 处。

156. LF 炉白渣保持时间要求在 15 min 以上,取渣样化验时,FeO 含量不大于( )。

157. 喂线操作时,( )供氩,吹氩搅拌强度控制钢液面微裸露即可,禁止大面积裸露。

158. LF 炉喂线时,喂线速度根据( )合理确定,保证铝线穿入钢水内,避免漂浮在表面上烧损。

159. 喂线时喂入合金线以( ),将钢的化学成分控制在较窄的范围内。

160. LF 精炼后喂入铝线进行( )并准确调整铝含量。

161. LF 精炼炉喂入硅钙线进行脱硫并对夹杂物进行( )。

162. 钢包到达热装塞杆工位以后,对横臂与钢包升降机构连接部位进行( )、吹扫,保证接触良好,接触面无灰尘杂物、无残钢残渣。

163. LF 钢包精炼炉塞杆冷装结束后用塞杆吊将塞杆吊出进入塞杆窑中进行烘烤,温度( ),加热时间 1 h 以上。

164. 为了防止回磷及保证 LF 加热过程稳定,电弧炉要求( )。

165. LF 精炼炉加热的最终温度取决于后续的( )。

166. 当炼钢记录中内容需改动时应采用( ),并由改动人签字。

167. 炉前钢水检验用的试样,还原前取样时,钢水中不许带有炉渣,要进行( )处理,并保证无缩孔、杂物。

168. 微型快速热电偶铝皮罩的作用是保护( )。

169. 微型快速热电偶测温极限为( )。

170. 微型快速热电偶测温主要优点是测量( )、误差小。

二、单项选择题

1. 下列公式中,属于球体表面积公式的是( )。

(A)$\frac{4}{3}\pi R^3$　　　　(B)$4\pi R^2$　　　　(C)πR^2　　　　(D)$2\pi R$

2. 在国家标准中,零件由前向后投影得的视图被称为( )。

(A)正视图　　　　(B)后视图　　　　(C)主视图　　　　(D)前视图

3. 在公差标准中,由代表上偏差和下偏差或最大极限尺寸和最小极限尺寸的两条直线所限定的一个区域被称为( )。

(A)标准公差　　　　(B)尺寸公差　　　　(C)基本偏差　　　　(D)公差带

4. 在公差标准中,确定公差带相对零线位置的那个极限偏差称为(　　　)。

(A)标准公差　　　　(B)尺寸公差　　　　(C)基本偏差　　　　(D)偏差

5. 在形位公差中,符号"__"表示(　　　)。

(A)平面度　　　　(B)直线度　　　　(C)平行度　　　　(D)对称度

6. 在形位公差中,符号"//"表示(　　　)。

(A)位置度　　　　(B)圆度　　　　(C)平行度　　　　(D)球面度

7. 机械制图中,当绘制压缩弹簧时,其压缩弹簧中径应用(　　　)画出。

(A)粗实线　　　　(B)细实线　　　　(C)点划线　　　　(D)虚线

8. 通过测量所得到的尺寸称为(　　　)。

(A)基本尺寸　　　　(B)实际尺寸　　　　(C)极限尺寸　　　　(D)偏差尺寸

9. 最大极限尺寸减基本尺寸所得的代数差,称为(　　　)。

(A)尺寸偏差　　　　(B)基本偏差　　　　(C)上偏差　　　　(D)下偏差

10. 下列因素中不影响化学平衡的是(　　　)。

(A)浓度　　　　(B)催化剂　　　　(C)压强　　　　(D)温度

11. 钢水的(　　　)影响气体在钢中的溶解度。

(A)比重　　　　(B)流动性　　　　(C)温度　　　　(D)黏度

12. 下列碱性氧化物中,(　　　)的碱性最强。

(A)CaO　　　　(B)MgO　　　　(C)FeO　　　　(D)MnO

13. 下列炉渣组分中,碱性由强到弱的是(　　　)。

(A)FeO、CaO、MgO、SiO_2　　　　(B)CaO、FeO、MgO、SiO_2

(C)CaO、MgO、FeO、SiO_2　　　　(D)MgO、SiO_2、CaO、FeO

14. 下列金属中,常温下就易和氧气反应的是(　　　)。

(A)铝　　　　(B)铂　　　　(C)铁　　　　(D)铜

15. 电弧炉加热形式是点热源,通常熔池中心和边缘部分的温度差达(　　　)。

(A)100℃以上　　　(B)20℃以下　　　(C)30℃~40℃　　　(D)50℃~60℃

16. 适用于车辆履带、球磨机衬板、挖掘机铲斗和铁轨分道岔的合金钢是(　　　)。

(A)铬不锈钢　　　　(B)热强钢　　　　(C)高速工具钢　　　　(D)高锰钢

17. ZG270-500 中 270 表示该牌号铸钢的(　　　)。

(A)抗拉强度　　　　(B)抗弯强度　　　　(C)屈服强度　　　　(D)硬度

18. ZG270-500 中 500 表示该牌号铸钢的(　　　)。

(A)抗拉强度　　　　(B)抗弯强度　　　　(C)屈服强度　　　　(D)硬度

19. ZG25 中 25 表示该牌号铸钢的(　　　)。

(A)碳的名义百分含量　　　　　　　　(B)碳的名义千分含量

(C)碳的名义万分含量　　　　　　　　(D)数字代号

20. 在铸造合金钢牌号中合金元素符号后面的数字表示该元素的(　　　)。

(A)名义百分含量　　　　　　　　　　(B)名义千分含量

(C)名义万分含量　　　　　　　　　　(D)数字代号

21. 在 ZG270-500 的化学成分中碳的上限值为(　　　)。

(A)0.20%　　　　(B)0.30%　　　　(C)0.40%　　　　(D)0.50%

22. 在 ZG270-500 的化学成分中硅的上限值为( )。
(A)0.70% (B)0.80% (C)0.90% (D)1.00%

23. 铸造碳钢含碳量的范围一般是( )。
(A)0.12%~0.62% (B)0.10%~0.45%
(C)0.20%~0.83% (D)0.10%~1.00%

24. 铸钢件机械性能符号 σ_S 是代表( )。
(A)屈服点 (B)冲击值 (C)延伸率 (D)抗拉值

25. 45Mn 中含碳量为( )。
(A)45% (B)0.45% (C)4.5% (D)0.045%

26. 碳能够提高钢的( )性能。
(A)焊接 (B)耐蚀 (C)强度 (D)韧性

27. δ铁、β铁、γ铁都溶解于碳而形成固溶体,分别称为( )。
(A)高温铁素体、铁素体和奥氏体 (B)奥氏体、高温铁素体和铁素体
(C)高温铁素体、奥氏体和铁素体 (D)高温铁素体、铁素体和马氏体

28. 渗碳体是指铁原子与碳原子形成的化合物,具有复杂的( )。
(A)体心立方晶格 (B)面心立方晶格
(C)斜方晶格 (D)三种同素异构体

29. 渗碳体具有很高的硬度,但其( )接近零,是硬而脆的相。
(A)韧性 (B)塑性 (C)抗拉强度 (D)抗压强度

30. 采用金相评级法时,主要以( )进行判定。
(A)夹杂物总量高低为标准 (B)夹杂物颗粒的大小
(C)观察非金属夹杂物分布特性 (D)夹杂物总量及夹杂物颗粒大小

31. 以下属于金属晶体线缺陷的是( )。
(A)定位 (B)间隙原子 (C)刃型位错 (D)小角度晶界

32. 在任意比例下均能互相溶解的固溶体称为( )。
(A)有限固溶体 (B)无限固溶体 (C)无序固溶体 (D)有序固溶体

33. 因比重不同而造成的( )不均匀的现象称为比重偏析。
(A)化学成分 (B)晶粒 (C)比重 (D)密度

34. 易切削钢中硫含量可达( )。
(A)0.040%~0.060% (B)0.060%~0.10%
(C)0.10%~0.30% (D)0.30%~0.60%

35. 在熔化过程中[Mn]、[Si]增加时钢液的黏度会( )。
(A)降低 (B)无影响 (C)增加 (D)无法预测

36. 炉渣碱度的表达式为( )。
(A)$R = SiO_2 / CaO$
(B)$R = CaO / SiO_2$
(C)$R = (SiO_2) + (Al_2O_3) / (CaO) + (MgO)$
(D)$R = (CaO) + (MgO) / (SiO_2) + (Al_2O_3)$

37. 炉渣碱度控制在 1.8~2.0 时,[O]/(FeO)的比值( )。

(A)最大　　　　　(B)最小　　　　　(C)一般　　　　　(D)不变

38. 钢中夹杂物的组成与形态是由（　　）决定的。

(A)操作的熟练程度　　　　　　　　(B)脱氧程度

(C)脱氧剂的种类　　　　　　　　　(D)还原剂的种类

39. 外来夹杂物主要是由炉料带入的,包括（　　）。

(A)耐火材料及炉渣混入的微粒

(B)耐火材料、炉渣混入的微粒和二次氧化产物

(C)因温降而形成的析出物颗粒

(D)二次氧化物

40. 下列元素中,与氧亲和力最大的是（　　）。

(A)Si　　　　　　(B)Cr　　　　　　(C)Al　　　　　　(D)Mn

41. 平静结晶、结构致密、机械性好的钢是（　　）。

(A)沸腾钢　　　　(B)半沸腾钢　　　(C)半镇静钢　　　(D)镇静钢

42. 电弧炉按功率水平分为（　　）三种。

(A)普通功率(RP)、高功率(HP)和超高功率(UHP)

(B)大功率、中功率、小功率

(C)大变压器、中变压器和小变压器

(D)大功率变压器、中功率变压器和小功率变压器

43. 水玻璃砂是指由（　　）和附加物等均匀混合后形成的型砂。

(A)原砂、水玻璃　　　　　　　　　(B)原砂、树脂

(C)水玻璃、树脂　　　　　　　　　(D)原砂、黏土

44. 由于铸型强度不足而造成的铸件缺陷是（　　）。

(A)气孔　　　　　(B)涨砂　　　　　(C)浇不足　　　　(D)结疤

45. 孔洞较大、孔壁表面粗糙并带有支状晶缺陷特征的铸造缺陷是（　　）。

(A)气孔　　　　　(B)缩孔　　　　　(C)夹杂　　　　　(D)缩松

46. 砂型的主要作用是形成铸件（　　）。

(A)侧面　　　　　(B)下面　　　　　(C)内表面　　　　(D)外表面

47. 对于（　　）铸件,采用缓慢浇注的方式。

(A)薄壁　　　　　(B)形状复杂　　　(C)板状　　　　　(D)厚壁

48. 铸件的浇注时间与（　　）有关。

(A)壁厚　　　　　(B)重量　　　　　(C)金属的收缩特性　(D)浇口的大小

49. 铸件的浇注温度主要取决于（　　）。

(A)铸件的壁厚　　(B)铸件的凝固温度　(C)铸件的性质　　(D)环境温度

50. 浇注温度低,可能造成的铸造缺陷是（　　）。

(A)粘砂　　　　　(B)缩松　　　　　(C)冷隔　　　　　(D)砂眼

51. 电炉炼钢对于 10 t～50 t 电炉电极最大上升速度为（　　）。

(A)1.5 m/min～3.5 m/min　　　　　(B)3.5 m/min～6 m/min

(C)5.5 m/min～8 m/min　　　　　　(D)7.5 m/min～10 m/min

52. 电弧炉变压器温度不得大于（　　）,超过时应停电冷却。

(A)40 ℃　　　　(B)90 ℃　　　　(C)70 ℃　　　　(D)120 ℃

53. 电弧炉辅助装置有(　　)。

(A)水冷装置、除尘装置、炉前加料机和补炉机液压传动装置

(B)炉壳、炉盖、倾炉机构

(C)变压器、电极升降机构

(D)测温系统、炉前理化分析系统

54. 电弧炉变压器工作时,要求线圈的最高温度小于(　　)。

(A)200 ℃　　　(B)150 ℃　　　(C)120 ℃　　　(D)95 ℃

55. 电抗器的作用是使电路中(　　)增加,以达到稳定电弧和限制短路电流的目的。

(A)电流　　　　(B)电压　　　　(C)感抗　　　　(D)电阻

56. 在高压油开关中,熄灭断路电弧主要是因为高温下油分解产生的大量(　　)。

(A)氢气　　　　(B)氧气　　　　(C)一氧化碳　　　(D)二氧化碳

57. 镁砂是天然菱镁矿在(　　)温度下焙烧而成。

(A)900 ℃　　　(B)1 200 ℃　　(C)1 650 ℃　　　(D)1 720 ℃

58. 萤石的主要成分是(　　)。

(A)CaF_2　　　(B)$CaCl_2$　　　(C)CaO　　　(D)$CaSiO_4$

59. 电石的主要成分是(　　)。

(A)CaF_2　　　(B)$CaCl_2$　　　(C)CaO　　　(D)CaC_2

60. 卤水主要成分是(　　)。

(A)$MgCl_2$　　　(B)MgO　　　(C)SiO_2　　　(D)$MgCO_3$

61. 石灰是由石灰石在(　　)的温度下焙烧而成的。

(A)500 ℃　　　(B)700 ℃　　　(C)800 ℃～1 000 ℃(D)1 200 ℃

62. 萤石在使用前的烘烤温度为(　　)。

(A)不大于 100 ℃　　　　　(B)100 ℃～200 ℃

(C)200 ℃～300 ℃　　　　　(D)300 ℃～400 ℃

63. 砌筑钢水包的黏土质耐火材料属于(　　)耐火材料。

(A)碱性　　　　(B)酸性　　　　(C)中性　　　　(D)弱酸性

64. 高铝砖的 Al_2O_3 成分范围是(　　)。

(A)28%～48%　(B)48%～85%　(C)65%～85%　　(D)85%～95%

65. 冶炼用石灰石中,其 CaO 含量应不小于(　　)。

(A)40%　　　　(B)50%　　　　(C)60%　　　　(D)70%

66. 电弧炉用铁矿石块度一般要求为(　　)。

(A)10 mm～30 mm　　　　(B)30 mm～100 mm

(C)100 mm～150 mm　　　(D)150 mm～200 mm

67. 电弧炉用铁矿石,其 SiO_2 含量控制要求为(　　)。

(A)小于 8%　　(B)小于 15%　　(C)20%　　　　(D)25%

68. 低碳锰铁是指碳含量小于(　　)的合金。

(A)0.7%　　　　(B)0.8%　　　　(C)0.9%　　　　(D)1.0%

69. 下列增碳剂碳含量最高的是(　　)。

(A)增碳生铁   (B)电极粉   (C)石油焦粉   (D)木炭粉

70. 常用的增碳材料中以( )最纯净。

(A)焦炭块   (B)无烟煤块   (C)生铁   (D)电极块

71. 电弧炉炼钢用电极粉要求含碳量应( )。

(A)大于 70%   (B)大于 85%   (C)大于 90%   (D)大于 95%

72. 电弧炉炼钢用电极粉在使用前必须进行烘干,干燥温度为( )。

(A)60 ℃~100 ℃   (B)100 ℃~200 ℃

(C)200 ℃~300 ℃   (D)300 ℃~400 ℃

73. 电弧炉炼钢用电极粉在 60 ℃~100 ℃ 干燥温度下干燥时间应( )。

(A)>1 h   (B)>8 h   (C)>3 h   (D)>5 h

74. 石墨电极按使用功率不同分( )三种。

(A)大功率电极、小功率电极、中功率电极

(B)普通功率电极、高功率电极和超高功率电极

(C)高压电极、中压电极和低压电极

(D)大电流电极、中电流电极和小电流电极

75. 对于 30 t 电炉,要求氩气的压力应大于( )。

(A)0.4 MPa   (B)0.5 MPa   (C)0.6 MPa   (D)0.7 MPa

76. 对于 30 t 电炉,要求氧气的压力应大于( )。

(A)1.1 MPa   (B)1.2 MPa   (C)1.3 MPa   (D)1.4 MPa

77. 在炼钢过程中使用氧气的水分含量应小于( )。

(A)0.4%   (B)0.3%   (C)0.2%   (D)0.1%

78. 在砌筑钢包时,( )常用做绝热层材料。

(A)石棉板   (B)耐火砖   (C)耐火泥   (D)石英砂

79. 目前砌筑炉盖采用耐火度较高、耐急冷急热性较好的( )中性耐火材料。

(A)黏土砖   (B)硅砖   (C)镁砖   (D)高铝砖

80. 绝热层是炉底的最下层,其作用是减少电炉的( ),并保证熔池上下钢液的温差小。

(A)热损失   (B)漏钢   (C)机械冲刷   (D)热应力

81. 电弧炉炉衬在炼钢过程中处于高温状态下,不断地受到( )和化学侵蚀作用。

(A)热辐射   (B)热冲击   (C)机械冲击   (D)冷热应力

82. 对于 20 t~30 t 的电炉,炉料最大截面一般要求为( )。

(A)400×400 mm² (B)500×500 mm² (C)600×600 mm² (D)700×700 mm²

83. 装炉时炉底铺设石灰,可以使熔化炉渣保持一定的( ),达到早期除磷的目的。

(A)数量   (B)浓度   (C)碱度   (D)洁度

84. 锰铁在入炉前应进行烘烤,其烘烤温度应( ),时间不少于 2 h。

(A)≥200 ℃   (B)≥300 ℃   (C)≥400 ℃   (D)≥450 ℃

85. 铬铁入炉前应进行烘烤,其烘烤温度应( ),时间不少于 2 h。

(A)≥200 ℃   (B)≥300 ℃   (C)≥400 ℃   (D)≥450 ℃

86. 钼铁使用前烘烤温度为( ),烘烤时间应大于 2 h。

(A)≥200 ℃   (B)≥300 ℃   (C)≥400 ℃   (D)≥450 ℃

87. 炉料的平均含碳量应等于钢液的(　　)与氧化脱碳量的总和。
(A)规格含碳量　　(B)化清含碳量　　(C)废钢含碳量　　(D)生铁含碳量

88. 在一般情况下,炉料的平均含磷、硫量均应低于(　　)。
(A)0.10%　　(B)0.08%　　(C)0.05%　　(D)0.03%

89. 冶炼碳钢时常见的几种合金元素的残留量总和不大于(　　)。
(A)0.75%　　(B)1%　　(C)1.25%　　(D)1.50%

90. 补炉材料采用和炉衬本身(　　)的材料。
(A)相同　　(B)小同　　(C)相反　　(D)无所谓

91. 熔化期炉料已熔化(　　)时,进行推料助熔。
(A)小部分　　(B)大部分　　(C)一半　　(D)完全

92. 熔化初期炉渣由炉料中的(　　)等组成。
(A)泥砂、石灰　　　　　　　　(B)泥砂、铁锈、合金元素氧化物
(C)石块、铁矿石　　　　　　　(D)石灰、铁矿石

93. 炉料熔清时,钢液的温度较低,应在(　　)中提高温度。
(A)熔化期　　(B)氧化期　　(C)还原期　　(D)出钢前

94. 在熔化过程中向炉内吹入一定数量的氧气,加入氧化铁皮及铁矿石,造成炉渣中(　　)的含量增高。
(A)CaO　　(B)FeO　　(C)MgO　　(D)SiO_2

95. 电弧炉炼钢在熔化期中,铝和钛(　　)被氧化掉。
(A)全部　　(B)二分之一　　(C)三分之一　　(D)不可能

96. (　　)是电弧炉冶炼过程中最长的一个阶段。
(A)熔化期　　(B)氧化期　　(C)还原期　　(D)出钢

97. 熔化末期炉底加入的石灰逐渐熔化后,保证了炉渣中(　　)的含量。
(A)CaO　　(B)FeO　　(C)MgO　　(D)SiO_2

98. 熔化期吹氧在一定程度上使钢液中的(　　)而产生热量,加速炉料的熔化。
(A)氧燃烧　　(B)元素氧化　　(C)元素还原　　(D)熔池搅动

99. 电极由于杂质绝缘不起弧时,应在电极下面放点(　　)。
(A)电极块或焦炭　　(B)石灰　　(C)铁矿石　　(D)石英砂

100. 氧化期最主要的任务是(　　)。
(A)脱碳、去磷和去硫　　　　　　(B)脱磷、脱碳、去气和去夹杂
(C)吹氧、加矿石和调整炉渣　　　(D)脱碳、去硫、调整炉渣

101. 只要做到高温、均匀、持续激烈的沸腾,脱碳量为(　　)时,即可将钢中的气体含量降到较低水平。
(A)0.20%以下　　(B)0.20%~0.40%　　(C)0.40%~0.60%　　(D)0.60%以上

102. 氧化期是从炉料全部熔清后,取样进行分析直到(　　)为止。
(A)脱磷完毕　　(B)脱碳完毕　　(C)温度达到要求　　(D)扒完氧化渣

103. 对于冶炼铸造碳钢,一般规定必须在钢液温度达到(　　)以上,方可进行吹氧操作。
(A)1 530 ℃　　(B)1 560 ℃　　(C)1 580 ℃　　(D)1 600 ℃

104. 在(　　)条件下,钢液中氧与渣中氧的浓度比值是一个常数。

(A)钢液中碳含量一定 　　　　　　　　(B)钢液温度一定

(C)碳含量与温度均一定 　　　　　　　(D)炉内恒压

105. 在( )条件下,钢液中氧和碳乘积是一个常数。

(A)温度一定 　　　(B)炉渣碱度一定 　　　(C)炉渣黏度一定 　　　(D)炉内恒压

106. 磷在钢中主要以 Fe_2P、P、Fe_3P 形式存在,磷在钢液中能够( )地溶解。

(A)无限 　　　　(B)部分 　　　　　(C)小部分 　　　　　(D)极少

107. 脱碳速度在( )时钢液沸腾活跃,净化效果良好。

(A)$<0.3\%/h$ 　　　　　　　　(B)$0.3\%/h\sim0.6\%/h$

(C)$0.6\%/h\sim1.8\%/h$ 　　　　　　　(D)$>3.0\%/h$

108. 吹氧脱碳法的优点是( ),节约电力。

(A)生产效率高 　　　(B)脱碳平稳 　　　(C)脱碳过程长 　　　(D)费用低

109. 脱碳的基本反应为( )。

(A)$[C]+1/2O_2 \Longrightarrow CO\uparrow$

(B)$[FeO]+[C] \Longrightarrow [Fe]+CO\uparrow$

(C)$(FeO)+[C] \Longrightarrow [Fe]+CO\uparrow$

(D)$[Fe]+1/2O_2 \Longrightarrow [FeO]$

110. 磷在钢液中主要以( )的形式存在。

(A)Fe_2P、P、Fe_3P 　　(B)P_2O_5、CaO_2、P 　　(C)H_3PO_3 　　(D)PO_3^{3-}

111. 脱磷反应是在( )进行的。

(A)钢液中 　　　(B)炉渣中 　　　(C)钢—渣界面 　　　(D)空气中

112. 一般要求氧化期末钢液温度比出钢温度( )。

(A)高 80 ℃~100 ℃ 　　　　　　　(B)高 20 ℃~30 ℃

(C)低 80 ℃~100 ℃ 　　　　　　　(D)低 20 ℃~30 ℃

113. 开始还原的条件是氧化期末钢液( )符合要求。

(A)含磷量、碳量、温度 　　　　　　(B)含磷量、化学成分

(C)化学成分、温度 　　　　　　　(D)含硫量、碳量、温度

114. 沉淀脱氧的主要缺点是总有一部分( )残留在钢液中,影响钢的纯洁度。

(A)锰铁 　　　　(B)铝 　　　　(C)脱氧产物 　　　　(D)气体

115. 扩散脱氧就是不断地降低渣中( )的含量,来达到降低钢液含氧量的一种脱氧方法。

(A)CaO 　　　　(B)FeO 　　　　(C)SiO_2 　　　　(D)Al_2O_3

116. 根据生产经验,脱碳速度不小于( )时,才能满足氧化期去气要求。

(A)$0.1\%/h$ 　　　(B)$0.2\%/h$ 　　　(C)$0.4\%/h$ 　　　(D)$0.6\%/h$

117. 氧化期脱碳速度≥0.6%/h,脱碳( )就可以把气体及夹杂物降到一般标准要求。

(A)0.1% 　　　(B)0.2% 　　　(C)0.3% 　　　(D)0.6%

118. 碱性电弧炉氧化法冶炼,中修炉后第一炉的脱碳量应在( )以上。

(A)0.30% 　　　(B)0.40% 　　　(C)0.50% 　　　(D)0.60%

119. 临近氧化终点时可取样看碳花估碳。火花分叉较多且碳花密集,弹跳有力,射程较远时,碳含量为( )。

(A)$0.18\%\sim0.25\%$ 　(B)$0.12\%\sim0.16\%$ 　(C)$0.3\%\sim0.4\%$ 　(D)$0.4\%\sim0.5\%$

120. 氧化期的任务之一是去除钢中的气体和非金属夹杂物。氧化结束时 $\omega[N]$ 降到( )。

(A)0.04%~0.07% (B)0.01%~0.03%

(C)3.5×10^{-6}以下 (D)0.01%以下

121. 氧化期的任务之一是去除钢中的气体和非金属夹杂物。氧化结束时夹杂物总量不超过( )。

(A)0.04%~0.07% (B)0.01%~0.03% (C)3.5×10^{-6} (D)0.01%

122. 下列材料中,既能调整炉渣流动性,又不降低炉渣碱度的是( )。

(A)萤石 (B)火砖块 (C)硅石 (D)石灰

123. 不好的氧化渣取样观察,当炉渣表面呈黑亮色,且粘附在样杆上的渣很薄,表明渣中( )很高。

(A)CaO (B)SiO$_2$ (C)FeO (D)CaF$_2$

124. 钢液在氧化期末的实际温度应达到或略高于钢液的( )。

(A)浇注温度 (B)出钢温度 (C)熔化温度 (D)熔清温度

125. 铬铁在还原初期加入时收得率为( )。

(A)85%~90% (B)90%~95% (C)95%~98% (D)98%以上

126. 白渣是电炉炼钢中常造的一种( ),具有良好的脱氧和脱硫能力。

(A)酸性渣 (B)碱性渣 (C)中性渣 (D)弱酸性渣

127. 由于炉渣中炭粉较细,与钢液接触的机会多,故钢液在电石渣下每小时可增碳( )左右。

(A)0.1% (B)0.2% (C)0.3% (D)0.4%

128. 弱电石渣一般应用于含碳量为( )的钢种冶炼。

(A)<0.35% (B)0.35%~0.60% (C)>0.60% (D)>1%

129. 还原期具备脱硫的有利条件是高温、高碱度和( )的炉渣。

(A)氧化性 (B)小黏度 (C)还原性 (D)大黏度

130. 炉渣中的( )含量多少,直接影响合金元素收得率的高低。

(A)CaO (B)SiO$_2$ (C)CaF$_2$ (D)FeO

131. 当还原炉渣碱度偏高,温度合适,流动性差时,应该用( )调整炉渣流动性。

(A)提高温度 (B)加入萤石 (C)加入硅石 (D)加入石灰

132. 当还原炉渣碱度合适,温度合适,流动性差时,应该用( )调整炉渣流动性。

(A)提高温度 (B)加入萤石 (C)加入硅石 (D)加入石灰

133. 一般情况下,要求还原期良好白渣保持时间在( )min 以上。

(A)5 (B)15 (C)25 (D)35

134. 还原期可以根据冒出的烟尘来判定渣况,下列情况属于电石渣的是( )。

(A)烟尘红综色 (B)烟浓,颜色发灰黑

(C)烟尘呈灰白色 (D)烟尘灰黄色

135. 还原期可以根据冒出的烟尘来判定渣况,下列情况属于白渣或弱电石渣的是( )。

(A)烟尘红综色 (B)烟浓,颜色发灰黑

(C)烟尘呈灰白色　　　　　　　　　　　　(D)烟尘灰黄色

136. 还原期可以根据冒出的烟尘来判定渣况,下列情况属于炉渣脱氧不良的是(　　)。

(A)烟尘红综色　　　　　　　　　　　　(B)烟浓,颜色发灰黑

(C)烟尘呈灰白色　　　　　　　　　　　　(D)烟尘灰黄色

137. 还原渣颜色对控制钢液成分有很大影响,如灰渣容易(　　)。

(A)增碳　　　　　　(B)增硅　　　　　　(C)增锰　　　　　　(D)增铬

138. 二次脱氧产物是指(　　)。

(A)钢液降温及凝固过程中生成的夹杂物

(B)第二次加入脱氧剂而生成的脱氧产物

(C)钢包内加入脱氧剂所生成的脱氧产物

(D)还原期加入第二批脱氧剂所产生的脱氧产物

139. 还原期的炉渣要求 FeO 含量小于(　　)。

(A)1%　　　　　　(B)2%　　　　　　(C)3%　　　　　　(D)4%

140. EBT 电弧炉的留钢量一般为出钢量的(　　)。

(A)20%～30%　　(B)30%～40%　　(C)10%～15%　　(D)5%～8%

141. 30 t EBT 电弧炉炉料全熔后测温并取全熔样,取样部位为炉门到 2# 电极中间,熔池深度在(　　)的位置。

(A)100 mm～200 mm　　　　　　(B)200 mm～300 mm

(C)300 mm～400 mm　　　　　　(D)400 mm～500 mm

142. EBT 电弧炉整个熔化、氧化过程渣量要达到(　　),前期渣量大,后期偏小,碱度达到 2～3。

(A)1%～2%　　　(B)2%～3%　　　(C)3%～4%　　　(D)4%～5%

143. EBT 电弧炉整个熔化、氧化过程渣量要达到 3%～4%,前期渣量大,后期偏小,碱度达到(　　)。

(A)1～2　　　　　(B)2～3　　　　　(C)3～4　　　　　(D)4～5

144. EBT 电弧炉熔氧末期,当碳含量达到出钢要求时,方可进入净沸腾操作,净沸腾时间不少于(　　)min(净沸腾时间应为停止供氧至出钢)。

(A)3　　　　　　　(B)5　　　　　　　(C)10　　　　　　(D)15

145. EBT 电弧炉出钢时严格控制出钢量,当电子显示屏显示出钢量达到计划出钢量的95%时,迅速将炉摇到出渣方向(　　)位置。

(A)2°　　　　　　(B)3°　　　　　　(C)4°　　　　　　(D)5°

146. LF 精炼调成分、脱硫时,要求(　　)供氩,钢液裸露面直径 200 mm～300 mm,以渣面波动、不发生飞溅为准。

(A)中等强度　　　(B)低强度　　　　(C)高强度　　　　(D)弱强度

147. LF 精炼化渣阶段,要求(　　)供氩,钢液面裸露面直径 100 mm～150 mm,以渣面波动、不裸弧为准。

(A)中等强度　　　(B)低强度　　　　(C)高强度　　　　(D)弱强度

148. LF 精炼加热、喂线时,要求(　　)供氩,钢液微露,以渣面波动、不裸弧为准。

(A)中等强度　　　(B)低强度　　　　(C)高强度　　　　(D)弱强度

149. LF 精炼合金微调时，Ni、Mo、Mn 元素的收得率为（ ）。

(A)100%　　　　(B)95%～100%　　　　(C)93%～97%　　　　(D)65%～85%

150. LF 精炼合金微调时，Al 元素的收得率为（ ）。

(A)100%　　　　(B)95%～100%　　　　(C)93%～97%　　　　(D)65%～85%

151. LF 精炼合金微调时，V、Nb 元素的收得率为（ ）。

(A)100%　　　　(B)95%～100%　　　　(C)93%～97%　　　　(D)65%～85%

152. LF 精炼合金微调时，Si 元素的收得率为（ ）。

(A)100%　　　　(B)95%～100%　　　　(C)93%～97%　　　　(D)65%～85%

153. 喂线结束后在炉渣表面加入碳化稻壳的目的是为了（ ）。

(A)保温　　　　(B)脱碳　　　　(C)脱氧　　　　(D)吸收夹杂物

154. LF 炉加热采用的是（ ）加热法。

(A)电弧　　　　(B)化学　　　　(C)燃料燃烧　　　　(D)电阻

155. 出钢降温和钢包中停留降温都与（ ）有关。

(A)钢液量　　　　(B)出钢方法　　　　(C)环境温度　　　　(D)操作快慢

156. 钢渣混出扩大了炉渣与钢液的接触面积，故能起到进一步脱（ ）的作用。

(A)氮　　　　(B)磷　　　　(C)硫　　　　(D)氢

157. 出钢时 LF 钢包应干燥，并烘烤到（ ）。

(A)200 ℃～300 ℃　　　　　　　　(B)300 ℃～500 ℃

(C)500 ℃～700 ℃　　　　　　　　(D)800 ℃以上

158. 出钢时炉渣为流动性良好的（ ）。

(A)白渣　　　　(B)电石渣　　　　(C)弱电石渣　　　　(D)稀薄渣

159. 普通电弧炉出钢时化学成分应达到（ ）。

(A)规格范围以上　　　　　　　　(B)规格范围

(C)规格范围以下　　　　　　　　(D)一半在规格范围以上，一半在规格范围以下

160. 浇注圆杯试样后，试样特征（ ），说明脱氧情况极差。

(A)凹陷显著　　　(B)凹陷不显著　　　(C)不凹陷　　　(D)上涨

161. 齿轮传动效率比较高，一般圆柱齿轮传动效率可达（ ）。

(A)85%　　　　(B)95%　　　　(C)98%　　　　(D)100%

162. 在开式齿轮传动中，齿轮一般都是外露的，支撑系统刚性较差，若齿轮润滑不良、保养不妥时，易使齿轮（ ）。

(A)折断　　　　(B)磨损　　　　(C)胶合　　　　(D)不变

163. 抽样检验的目的，是通过检验（ ）样本而对产品总体的质量做出估计。

(A)全体　　　　(B)部分　　　　(C)一个(或几个)　　　　(D)随机

164. 标准化是质量管理的（ ），质量管理是贯彻执行标准化的保证。

(A)关键　　　　(B)原则　　　　(C)基础　　　　(D)规范

165. 组织应确定并（ ）从事影响产品质量工作的人员所必要的能力。

(A)教育　　　　(B)培训　　　　(C)学习　　　　(D)掌握

166. 组织应确保不符合产品要求的产品得到（ ）和控制，以防止其非预期的使用或交付。

(A)管理　　　　　　(B)识别　　　　　　(C)认证　　　　　　(D)确认

三、多项选择题

1. 下列化合物中属于碱性氧化物的是(　　　)。
(A)CaO　　　　　　(B)SiO_2　　　　　　(C)MgO　　　　　　(D)Al_2O_3

2. 下列化合物中属于酸性氧化物的是(　　　)。
(A)P_2O_5　　　　　　(B)CaO　　　　　　(C)Cr_2O_3　　　　　　(D) SiO_2

3. 下列化合物中属于中性氧化物的是(　　　)。
(A)Cr_2O_3　　　　　　(B)SiO_2　　　　　　(C)MgO　　　　　　(D)Al_2O_3

4. 在一定温度下反应处于平衡时,下列说法正确的是(　　　)。
(A)增加反应物的浓度(或分压)反应向着产物的方向移动
(B)减少产物的浓度(或分压)反应向着反应物的方向移动
(C)减少反应物的浓度(或分压)反应向着产物的方向移动
(D)增加产物的浓度(或分压)反应向着反应物的方向移动

5. 热量传输的基本方式包括(　　　)。
(A)导热　　　　　　(B)对流　　　　　　(C)热辐射　　　　　　(D)散热

6. 整个电弧由(　　　)组成。
(A)阴极区　　　　　　(B)阳极区　　　　　　(C)正极区　　　　　　(D)弧柱

7. 下列属于按主要性能及使用特性分类的合金钢的是(　　　)。
(A)不锈钢　　　　　　(B)耐酸钢　　　　　　(C)抗氧化钢　　　　　　(D)热强钢

8. 普通质量非合金钢主要包括(　　　)。
(A)一般用途碳素结构钢　　　　　　(B)碳素钢筋钢
(C)铁道用一般碳素钢　　　　　　(D)一般钢板桩型钢

9. 下列属于铸钢的是(　　　)。
(A)铸造碳钢　　　　(B)铸造耐磨钢　　　　(C)铸造耐热钢　　　　(D)铸造耐蚀钢

10. 下列属于耐火材料的是(　　　)。
(A)白云石砖　　　　(B)镁砖　　　　(C)高铝砖　　　　(D)萤石

11. 下列属于耐火材料力学性能的是(　　　)。
(A)热导率　　　　(B)耐压强度　　　　(C)抗折强度　　　　(D)高温蠕变性

12. 铬不锈钢主要用于制造(　　　)。
(A)汽轮机叶片　　　　(B)水压机阀　　　　(C)医疗器械　　　　(D)车刀

13. 硬度根据测定方法不同可分为(　　　)。
(A)简式硬度　　　　(B)布氏硬度　　　　(C)洛氏硬度　　　　(D)维氏硬度

14. 下列属于钢的化学性能的是(　　　)。
(A)热膨胀性　　　　(B)耐腐蚀性　　　　(C)抗氧化性　　　　(D)热稳定性

15. 细化晶粒的常用方法有(　　　)。
(A)增加过冷度　　　　(B)加热处理　　　　(C)变质处理　　　　(D)振动处理

16. 淬火的常用介质包括(　　　)。
(A)水　　　　(B)盐水溶液　　　　(C)酒精溶液　　　　(D)油(矿物油)

17. 下列属于组成熔渣的简单氧化物的是( )。
(A)FeO   (B)MnO   (C)MgO   (D)CaO

18. 下列属于炉渣化学性质的是( )。
(A)炉渣的碱度   (B)炉渣的氧化性
(C)炉渣的还原性   (D)炉渣的导电能力

19. 组成熔渣的氧化物按照化学性质划分包括( )。
(A)碱性氧化物   (B)酸性氧化物   (C)两性氧化物   (D)金属氧化物

20. 影响熔渣透气性的主要因素包括( )。
(A)炉气中水蒸气分压   (B)熔渣密度
(C)熔渣成分   (D)温度

21. 熔渣的氧化能力主要取决于( )。
(A)熔渣的组成   (B)温度   (C)熔渣的导电能力 (D)熔渣的热膨胀率

22. 在生产中为了充分发挥熔渣的还原作用,除控制FeO含量和碱度外,还要控制熔渣的( )等,因为这些参数均和钢液中的氧含量有直接关系。
(A)还原物质的数量   (B)搅拌程度
(C)还原渣的流动性   (D)还原渣的保持时间

23. 下列说法正确的是( )。
(A)锰的氧化是放热反应   (B)锰的氧化是还原反应
(C)随着温度的升高锰的氧化程度减弱   (D)随着温度的升高锰的氧化程度增强

24. 铬的氧化产物主要有( )。
(A)CrO   (B)Cr_2O_3 (C)Cr_3O_4 (D)Cr_2O

25. 钢中氮的来源包括( )。
(A)废钢中的氮   (B)铁合金中的氮
(C)钢液直接从大气和炉气中吸收的氮   (D)通过化学热处理人为加入的氮

26. 氢在钢中容易产生的冶金缺陷包括( )。
(A)凝固过程中的偏析现象
(B)促进中心孔隙或显微孔隙的形成
(C)发纹、白点等裂纹缺陷的形成
(D)使钢的塑性、韧性降低,易于断裂,引起"氢脆"

27. 钢中硫的来源主要有( )。
(A)生铁   (B)矿石   (C)废钢   (D)造渣剂

28. 下列属于非金属夹杂物对钢力学性能影响的是( )。
(A)降低强度   (B)降低塑性   (C)降低冲击韧性   (D)影响疲劳性能

29. 铬对钢性能影响主要包括( )。
(A)固溶强化   (B)提高淬透性
(C)提高硬度和耐磨性   (D)提高耐腐蚀性

30. 碱性氧化渣脱硫的主要影响因素为( )。
(A)炉渣和钢液的温度   (B)炉渣的碱度
(C)炉渣的密度   (D)钢中氧的浓度

31. 还原渣脱硫主要影响因素为(　　)。

(A)还原渣碱度　　　　　　　　　　(B)渣中 FeO 的含量

(C)渣量及渣中 CaF_2 和 MgO 的含量　　(D)熔池温度

32. 脱磷的基本条件包括(　　)。

(A)渣中较高的 FeO 含量　　　　　　(B)较高的碱度

(C)合适的渣量　　　　　　　　　　(D)适宜的低温条件

33. 过量的氧对钢质量的影响包括(　　)。

(A)对铸坯质量的影响　　　　　　　(B)降低钢的力学、电磁和抗腐蚀性能

(C)加剧钢的热脆现象　　　　　　　(D)降低合金元素的收得率

34. 脱氧的基本任务主要有(　　)。

(A)提高钢液温度　　　　　　　　　(B)按钢种要求脱出多余的氧

(C)排除脱氧产物　　　　　　　　　(D)调整钢液合金成分

35. 电弧炉一次冶炼工艺可分为(　　)。

(A)氧化法　　　(B)不氧化法　　　(C)返回吹氧法　　　(D)矿石氧化法

36. 根据氧化期供氧方式不同,可分为(　　)。

(A)氧化剂氧化法　　　　　　　　　(B)氧气氧化法

(C)综合氧化法　　　　　　　　　　(D)返回吹氧法

37. 下列属于 LF 钢包炉精炼功能的是(　　)。

(A)升温　　　　　　　　　　　　　(B)脱硫、脱氧、去气、去夹杂物

(C)均匀钢液成分和温度　　　　　　(D)改变夹杂物的形态

38. 与浇注温度过高有关的铸造缺陷是(　　)。

(A)缩孔　　　(B)晶粒粗大　　　(C)粘砂　　　(D)冷隔

39. 与浇注温度过低有关的铸造缺陷是(　　)。

(A)冷隔　　　(B)粘砂　　　(C)夹渣　　　(D)气孔

40. 浇注温度影响的方面有(　　)。

(A)金属液的流动性　　　　　　　　(B)铸件的收缩值

(C)铸件的凝固方式　　　　　　　　(D)铸件的冷却速度

41. 铸铁件浇注温度一般为 1 340 ℃～1 420 ℃,对硅砂的(　　)均低于铸钢件的要求, SiO_2 含量一般要求≥85%。

(A)SiO_2含量　　　(B)耐火度　　　(C)粒度　　　(D)颗粒形状

42. 冒口的设置应满足(　　)。

(A)冒口中的液态金属必须有足够的补缩压力和通道

(B)冒口的凝固时间应大于铸件的凝固时间

(C)冒口的大小应大于或等于补充铸件收缩的金属液

(D)在保证铸件质量的前提下,使冒口所消耗的金属液量最少

43. 影响型砂透气性的因素是(　　)。

(A)粒度越细越不均匀,则型砂的透气性越好

(B)冒口越大数量越多,则型砂的透气性越好

(C)型砂含水量一定时,黏土加入量越多,则透气性越差

(D)合适的水分能保证型砂具有良好的透气性,但不宜过多,否则会降低透气性

44. 略提高型砂的水分,湿强度虽有下降,但型砂的( )会提高,起模时却不易损坏铸型。

(A)可塑性   (B)流动性   (C)韧性   (D)透气性

45. 采用( )的砂,则型砂的流动性较好。

(A)粒度大而集中   (B)粒度小而分散   (C)尖形   (D)圆形

46. 型砂的流动性随( )在一定范围内增大而降低,黏土的种类对型砂的流动性有很大的影响。

(A)黏土加入量   (B)水的比例

(C)原砂粒度   (D)原砂颗粒集中程度

47. 型砂种类按用途分为( )和单一砂。

(A)干型砂   (B)面砂   (C)背砂   (D)表干型砂

48. 砂型、型芯表面涂敷涂料可防止或减少( )等铸造缺陷。

(A)气孔   (B)粘砂   (C)砂眼   (D)夹砂

49. 铸型涂料按供货状态可分为( )等。

(A)浆状涂料   (B)膏状涂料   (C)粉状涂料   (D)粒状涂料

50. 在不同热处理条件下,钢的性能有一定的差别,特别是在实际铸件中,由于( )不同,同样的化学成分和热处理条件的性能,可能产生相当大的差异。

(A)结构   (B)凝固过程   (C)结晶条件   (D)组织

51. 铸铝件浇注温度一般均在700 ℃~800 ℃左右,由于对铸件的表面要求光洁平整,所以一般要求( )。

(A)对砂子的化学成分无特殊要求   (B)选用100/200或140/270的细砂

(C)对砂子的化学成分要求高   (D)选用40/70或50/100的细砂

52. 从炉顶加料可分为哪些形式( )。

(A)炉盖旋出式   (B)炉盖第五孔连续加料

(C)炉盖开出式   (D)炉身开出式

53. 电炉通常用水冷却的部位有( )。

(A)电极夹持器和电极密封圈   (B)炉壳上部

(C)炉门和炉门框   (D)炉盖圈

54. 大型电弧炉除尘系统一般包括( )。

(A)水冷烟道   (B)燃烧室   (C)沉降室   (D)屋顶罩

55. 电炉烟尘的净化设备一般分为( )。

(A)布袋除尘器   (B)电除尘器   (C)重力除尘器   (D)文氏管洗涤器

56. 下列属于布袋除尘器特点的是( )。

(A)净化效率高而且稳定   (B)维护费用低

(C)使用期较长   (D)设备价格低

57. 电炉主电路电器(元件)组成包括( )、短网等,将电流导入电极产生电弧。

(A)隔离开关   (B)高压断路器   (C)电炉变压器   (D)电抗器

58. 电极升降自动调节器的作用是及时的调节电极的升降,使电炉的电参数尽可能保持恒定,以利于( )。

(A)缩短熔化时间,减小熔化期的电耗　　(B)减少电弧对电网的干扰

(C)防止电极折断　　　　　　　　　　(D)减轻电弧辐射对炉衬的侵蚀

59. 下列关于电炉炼钢对废钢技术要求的说法中,正确的是( )。

(A)废钢表面清洁少锈

(B)废钢中不得混有铅、锡、砷、锌、铜等有色金属

(C)废钢中严禁夹有爆炸物或封闭物

(D)废钢的化学成分应明确,硫、磷含量都不得大于 0.05%

60. 下列合金料一般状态下呈块状的是( )。

(A)铝　　　　　　　(B)锰铁　　　　　　(C)硅铁　　　　　　(D)铬铁

61. 铬铁主要是铬与铁的合金,按碳含量的不同可分为( )。

(A)高碳铬铁　　　　(B)中碳铬铁　　　　(C)低碳铬铁　　　　(D)微碳铬铁

62. 下列关于合金材料的管理工作说法正确的是( )。

(A)颜色断面相似的合金不宜邻近堆放,以免混淆

(B)合金材料允许露天放置

(C)堆放场地必须干燥清洁

(D)合金块度应符合使用要求

63. 合金在入炉前进行烘烤的好处是( )。

(A)去除合金中的气体和水分　　　　(B)合金易于熔化

(C)减少合金吸收钢液的热量　　　　(D)缩短冶炼时间,减少电能消耗

64. 电炉炼钢对铁矿石的要求是( )。

(A)铁含量要高　　　(B)密度要大　　　(C)导电性要好　　　(D)杂质要少

65. 下列炼钢原材料属于脱氧剂的是( )。

(A)硅铁　　　　　　(B)锰铁　　　　　　(C)钼铁　　　　　　(D)铁矿石

66. 电炉使用直接还原铁具备的优势是( )。

(A)有利于形成泡沫渣

(B)减少电极的氧化

(C)有利于减少钢中的夹杂物

(D)缩短电炉冶炼周期

67. 下列属于电炉炼钢常用造渣材料的是( )。

(A)石灰　　　　　　(B)萤石　　　　　　(C)白云石　　　　　(D)火砖块

68. 下列关于萤石说法正确的是( )。

(A)萤石是由萤石矿直接开采得到的　　(B)萤石主要成分为 CaF_2

(C)萤石又称助熔造渣剂　　　　　　　(D)萤石能增加渣钢界面的反应能力

69. 耐火材料按耐火度可分为( )。

(A)低级耐火材料　　　　　　　　　　(B)普通耐火材料

(C)高级耐火材料　　　　　　　　　　(D)特级耐火材料

70. 下列属于碱性耐火材料的是( )。

(A)镁质耐火材料　　　　　　　　　　(B)硅质耐火材料

(C)镁铝质耐火材料　　　　　　　　　(D)黏土质耐火材料

71. 电炉炼钢对耐火材料的技术要求包括(　　)。

(A)高荷重软化温度 　　　　　(B)高耐火度

(C)抗渣性好 　　　　　(D)良好的热稳定性和低导热性

72. 电炉炉衬在正常使用时的侵蚀原因包括(　　)。

(A)电弧的辐射及温度变化造成的热剥落和高温状态的化学侵蚀

(B)熔渣、钢水、炉气对炉衬的化学侵蚀及冲刷作用

(C)炉衬砖本身的矿物组成的分解引起的层裂

(D)加废钢时对炉衬的机械冲撞

73. 关于电炉炼钢对电极技术要求中,说法正确的是(　　)。

(A)具有较高的耐高温氧化及抗熔渣侵蚀的能力

(B)具有高的电导率,以减少电能的损耗

(C)导热性要低,以减少不必要的热损失

(D)具有足够的机械强度,以免碰坏折断

74. 电极的孔隙度和热膨胀系数小的优点是(　　)。

(A)提高电极的强度 　　　　　(B)提高电极的导电率

(C)减少空气对电极的氧化 　　　　　(D)提高电极抗熔渣侵蚀能力

75. 下列关于电极接长过程的说法正确的是(　　)。

(A)电极接长前,对于要接长的电极必须做吹灰处理

(B)电极接长过程中,出现的电极碎小颗粒要及时清理

(C)电极在热状态下接紧,使用前要再次做旋紧处理

(D)电极在接长和吊装过程中,要注意轻放,操作要平稳,防止电极的碰撞

76. 电炉炼钢中降低电极消耗的措施包括(　　)。

(A)消除结构缺陷或强度不足的问题 　　　　　(B)提高端面的加工精度

(C)保证电极公差配合达到要求 　　　　　(D)严格控制送电制度

77. 下列关于电炉炼钢使用的氩气说法正确的是(　　)。

(A)氩气是一种惰性气体 　　　　　(B)氩气密度为 1.78 g/cm^3

(C)炼钢使用的氩气纯度不低于 99.99% 　(D)氩气是脱硫剂

78. 下列关于电炉炼钢使用的氧气说法正确的是(　　)。

(A)氧气是一种惰性气体 　　　　　(B)氧气是电炉炼钢的重要氧化剂

(C)炼钢使用的氧气纯度不低于 99.5% 　(D)冶炼过程中氧气具有助熔作用

79. 电炉炉底的工作条件包括(　　)。

(A)经受弧光、高温、急冷急热作用 　　　　　(B)经受渣钢侵蚀与冲刷

(C)承受熔渣和钢液的全部重量 　　　　　(D)承受顶装料的振动与冲击

80. 炉盖的种类主要分为(　　)。

(A)砖砌炉盖 　　(B)捣筑炉盖 　　(C)水冷炉盖 　　(D)黏土炉盖

81. 下列属于影响炉衬寿命因素的是(　　)。

(A)高温热作用的影响 　　　　　(B)化学侵蚀的影响

(C)弧光的辐射或反射的影响 　　　　　(D)机械碰撞与振动的影响

82. 对于 LF 钢包(更换全部绝热层、保温层、工作层)烘烤,下列说法正确的是(　　)。

(A)烘烤不小于 12 h　　　　　　　　　(B)确保烤干烤透

(C)确保排气孔无水蒸气和冷凝水　　　(D)使用前烘烤大于 2 h

83. 下列情况中,铸口砖不得使用的是(　　　)。

(A)铸口砖尺寸不符合要求　　　　　　(B)铸口砖存在冰冻、潮湿等缺陷

(C)铸口砖裂纹超过 1/2 砖高度　　　　(D)铸口砖裂纹宽度大于 3 mm

84. 对于自然冷却的 LF 钢包炉二次清理残钢残渣后需达到的要求有(　　　)。

(A)包内清洁　　　　　　　　　　　　(B)包沿干净平整

(C)无残钢残渣　　　　　　　　　　　(D)透气砖透气正常

85. 电炉配料过程中,炉料化学成分的配定主要考虑(　　　)。

(A)钢种规格成分　　　　　　　　　　(B)冶炼方法

(C)元素的特性　　　　　　　　　　　(D)工艺的具体要求

86. 电炉炼钢碳的配定,主要考虑(　　　)。

(A)钢种规格成分　　　　　　　　　　(B)熔化期碳的烧损

(C)氧化期脱碳量　　　　　　　　　　(D)工艺对出渣碳的要求

87. 电炉配碳过低的负面影响包括(　　　)。

(A)钢铁料的吹损将会增加　　　　　　(B)电炉冷区残留冷钢的几率增大

(C)冶炼过程中泡沫渣不易控制　　　　(D)碳氧反应的化学热减少,冶炼电耗增加

88. 电炉配碳过高的负面影响包括(　　　)。

(A)脱碳时间增加,冶炼时间增加

(B) 炉渣熔化时间延长,造成金属吹损增加

(C)熔池中碳含量较高,渣中氧化铁含量降低,影响脱磷反应

(D)长时间的脱碳反应会加剧钢水对炉衬的物理冲刷,影响炉衬寿命

89. 影响配料准确性的因素包括(　　　)。

(A)计划、计算及计量　　　　　　　　(B)收得率、炉体情况

(C)钢铁料及铁合金的科学管理　　　　(D)工人的操作水平

90. 装料时将部分小块料装在装料罐底部的好处有(　　　)。

(A)保护料罐的链板或合页板　　　　　(B)减缓重量对炉体的冲击

(C)快速形成熔池　　　　　　　　　　(D)减少电极消耗

91. 吹氧助熔的方法主要有(　　　)。

(A)吹氧管插到炉底部位吹氧提温　　　(B)切割法

(C)渣面上吹氧　　　　　　　　　　　(D)先吹熔池的冷区废钢

92. 提前造熔化渣的作用有(　　　)。

(A)稳定电弧　　　　　　　　　　　　(B)减少钢液吸气

(C)提前去磷　　　　　　　　　　　　(D)减少元素的挥发和氧化损失

93. 下列说法中,可引起电极折断的是(　　　)。

(A)还原期电流偏大　　　　　　　　　(B)还原期电压偏大

(C)废钢铁料中的不导电物质　　　　　(D)电极质量问题

94. 下列方法能促进熔化期非金属夹杂上浮的是(　　　)。

(A)尽早造好熔化渣　　　　　　　　　(B)合理的吹氧助熔

(C)增加熔化渣黏度　　　　　　　　　(D)增加熔化渣碱度

95. 下列属于通过增大渣钢接触面积,改善脱磷的操作有(　　)。

(A)吹氧助熔　　　(B)自动流渣　　　(C)换渣　　　(D)加入石灰

96. 熔化期送电过程中采用最大功率的时期是(　　)。

(A)起弧　　　　(B)穿井　　　　(C)主熔化　　　　(D)熔末升温

97. 熔化期发生导电不良现象的原因是(　　)。

(A)有些炉料中间混杂有不易导电的耐火材料、渣铁、炉渣等

(B)炉料装得空隙太大,彼此接触不良,而造成二根电极电流断路

(C)吹氧影响了电极阴极电子发射从而使电极导电不良

(D)由于机械故障电极被卡住,造成电极不能下降,会发生类似不导电的现象

98. 熔化期发生炉料导电不良,可在导电不良的电极下方加入下列(　　)帮助起弧。

(A)生铁　　　　　　　　　　　　(B)导电性良好的小切头

(C)焦炭块　　　　　　　　　　　(D)小电极块

99. 氧化方法可分为(　　)。

(A)氧化剂氧化法　(B)吹氧氧化法　(C)综合氧化法　(D)单渣法

100. 氧化剂氧化法常用的氧化剂有(　　)。

(A)铁矿石　　　(B)氧化铁皮　　　(C)烧结球　　　(D)镁砂

101. 下列属于氧化剂氧化法特点的是(　　)。

(A)有利于去磷　　　　　　　　　(B)吸热反应,增加电耗

(C)控制不好,容易发生大沸腾　　　(D)脱碳速度快

102. 下列属于吹氧氧化法特点的是(　　)。

(A)脱碳速度快　(B)去磷速度快　(C)节约电耗　(D)促进钢水升温

103. 吹氧脱碳过程中估计钢水含碳量的方法有(　　)。

(A)炉内冒出烟尘颜色和多少

(B)炉门口喷出火星粗密或稀疏

(C)吹氧时火焰长短

(D)取样看样勺中钢液碳花的粗密、细疏和跳跃的高度

104. 对氧化期炉渣的要求有(　　)。

(A)足够的氧化性能　　　　　　　(B)合适的碱度

(C)合适的渣量　　　　　　　　　(D)良好的物理性能

105. 氧化过程的造渣应兼顾脱磷和脱碳的特点,两者的共同要求是(　　)。

(A)足够的氧化性能　　　　　　　(B)碱度3左右

(C)较大的渣量　　　　　　　　　(D)良好的流动性

106. 下列属于氧化期脱磷对炉渣要求的是(　　)。

(A)足够的氧化性能　　　　　　　(B)碱度2.5~3

(C)较小的渣量　　　　　　　　　(D)良好的流动性

107. 下列属于氧化期脱碳对炉渣要求的是(　　)。

(A)足够的氧化性能　　　　　　　(B)碱度2.5~3

(C)较小的渣量　　　　　　　　　(D)良好的流动性

108. 下列炉渣碱度和氧化铁含量对脱磷的影响正确的是(　　)。

(A)当炉渣碱度较高时,有利于脱磷

(B)当炉渣碱度较低时,有利于脱磷

(C)当炉渣氧化铁含量较高时,有利于脱磷

(D)当炉渣氧化铁含量较低时,有利于脱磷

109. 调整氧化渣流动性常用的材料有(　　)。

(A)萤石　　　　　(B)火砖块　　　　　(C)硅石　　　　　(D)石灰

110. 下列材料可以调整炉渣流动性,但会降低炉渣碱度的是(　　)。

(A)萤石　　　　　(B)火砖块　　　　　(C)硅石　　　　　(D)石灰

111. 下列属于良好氧化渣特点的是(　　)。

(A)泡沫状　　　　　　　　　　　(B)流出炉门时呈鱼鳞状

(C)溅起时有圆弧形波峰　　　　　(D)冷却后断面有蜂窝状小孔

112. 氧化期用铁棒粘渣,冷却后观察,良好氧化渣表现为(　　)。

(A)黑色,有金属光泽　　　　　　(B)断口致密,在空气中不会自行破裂

(C)前期渣有光泽,厚度 3 mm～5 mm　　　　(D)后期渣色黄,厚度较薄

113. 氧化末期扒渣条件是(　　)。

(A)温度合格　　　　　　　　　　(B)碳含量达到要求

(C)磷含量达到要求　　　　　　　(D)硫含量达到要求

114. 氧化末期扒除氧化渣以后可用作增碳的材料有(　　)。

(A)电极粉　　　　　(B)焦炭粉　　　　　(C)无烟煤　　　　　(D)炼钢生铁

115. 氧化末期净沸腾操作的目的是(　　)。

(A)钢中残余含氧量降低　　　　　(B)气体上浮

(C)夹杂物上浮　　　　　　　　　(D)脱硫

116. 氧化期造成大沸腾的原因有(　　)。

(A)加矿温度低　　　(B)加小块矿过快　　　(C)炉渣过黏　　　(D)炉料未熔清

117. 在电炉炼钢过程中,脱氧方法主要有(　　)。

(A)沉淀脱氧　　　(B)扩散脱氧　　　(C)综合脱氧法　　　(D)喷粉脱氧

118. 在常用的脱氧剂中,硅的脱氧能力大于(　　)。

(A)钛　　　　　(B)锰　　　　　(C)钒　　　　　(D)碳

119. 下列属于扩散脱氧剂的是(　　)。

(A)炭粉　　　　　(B)碳化硅粉　　　　　(C)铝粉　　　　　(D)硅铁粉

120. 下列属于复合脱氧剂的是(　　)。

(A)Si-Mn 合金　　(B)Si-Ca 合金　　(C)Si-Fe 合金　　(D)Si-Mn-Al 合金

121. 影响脱硫的因素有(　　)。

(A)炉渣碱度　　　(B)炉渣氧化性　　　(C)渣量　　　(D)温度

122. 脱硫可以在(　　)过程中进行。

(A)熔化期　　　　　(B)氧化期　　　　　(C)还原期　　　　　(D)出钢

123. 出钢过程脱硫的措施有(　　)。

(A)稀土元素脱硫　　(B)真空脱硫　　　(C)苏打粉脱硫　　　(D)喷粉脱硫

124. 降低钢中硫化物夹杂的途径有（　　）。

(A)降低入炉原料的硫含量

(B)使用合理的冶炼工艺和炉外精炼技术

(C)较低的反应温度

(D)改变硫化物夹杂的形态和分布

125. 下列属于钢液的特殊脱硫方法的是（　　）。

(A)保持炉渣的正常颜色　　　　　　(B)保持还原渣的状态

(C)强化终脱氧用铝　　　　　　　　(D)强化出钢方式

126. 调整炉渣流动性的方法有（　　）。

(A)提高温度　　　(B)加入萤石　　　(C)加入硅石　　　(D)加入石灰

127. 正常情况下，还原期造白渣时，炉渣颜色的变化过程中可能包括的颜色有（　　）。

(A)棕　　　　　(B)黑　　　　　(C)黄　　　　　(D)白

128. 还原期白渣转变为电石渣，炉渣的颜色变化过程可能包括的颜色有（　　）。

(A)深灰带黑　　　(B)灰色　　　　(C)灰白色　　　(D)白色

129. 电炉还原渣冷却后如没有粉化，说明渣中（　　）含量较高，碱度较低，应予调整。

(A)二氧化硅　　　(B)氧化锰　　　(C)氟化钙　　　(D)氧化铁

130. 电炉还原渣颜色较黑，说明渣中（　　）含量较高。

(A)二氧化硅　　　(B)氧化锰　　　(C)氟化钙　　　(D)氧化铁

131. 电炉还原渣冷却后呈黑色玻璃状，说明渣中（　　）含量高，碱度低。

(A)二氧化硅　　　(B)氧化锰　　　(C)氟化钙　　　(D)氧化铁

132. 强电石渣与氧化渣的区别在于（　　）。

(A)氧化渣色黑而发亮，强电石渣呈黑色，有时带有白色条纹

(B)电石渣遇水后分解出难闻的乙炔气体，氧化渣遇水无反应

(C)冷却后电石渣较致密，氧化渣较疏松

(D)打开炉门时，如是氧化渣炉内较清楚，如是电石渣则炉内模糊看不清

133. 还原渣颜色对控制钢液成分有很大影响。如黑渣出钢容易（　　）。

(A)增碳　　　　　(B)降硅　　　　(C)降铝　　　　(D)降镍

134. 下列属于传统电炉出钢条件的是（　　）。

(A)化学成分合格　　　　　　　　　(B)出钢温度合乎要求

(C)钢液脱氧必须良好　　　　　　　(D)熔渣的流动性和碱度要合适

135. 出钢时渣量不足会造成（　　）。

(A)钢液吸气严重　　　　　　　　　(B)钢液温度下降过快

(C)钢液粘包底　　　　　　　　　　(D)浇注量不足

136. 下列属于出钢前需要做好的准备是（　　）。

(A)提前准备好钢包和浇注系统　　　(B)保证设备运转正常

(C)出钢口畅通　　　　　　　　　　(D)出钢槽平整

137. 偏心底出钢电弧炉熔氧期加入的（　　）等合金，保证其成分不大于成品要求。

(A)镍　　　　　　(B)钼　　　　　(C)铝　　　　　(D)硅

138. EBT电弧炉留钢留渣技术的作用有（　　）。

(A)利于提前供氧　　　　　　　　　　(B)提前成渣,利于脱磷

(C)提高 EBT 自流率　　　　　　　　　(D)缩短冶炼周期

139. 电炉的 EBT 自流率低对冶炼的影响有(　　　)。

(A)降低电炉的生产率　　　　　　　　(B)增加能源消耗

(C)增加原材料消耗　　　　　　　　　(D)存在安全隐患,降低钢水质量

140. 偏心底出钢电弧炉出钢前碳含量,考虑后期(　　　)所带入的碳后不大于规格要求。

(A)合金　　　　　(B)电极　　　　　(C)造渣材料　　　　　(D)包衬

141. 精炼渣的成分中,具有脱氧作用的是(　　　)。

(A)CaO　　　　　(B)$CaCO_3$　　　　　(C)SiC　　　　　(D)Al

142. 精炼渣的成分中,具有发泡作用的是(　　　)。

(A)CaO　　　　　(B)$CaCO_3$　　　　　(C)$BaCO_3$　　　　　(D)Al

143. 精炼渣的成分中,具有调整炉渣碱度作用的是(　　　)。

(A)CaO　　　　　(B)CaF_2　　　　　(C)SiO_2　　　　　(D)Al

144. LF 吹氩搅拌的目的是(　　　)。

(A)均匀钢水的成分和温度　　　　　　(B)强化钢渣反应

(C)加快夹杂物的去除　　　　　　　　(D)去磷

145. LF 炉精炼常用的扩散脱氧剂有(　　　)。

(A)硅铁粉　　　　　(B)炭粉　　　　　(C)铝粒　　　　　(D)碳化硅粉

146. 下列材料中可作为硫化物夹杂变形剂的有(　　　)。

(A)Zr　　　　　(B)Ca　　　　　(C)Al　　　　　(D)RE

147. LF 钢包精炼钢水升温操作特点有(　　　)。

(A)采用短电弧　　　　　　　　　　　(B)采用吹氩搅拌

(C)采用埋弧操作　　　　　　　　　　(D)控制渣层厚度

148. LF 精炼过程中,钢液的温度变化依次是(　　　)。

(A)降温　　　　　(B)升温　　　　　(C)保温　　　　　(D)恒温

149. 目前,不锈钢二次精炼工艺设备主要以(　　　)为主。

(A)AOD　　　　　(B)VOD　　　　　(C)LF　　　　　(D)VD

150. 在电炉炼钢取样过程中,关于取样部位说法正确的是(　　　)。

(A)一般是在炉门至 2# 电极中间　　　(B)一般是在炉门至 3# 电极中间

(C)熔池深度的三分之一左右　　　　　(D)熔池深度的二分之一左右

151. 常用国际起重作业指挥信号有(　　　)等几种方式。

(A)手势信号　　　　(B)旗语信号　　　　(C)传递信号　　　　(D)音响信号

152. 临时用电组织设计及变更用电时,必须履行(　　　)程序。

(A)编制　　　　　(B)审核　　　　　(C)批准　　　　　(D)传阅

153. 配电柜(总配电箱)应装设(　　　)保护电器装置。

(A)电源隔离开关　　　　　　　　　　(B)短路

(C)过载　　　　　　　　　　　　　　(D)漏电

154. 质量管理体系对记录要求有(　　　)。

(A)记录应建立并保存,以提供符合要求和质量管理体系有效运行的证据

(B)记录应保持清晰、易于识别和检索

(C)程序文件应规定记录的标识、贮存、保护、检索

(D)程序文件应规定记录的保存期限和处置方法

155. 质量管理体系要求组织通过( )途径处置不合格品。

(A)采取措施,消除已发现的不合格品

(B)经有关授权人员批准,适用时经顾客批准,让步使用、放行或接收不合格品

(C)采取措施,防止其原预期的使用或应用

(D)可以混入合格品放出

四、判断题

1. 溶液百分比浓度的计算公式为:溶液的质量百分比浓度＝溶质质量/溶液质量×100%。( )

2. 能量可以从一种形式转变为另一种形式,但人们不可能创造能量或消灭能量。( )

3. 氧化期的送电制度与熔化期不同。( )

4. 耐火材料的使用性能是指耐火材料在高温下使用时所具有的性能。( )

5. 高速工具钢适合制作 600℃ 以下的高速切削工具,如钻头、铣刀、车刀及冷冲模等。( )

6. 铸钢力学性能的各向异性很显著。( )

7. 钢的吸振性、耐磨性、流动性和铸造性能都较铸铁差。( )

8. 铸铁的性能往往稍逊于成分相近的锻钢。( )

9. 碳、铁和合金元素是钢的基本组元。( )

10. 含硅为 1.0%~4.5%、含碳量低于 0.03% 的硅合金钢叫硅钢。( )

11. 高速钢也叫锋钢,是含钨、钼、铬和钒等元素的高合金工具钢。( )

12. 制造金属结构、机器设备的碳钢称结构钢。( )

13. 不锈钢永远不会生锈。( )

14. 典型的不锈钢含铬在 12% 以上,但不含有其他合金元素。( )

15. 铸钢牌号标注时,当微量元素的平均含量小于 0.5% 时,要求标注其元素符号,且名义含量标注为1。( )

16. 生铁不易切割,因其含碳量较高。( )

17. 金属的冷却速度越大,获得的晶粒就越细。( )

18. 位错就是已滑移区和未滑移区在滑移面上的边界线。( )

19. 晶粒越细小,则强度和硬度越高,同时塑性和韧性越差。( )

20. 金属的晶粒大小对金属的性能无影响。( )

21. 原子直径差别愈大,溶质在溶剂中的溶解度就愈小。( )

22. 自发形核是在过冷液相中完全依结构起伏和能量起伏而实现的形核。( )

23. 只有小于临界半径的晶胚才能成为晶核。( )

24. 结晶时冷却速度愈小,相图的结晶温度间隔愈大,将增加比重偏析的程度。( )

25. 比重偏析可以通过热处理来消除或减轻。( )

26. 熔渣透气性随温度升高而升高,即温度升高,熔渣透气性升高。( )

27. 熔渣具有表面张力的性质,它主要影响渣钢间的物化反应及熔渣对夹杂物的吸附。( )

28. 一般来说,电炉炼钢中氧化渣的表面张力大于还原渣的表面张力。( )

29. 白渣中有正硅酸钙存在,冷却时会发生体积增大,使炉渣粉化。( )

30. 碱性渣透气性好,使钢水不易吸收有害气体。( )

31. 虽然炉渣中某些组分的熔点高于炼钢温度,但在多种组分形成的多元复合物的熔点则低于炼钢温度而呈熔融状态。( )

32. 碳钢中,硫改善了钢液的流动性,磷降低了钢液的流动性。( )

33. 当硫含量大于 0.060% 以后,钢的耐腐蚀性能才引起恶化。( )

34. 在 $\alpha(FeO)$ 一定时,随着温度的升高,钢液中 [O] 的含量也提高,即熔渣钢液的氧化能力提高。( )

35. 在电炉的炼钢过程中,铁在红热状态就能够被氧气氧化。( )

36. SiO_2 是既溶于钢液又溶于炉渣的酸性氧化物。( )

37. 不论直接氧化还是间接氧化,硅的氧化都是放热反应,并随着温度的升高程度减弱。( )

38. 镍对钢性能的影响,在固溶强化、提高淬透性等方面与铬有相似的作用。( )

39. 钢液脱硫的基本原理是:把溶解于钢液中的硫变为在钢液中不溶解的相,并使之进入渣中或经熔渣再向气相逸出。( )

40. 夹杂物在钢中的分布特性在大多数情况下往往比夹杂物总量危害性更大。( )

41. 一般钢中硫化物夹杂的增高,对抗拉强度、屈服强度及延伸率影响不太大,但对断面收缩率及冲击值却有明显的影响。( )

42. 钢中非金属夹杂物主要是钢的脱氧产物和二次氧化产物,以及混入钢中的炉渣、耐火材料等。( )

43. 钢中非金属夹杂物一般含量极少,通常小于万分之一,故对钢的质量影响极小。( )

44. 尽力降低钢中非金属夹杂物,消除它可能带来的有害因素,是炼钢生产中的重要任务之一。( )

45. LF 钢包精炼造高碱度还原渣,电弧加热,氩气搅拌,保持还原性气氛,进行埋弧精炼。( )

46. 炉外精炼的基本功能就是弥补电炉冶炼钢液的不足。( )

47. 浇注通常按高温快注、低温慢注的原则进行控制。( )

48. 为防止铸件产生气孔,增加脱氧用铝是唯一的办法。( )

49. 目前国内铸造用砂中,水玻璃砂是较环保的型砂。( )

50. 电弧炉对炉门的要求是:结构严密、升降简便灵活、牢固耐用,同时各部分便于拆装。( )

51. 炉盖旋出或开出机构的作用是将炉盖开启以便从炉顶加入炉料。( )

52. 硅砖炉盖多用于碱性炉。( )

53. 为了防止炉盖圈变形,需要通水冷却。( )

54. 电弧炉水冷装置发生漏水,对钢水无任何影响。( )

55. 电弧炉采用水冷炉盖后,因炉盖造成的热损失就会消除。( )

56. 电炉的所有水冷构件和进出水水管都应安装在钢水面以上,以免漏钢时遭受损坏和引起事故。( )

57. 隔离开关只能在没有负荷时才能进行操作。( )

58. 电弧炉液压传动电极升降机构,调节进出油的流速就可调节升降速度。( )

59. 电弧炉电动传动电极升降机构,用电动机通过减速机拖动齿轮齿条或卷扬筒、钢丝绳,从而驱动立柱、横臂和电极升降。( )

60. 电极夹头内部通水冷却,可保证强度、减少膨胀,但增加氧化和提高电阻。( )

61. 电极夹持器在高温下工作,受热后会发生膨胀,卡抱电极会更紧。( )

62. 电极夹持需要用水冷却,以减少其氧化,并保证牢固地夹住电极。( )

63. 倾炉机构摇架和水平底座上的导钉孔和导钉的作用是为了防止摇架和水平底座发生相对滑动。( )

64. 底倾机构的优点是稳定度大。( )

65. 电弧炉的电气设备主要分为主电路和电极升降自动调节系统两大部分。( )

66. 变压器发热会使绝缘材料老化,降低变压器的使用寿命。( )

67. 在强迫油循环冷却式变压器中为了保证冷却水不致因油管破裂而渗入管内,油压必须小于水压。( )

68. 电抗器并联在变压器的高压侧。( )

69. 感应电炉炼钢工艺比较简单。( )

70. 感应电炉炼钢速度慢。( )

71. 炼钢废钢中不能混有两端封闭的管状物及封闭容器。( )

72. 炉外精炼设备所用耐火材料的品种和质量,对钢液质量影响不大。( )

73. Fe-Si 中[Si]含量从 45% 至 75% 均有。( )

74. 石灰含 CaO 越高越好,其他杂质应尽量少,尤其碳含量不应高于 0.040%。( )

75. 炼钢不允许使用石灰粉末,其吸收大量水分,使钢中含氢量和含氮量增加。( )

76. 必须使用新焙烧的石灰炼钢,而且使用时应烘烤,含水量应小于 0.5%。( )

77. 电弧炉炼钢采用的造渣剂主要是炭粉、萤石、石灰。( )

78. 铁矿石的主要成分是 Fe_2O_3 和 Fe_3O_4。( )

79. 含硅在 50%~60% 左右的硅铁极易粉化,而且排出磷化氢、硫化氢等有毒气体,甚至会引起爆炸。( )

80. 电炉在整个冶炼过程中,氧化期吹氧烟气量最大,其次是熔化期。( )

81. 铅的密度大,熔点低,不溶于钢液,废钢中含有铅,易沉积在炉底缝隙中造成漏钢事故。( )

82. 锌的熔点低,极易挥发,氧化产物氧化锌会侵蚀炉盖耐火材料,对炉盖的危害大。( )

83. 在相同的冶炼条件下,石灰的熔化速度慢以及过多的消耗萤石都会加剧对炉衬的侵蚀。( )

84. 炉衬工作层是容纳钢液和炉渣的部位,直接与钢渣接触,热负荷高,化学侵蚀严重,机械冲刷作用强烈,极易损坏。( )

85. 渣线的高温区受到的损坏最轻。( )

86. 出钢槽的长短和形状对钢水温度降低和钢水二次氧化有显著影响。(　　　)

87. 钢包烘烤前,启动风机,空气阀门开至最大,对整个系统进行吹扫。(　　　)

88. 钢包烘烤过程中,第一次点火失败,须开大空气阀门吹扫 1 min 后,重新点火。(　　　)

89. 超过一周未使用的周转钢包与正常周转使用的钢包使用前烘烤时间相同。(　　　)

90. 烤包结束后,先关闭风机,然后关闭燃气阀门,并打开包盖。(　　　)

91. 钢包烘烤过程中,如发生故障熄火,应马上关闭燃气阀门。(　　　)

92. 装配塞杆的铁芯使用次数一般不超过 15 次。(　　　)

93. 塞头及袖砖使用前要详细检查,凡有裂纹、砖型不正、尺寸不符等缺陷的可酌情使用。(　　　)

94. 电炉炼钢熔池内部脱碳反应产生的一氧化碳气泡是电炉脱除氢、氮的最经济、最有效的手段。(　　　)

95. 电炉配碳量过高会使渣中氧化铁增加,会给炉衬带来负面影响。(　　　)

96. 油脂是碳氢化合物,在高温下会分解成碳和氢,被钢水吸收。(　　　)

97. 炉料上沾有大量油污,冶炼高温下全被烧掉,不会影响钢的质量。(　　　)

98. 入炉废钢料的块度可以不作要求。(　　　)

99. 入炉合金料块度越小越好。(　　　)

100. 进行配料作用不大。(　　　)

101. Fe-Ni、Fe-Mo 应在还原期加入。(　　　)

102. 合金加入顺序一般遵循先加熔点高、不易氧化合金,再加熔点低、易氧化合金的原则。(　　　)

103. 配料时磷和硫原则上是越低越好。(　　　)

104. 炉料中磷、硫含量高则冶炼时间长。(　　　)

105. 开炉前对所有水冷系统和液压系统要进行详细的检查,有无漏水、漏油、堵塞现象。(　　　)

106. 薄补的目的是为了保证耐火材料良好的烧结。(　　　)

107. 烤包过程中,操作者可以在点火后离开现场。(　　　)

108. 钢铁料的搭桥现象使吹氧助熔的时间延长,吹氧的难度增加。(　　　)

109. 熔化期钢水温度较低(1 500℃～1 540℃),所以能否提前脱磷的关键在于造好熔化渣。(　　　)

110. 熔化期采用氧气助熔,那么熔化所需的总电能会降低。(　　　)

111. 熔化期的化学反应,都是吸热反应。(　　　)

112. 熔化初期形成的炉渣碱度很低。(　　　)

113. 当电极不起弧放置电极块或焦炭无用时,应将不导电的炉料吊出。(　　　)

114. 氧化期脱碳不是目的,而是作为沸腾熔池,去除钢液气体(氢和氮)及夹杂物的手段,以达到清洁钢液的目的。(　　　)

115. 氧化剂氧化法是一种直接氧化法。(　　　)

116. 炼钢过程中,只要碳氧反应进行,钢中的气体含量就会逐步减少。(　　　)

117. 氧化期脱磷过程中,钢液的含硫量会增加。(　　　)

118. 脱碳速度越大,对钢液的净化效果越好。(　　　)

119. 为了尽快扒除炉渣,在炉渣上撒一些炭粉,使炉渣起泡沫,这样有利于扒渣操作。( )

120. 氧化期的渣量是根据脱碳任务而确定的。( )

121. 氧化渣过稀,不仅对脱磷不利,而且钢液难于升温,对炉衬侵蚀加剧。( )

122. 氧化前期造高碱度渣,大渣量去磷,后期低碱度,薄渣脱碳。( )

123. 氧化期渣量一般控制在 3％~5％。( )

124. 不好的氧化渣取样观察,炉渣表面粗糙呈浅棕色,表明渣中氧化钙太低。( )

125. 沉淀脱氧是直接在钢液中进行的脱氧,速度很快,且操作简便,但是有一部分脱氧产物残留在钢液中,影响钢的纯净度。( )

126. 综合脱氧是在还原过程中交替使用沉淀脱氧与扩散脱氧,可充分发挥两者优点,弥补其不足,是一种比较理想的脱氧制度。( )

127. 扩散脱氧比沉淀脱氧速度快。( )

128. 在电炉炼钢中,主要应用扩散脱氧对钢液进行预脱氧和终脱氧。( )

129. 锰铁的用途主要是用于沉淀脱氧和合金化。( )

130. 电炉炼钢中,氧化顺序在铁以后的元素(如镍、铜等元素)不能作脱氧剂,也不能被氧化去除。( )

131. 脱硫反应是通过炉渣进行的,渣中含有 CaO 是脱硫反应的首要条件。( )

132. 在电炉还原期中,随着渣中 FeO 浓度的升高有利于脱硫反应的进行。( )

133. 提高钢、渣温度可以改善其流动性,提高硫的扩散速度,从而加速脱硫过程。( )

134. 在电炉还原期,炉渣强烈脱氧的同时可发生如下反应:$[FeS]+(CaO)+C \Longrightarrow (Fe)+(CaS)+(CO)$。( )

135. 在还原过程中,应勤搅拌、常测温,促使温度和成分均匀,调整好配电参数。( )

136. 还原期造渣时要将扩散脱氧剂一次性加入,促进白渣快速形成。( )

137. 还原期白渣颜色稳定而且保持时间长,才能说明钢液的脱氧良好。( )

138. 白渣法适于冶炼含碳量较低的钢种。( )

139. 电石渣的脱氧能力比白渣弱。( )

140. 电石渣不适于冶炼低碳钢。( )

141. 碱性炉渣随着炉渣氧化性的高低而呈现不同的颜色,所以渣色是炉渣与钢液脱氧程度的标志。( )

142. 控制好渣的黏度,控制钢液的温度和钢液的成分,就能达到快速去硫的效果。( )

143. 硅铁加入后,一般要在 5~15min 内出钢,太长会吸收气体,硅还会烧损。( )

144. 电石渣黏附力强,有很强的脱氧脱硫能力,故硫高时应在电石渣下出钢,对钢质量有利。( )

145. 脱氧不良的钢或用脱氧能力差的脱氧剂作终脱氧的钢,在炉内产生的夹杂物较多。( )

146. 出刚降温和钢包中停留降温与时间多少有关,与钢液量大小无关。( )

147. 炉渣和温度未达到要求,但经值班和监督人员批准可以出钢。( )

148. 对于出钢缓慢或钢包烘烤条件差的电炉,确定的出钢温度要偏高些。( )

149. 用铝做终脱氧剂可控制钢液的二次氧化及减少铸件产生的气孔。（　　）

150. 熔氧期供电针对冶炼不同阶段特点把握有利的加热条件,选定合理的电压、电流。（　　）

151. 偏心底电弧炉冶炼过程中,最后调温阶段,采用最大功率冶炼。（　　）

152. EBT 电弧炉装料前向料罐加入料重 2% 左右的石灰,保证每批废钢熔化同时形成部分炉渣,参与化学反应。（　　）

153. EBT 电弧炉采用留钢留渣操作,留钢量 10%～15%。吹氧切割红热状态废钢,向早期的局部熔池吹氧,快速熔化炉料。（　　）

154. EBT 电弧炉没有留钢留渣操作的炉次,熔池形成后及时吹氧助熔,以促进泡沫渣形成。（　　）

155. EBT 电弧炉在磷达到要求的情况,熔氧后期应以吹氧升温操作为主。（　　）

156. EBT 电弧炉熔氧后期如磷高,可加大吹氧量迅速升温,促进气体的和夹杂物的去除。（　　）

157. EBT 电弧炉出钢操作时要保证炉体倾动速度合适,保证出钢口上面的钢水深度基本不变。（　　）

158. 熔氧结合工艺即将熔化与氧化结合为一个连续的过程。（　　）

159. 采用熔氧法冶炼钢,能有效地缩短炼钢周期,节省电能。（　　）

160. 在出钢过程中,钢液会进一步吸收气体,并被空气中的氧二次氧化。（　　）

161. LF 炉升温时电流越大越好。（　　）

162. LF 炉加热时,电压越大,电弧越长。（　　）

163. LF 钢包精炼炉在精炼初期化渣升温时,由于钢水温度低,应采用最大功率升温。（　　）

164. LF 增碳时,将碳粒加入氩气翻腾处,使成分均匀,碳收得率稳定。（　　）。

165. 喂线要求铝线铝含量 99% 以上。（　　）

166. LF 钢包进入加热工位以后,钢水温度是一个逐步上升的过程。（　　）

167. 气泡在液体中的上浮速度主要取决于浮力、黏性阻力和表面张力。（　　）

168. 钢包吹氩过程中氩气的流量和压力越大越好。（　　）

169. LF 精炼过程中,钢水先后经历降温、恒温、升温、保温几个阶段。（　　）

170. LF 炉精炼初期升温速度可达到 3 ℃/min～4 ℃/min。（　　）

171. 炼钢应作详细记录,以便总结经验和进行经济核算。（　　）

172. 电炉炼钢的特点就是熔池各部分的温度和成分是不均匀的,所以,取样前首先需要充分搅拌熔池。（　　）

173. 炼钢过程中最为科学的取样方法是取样器取样。（　　）

174. 钢液脱氧结束后,做圆杯试样,凝固后表面平静或有不同程度的收缩,说明钢液脱氧良好。（　　）

175. 在所有测温装置中光学高温计测温最准确。（　　）

五、简 答 题

1. 电弧炉炼钢的基本原理是什么?

2. 结构钢氧化法冶炼工艺主要包括哪些内容?

3. 电弧炉炉壁耐火材料有哪几部分?

4. 影响炉衬使用寿命的主要因素有哪些?

5. 为什么渣线处镁碳砖侵蚀严重?

6. 电炉炉底工作层是什么材质的?

7. 电炉炉底合成料应该具备哪些技术特征?

8. 硅铁加入量大时为什么必须长时间烘烤?

9. 硅铁加入量大时为什么加石灰?

10. 为什么对废钢的块度要有一定要求?

11. 为什么对造渣料的块度要有一定要求?

12. 简述炉内正确的布料方法及原因。

13. 怎样处理不导电现象?

14. 一般造成电极与电极夹头内壁接触不良的原因是什么?

15. 当发现电极夹头与电极接触处冒火后处理方法是什么?

16. 为什么塌料以后会造成大沸腾现象?

17. 炉衬镁砖进入熔池如何处理?

18. 简述钢液脱碳的目的。

19. 防止磷出格可采取哪些措施?

20. 加矿氧化有什么特点?

21. 吹氧氧化有什么特点?

22. 炼钢时加小块矿和大块矿有什么不同的作用?

23. 为什么开始加矿氧化时要规定一定的温度?

24. 为什么氧化期的脱碳速度不能过慢?

25. 一般要求吹氧脱碳速度是多少,目的是什么?

26. 什么是钢液净沸腾?

27. 什么是锰沸腾?

28. 氧化期的操作原则是什么?

29. 氧化期的基本过程有哪些?

30. 为什么有时氧化后期的炉渣会变得黏稠?

31. 沉淀脱氧有什么特点?

32. 脱硫、脱磷对炉渣要求的相同点和不同点各是什么?

33. 碳高磷高时如何脱磷?

34. 加矿石会引起大沸腾的原因是什么?

35. 为什么规定除渣时的钢水成分?

36. 为什么还原初期石灰不能一次加入过多?

37. 写出脱硫反应方程式。

38. 炼钢过程中哪几个阶段可以去硫?

39. 还原期怎样通过烟的颜色来判断渣的情况?

40. 用钢棒粘渣,冷却后观察,良好白渣有哪些表现?

41. 简述硫出格的原因。

42. 白渣形成后又发生变化是什么原因？操作上应如何处理？

43. 稀薄渣下为什么不允许吹氧？

44. 为什么防止高温钢？

45. 稀土元素如何加入？

46. 一般降低钢中氧化物夹杂的途径有哪些？

47. 简述钢中夹杂物的来源。

48. 泡沫渣如何形成？

49. 为什么高碳钢比低碳钢容易脱硫？

50. 电炉加料前为什么不能加入较多的氧化剂？

51. 炉底残余冷钢难熔的原因是什么？

52. 消除炉底残余冷钢难熔现象的方法是什么？

53. 如何从电极孔的火焰判断熔池内碳含量？

54. 泡沫渣乳化以后的冶炼效果如何？

55. 什么叫临界碳含量？

56. 电炉的氧气压力低，为什么不允许冶炼？

57. 为什么氧化期可以通过碳火花估计钢水含碳量？

58. 怎样从碱性渣的不同颜色判断氧化性强弱？

59. 怎样从碱性渣不同颜色判断还原性强弱？

60. EBT 不自流为什么不能从上面烧氧？

61. EBT 出钢口上部出钢砖侵蚀严重为什么必须修补或更换？

62. LF 钢包精炼炉生产实践中，为什么铝是较常用的脱氧剂？

63. 喂铝线时影响铝收得率的因素有哪些？

64. LF 精炼时为何停止加热渣表面短时间就变黑？

65. LF 钢包精炼炉埋弧渣形成方式可分为哪两类？

66. VD 法具有哪些精炼功能？

67. 什么是真空脱氧？

68. 电弧炉怎样取样才能更有代表性？

六、综 合 题

1. 试计算冶炼 1Cr13 钢 0.8 t，炉前分析结果 Cr 为 5%，用 68%的铬铁，收得率为 95%，需加多少铬铁（要求写出基本计算公式）？

2. 某炉 ZG310-570 炉中成分为：[Mn]0.55%、[Si]0.18%，加入 25kgFe-Mn 和 20kg Fe-Si后，成分为：[Mn]0.68%、[Si]0.30%。试计算：Fe-Si、Fe-Mn 的收得率（出钢量按 12t 算，Fe-Mn 中[Mn]65%，Fe-Si 中[Si]75%，要求写出基本计算公式）。

3. 冶炼 ZG310-570，钢液重量 30 000 kg，控制成分锰 0.65%，炉中成分锰 0.25%，Fe-Mn 收得率 98%，Fe-Mn 中含锰 65%，计算 Fe-Mn 加入量（要求写出基本计算公式）。

4. 钢液量 30 000 kg 需加入渣料总量为钢液量 3%，渣料的配比为石灰∶萤石∶火砖块＝4∶1∶1，计算总渣料加入量及石灰、萤石和火砖块各自的加入量。

5. 冶炼 2Cr13 钢,钢液量 33 000 kg,控制成分铬 13.2%,炉中成分铬 12.4%,Fe-Cr 收得率 95%,Fe-Cr 中含铬 65%,计算 Fe-Cr 加入量(要求写出基本计算公式)。

6. 用氧化法冶炼 40 钢,设炉料重 35 000 kg,还原期炉中分析:$\omega(C)=0.36\%$、$\omega(Cr)=0.65\%$,问加入多少高碳 Fe-Cr 和低碳 Fe-Cr 才能使钢中 $\omega(C)=0.38\%$、$\omega(Cr)=0.95\%$(高碳 Fe-Cr 含铬 70%、含碳 7%,低碳 Fe-Cr 含铬 65%、含碳 0.3%,炉料收得率按 95% 计算,高碳 Fe-Cr 和低碳 Fe-Cr 中碳、铬的收得率均按 100% 计算)?

7. 钢材火花鉴别的原理是什么?

8. 为什么还原期炉子要封闭好?

9. 炉前加料时应注意哪些安全问题?

10. 怎样保护炉底、炉坡?

11. 合金材料的管理工作包括哪些内容?

12. 镍铁和钼铁为什么在熔化期就可以加入?

13. 为什么氧化法炼钢时吹氧脱碳速度高?

14. 怎样防止硅出格?

15. 论述硫出格防范措施。

16. 为什么反对在还原期停电?

17. 吹氧助熔的作用主要有哪些?

18. 论述还原期钢液温度控制的重要性。

19. 论述还原期钢水脱氧过程。

20. 如何防止还原期碳高?

21. 炼钢使用萤石的作用是什么?

22. 电炉炼钢对萤石有哪些要求,用萤石调渣时要注意什么?

23. 为什么电极夹头与电极接触处会发生冒火、漏水现象?

24. 为什么渣线部分的炉衬侵蚀得最严重?

25. 什么是钢包中钢液温度连续测定,有什么意义?

26. 为什么要保持一定的白渣时间,而且一定要在白渣下出钢?

27. 为了缩短冶炼周期,冶炼操作中的关键环节需要控制哪些方面?

28. EBT 电弧炉的留钢、留渣技术有哪些作用?

29. EBT 电炉钢水不自流的危害主要是什么?

30. EBT 堵塞以后如何处理?

31. LF 精炼时如何做到埋弧加热?

32. LF 钢包精炼炉钢水升温操作有何特点?

33. LF 钢包精炼调成分、脱硫阶段,如何供氩,为什么?

34. 为什么出钢前要做好炉盖和出钢槽的清洁工作?

35. 如何安全地进行测温取样的操作?

电炉炼钢工(中级工)答案

一、填空题

1. 扩散
2. 溶剂
3. 溶解度
4. 钢
5. 优质合金钢
6. 硅元素
7. 力学性能
8. 韧性
9. 镍、铬不锈钢
10. 铁碳状态
11. γ铁
12. 珠光体
13. 莱氏体
14. 碳含量
15. 严格控制成分
16. 晶界面积
17. 强度和硬度
18. 自发形核(或均质形核)
19. 冷却速度
20. 冷却
21. 表面淬火
22. 高温回火
23. 透气性
24. 氧
25. 1.87
26. 碱度
27. 水分
28. 热脆
29. 冷脆
30. 铁素体
31. 夹杂物
32. 夹杂物析出
33. 金相评级法
34. 上浮
35. FeO
36. Fe_3P
37. 化学反应热
38. 热损失
39. 导热系数
40. 使用寿命
41. 水路畅通
42. 重熔
43. 不锈钢
44. 冶炼
45. 较低
46. 质量较小
47. 不加长短网
48. 水冷式
49. 电气设备
50. 主电路
51. 低压短网
52. 真空断路器
53. 铜损
54. 温升
55. 布袋除尘器
56. 隔离开关
57. 液压传动
58. 加工良好
59. 出钢箱
60. 含碳量
61. 收得率
62. $CaCO_3$
63. 合金化
64. 低碳锰铁
65. 非金属夹杂物
66. 复合脱氧剂
67. 碱性耐火材料
68. 抗渣性
69. 化学侵蚀
70. 水压
71. 异形砖
72. 竖砌
73. 绝热保温
74. 组成
75. 1
76. 4
77. 800℃
78. 耐火泥浆
79. 螺纹
80. 导电和导热
81. 熔清
82. 余热
83. 电弧越长
84. 杂质
85. 弧光
86. 生铁
87. 氧化
88. 含氮量
89. 浅插钢水
90. 升高
91. 布料方法
92. 含碳量
93. 全扒渣
94. 氧化期
95. 去磷
96. 综合脱碳法
97. 直接氧化法
98. 氧化剂
99. 较快
100. 较慢
101. 去气速度
102. 颜色
103. 火焰长短
104. 粗密
105. <0.10%
106. 去磷
107. 去磷
108. 降温
109. 变稠
110. 稀释
111. 化学成分
112. 预脱氧
113. 熔渣
114. 特有
115. 吹氩搅拌
116. 扩散脱氧
117. 脱氧能力
118. 脱氧操作工艺
119. 粉化
120. 复合脱氧剂
121. 重新氧化
122. 炭粉

123. [FeS]＋(CaO)＝(FeO)＋(CaS)　　124. FeS　　　　125. CaS

126. 高温　　　　127. 碳-硅粉白渣　　128. 2％～4％　　129. 换渣

130. 0.02％～0.04％　131. 稳定成分　　132. 喂铝线法　　133. 增碳

134. 起弧阶段　　135. 满功率　　　136. 泡沫渣　　　137. 磷

138. 泡沫化　　　139. 高氧化性　　140. 换渣操作　　141. 先慢后快

142. 泡沫渣　　　143. 水冷盘　　　144. 中下限　　　145. 脱硫

146. ±2.5℃　　147. 低功率　　　148. 3～5　　　　149. 供氧强度

150. 弱强度　　　151. 钢渣反应　　152. 1.5％～2.5％　153. 4～6

154. 勤加　　　　155. 钢包中心　　156. 1％　　　　157. 低强度

158. 钢包炉大小　159. 调整成分　　160. 终脱氧　　　161. 变性处理

162. 清理　　　　163. 150℃～240℃　164. 无渣出钢　　165. 工艺要求

166. 杠改　　　　167. 脱氧　　　　168. 偶丝　　　　169. 1 600℃～1 800℃

170. 精度高

二、单项选择题

1. B　　2. C　　3. D　　4. C　　5. B　　6. C　　7. C　　8. B　　9. C

10. B　11. C　12. A　13. C　14. A　15. C　16. D　17. C　18. A

19. C　20. A　21. C　22. C　23. A　24. A　25. B　26. C　27. C

28. C　29. B　30. C　31. B　32. B　33. A　34. C　35. A　36. B

37. B　38. C　39. A　40. C　41. D　42. A　43. A　44. B　45. B

46. D　47. D　48. C　49. B　50. C　51. B　52. C　53. A　54. D

55. C　56. A　57. C　58. A　59. D　60. A　61. C　62. B　63. C

64. C　65. B　66. B　67. A　68. A　69. B　70. D　71. B　72. A

73. B　74. B　75. C　76. B　77. C　78. A　79. B　80. A　81. C

82. B　83. C　84. D　85. D　86. D　87. A　88. C　89. A　90. A

91. B　92. B　93. B　94. B　95. A　96. A　97. A　98. B　99. A

100. B　101. B　102. D　103. B　104. A　105. A　106. A　107. C　108. A

109. C　110. A　111. C　112. B　113. A　114. C　115. A　116. CaS　117. C

118. B　119. C　120. A　121. D　122. A　123. C　124. C　125. C　126. B

127. A　128. B　129. C　130. D　131. C　132. B　133. D　134. B　135. C

136. D　137. A　138. A　139. A　140. C　141. C　142. C　143. B　144. C

145. D　146. C　147. A　148. B　149. A　150. C　151. B　152. C　153. A

154. A　155. A　156. C　157. D　158. A　159. B　160. D　161. C　162. B

163. C　164. C　165. B　166. B

三、多项选择题

1. AC　　2. AD　　3. AD　　4. AD　　5. ABC　　6. ABD　　7. ABCD

8. ABCD　9. ABCD　10. ABC　11. BCD　12. ABC　13. BCD　14. BCD

15. ACD　16. ABD　17. ABCD　18. ABC　19. ABC　20. ACD　21. AB

22. ABCD   23. AC   24. ABC   25. ABCD   26. ABCD   27. ABCD   28. ABCD
29. ABCD   30. ABD   31. ABCD   32. ABCD   33. ABCD   34. BC   35. ABC
36. ABC   37. ABCD   38. ABC   39. ACD   40. ABD   41. AB   42. ABD
43. CD   44. AC   45. AD   46. AB   47. BC   48. BCD   49. ABCD
50. BC   51. AB   52. ABCD   53. ABCD   54. ABCD   55. ABD   56. ABCD
57. ABCD   58. ABCD   59. ABCD   60. BCD   61. ABCD   62. ACD   63. ABCD
64. ABD   65. AB   66. ABCD   67. ABCD   68. ABCD   69. BCD   70. AC
71. ABCD   72. ABCD   73. ABCD   74. ABC   75. ABCD   76. ABCD   77. ABC
78. BCD   79. ABCD   80. ABC   81. ABCD   82. ABCD   83. ABCD   84. ABCD
85. ABCD   86. ABCD   87. ABCD   88. ABCD   89. ABCD   90. ABC   91. BCD
92. ABCD   93. CD   94. AB   95. ABC   96. BC   97. ABD   98. ABCD
99. ABC   100. ABC   101. ABC   102. ACD   103. ABCD   104. ABCD   105. AD
106. ABD   107. ACD   108. AC   109. ABC   110. BC   111. ABCD   112. ABCD
113. ABC   114. ABD   115. ABC   116. ABCD   117. ABC   118. BCD   119. ABCD
120. ABD   121. ABCD   122. BCD   123. ACD   124. ABD   125. ABCD   126. ABC
127. ABCD   128. ABCD   129. AB   130. BD   131. ABD   132. ABCD   133. BC
134. ABCD   135. ABCD   136. ABCD   137. AB   138. ABCD   139. ABCD   140. ABCD
141. CD   142. BC   143. AC   144. ABC   145. ABCD   146. ABD   147. ABCD
148. ADBC   149. AB   150. AC   151. ABD   152. ABC   153. ABCD   154. ABCD
155. AB

四、判 断 题

1. √   2. √   3. √   4. √   5. √   6. ×   7. √   8. √   9. √
10. √   11. √   12. ×   13. ×   14. ×   15. ×   16. ×   17. √   18. √
19. ×   20. ×   21. √   22. √   23. ×   24. √   25. ×   26. √   27. √
28. ×   29. √   30. ×   31. √   32. √   33. √   34. √   35. √   36. ×
37. √   38. √   39. √   40. √   41. √   42. √   43. ×   44. √   45. √
46. √   47. ×   48. ×   49. √   50. √   51. √   52. ×   53. √   54. ×
55. ×   56. √   57. √   58. √   59. √   60. ×   61. √   62. √   63. √
64. √   65. √   66. √   67. √   68. ×   69. √   70. ×   71. √   72. ×
73. ×   74. ×   75. ×   76. √   77. ×   78. √   79. √   80. √   81. √
82. √   83. √   84. √   85. √   86. √   87. √   88. ×   89. ×   90. ×
91. √   92. √   93. ×   94. √   95. ×   96. √   97. √   98. √   99. ×
100. ×   101. ×   102. √   103. √   104. √   105. √   106. √   107. √   108. √
109. √   110. √   111. ×   112. √   113. √   114. √   115. √   116. ×   117. ×
118. ×   119. √   120. ×   121. √   122. √   123. √   124. ×   125. √   126. √
127. ×   128. ×   129. √   130. √   131. √   132. ×   133. √   134. √   135. √
136. ×   137. √   138. √   139. ×   140. √   141. √   142. ×   143. √   144. ×
145. √   146. ×   147. ×   148. √   149. √   150. √   151. ×   152. √   153. √

154. √ 155. √ 156. × 157. √ 158. √ 159. √ 160. √ 161. × 162. √
163. × 164. √ 165. √ 166. × 167. √ 168. × 169. √ 170. × 171. √
172. √ 173. √ 174. √ 175. ×

五、简 答 题

1. 答:电弧炉是靠石墨电极和金属材料之间产生的强烈电弧供热产生高温使金属、炉渣熔化,并可适当控制炉内温度及氧化还原的气氛达到冶炼目的(5分)。

2. 答:主要内容有:补炉、配料、装料、熔化、氧化、还原、出钢(2分)。冶炼工艺中除按常规要求外,应根据钢种特点和质量要求,重点突出氧化期要求、还原造渣要求、还原合金化顺序要求、终脱氧要求及各阶段的温度控制要求(3分)。

3. 答:绝热层(石棉板)(2分),保温层(黏土砖或硅藻土砖)(1分),工作层(镁碳砖)(2分)。

4. 答:(1)高温作用及温度的急变(1分);(2)炉渣的碱度(1分);(3)机械冲击与振动(1分);(4)炉衬材质的选择及冶炼品种(1分);(5)使用过程中对炉体的维护和冶炼操作水平(1分)。

5. 答:这是因为炉渣与镁碳砖中的氧化镁反应,生成低熔点的化合物,降低了镁碳砖的耐火度(2分),加上炉渣流动的物理冲刷,所以渣线处的镁碳砖损坏得比较快(2分),特别是在靠近电弧区的渣线,由于受到高温电弧的辐射,损坏更为严重(1分)。

6. 答:材质一般是电炉炉底用合成料(1分),具有陶瓷结合,低硅,高钙,适量的铁,细粉多(2分),具有烧结层薄、烧结致密、高密度、高热态强度、良好的抗钢水渗透性及体积稳定性等特点(2分)。

7. 答:(1)快速烧结,形成坚实的工作层(2分)。(2)使用中低熔胶结相转变为高熔点相(1分)。(3)最大限度地阻止熔渣渗透并使深层材料保持适度的松散等(2分)。

8. 答:因为硅铁中有较多的氢气,必须长时间烘烤才能去除(3分)。另一方面硅铁经预热后加入,避免钢水降温过多(2分)。

9. 答:因硅铁密度较小,必然有一部分与炉渣反应,生成 SiO_2,降低了炉渣的碱度,需补加石灰保证碱度(5分)。

10. 答:入炉的废钢料,如块度过大、过重,难熔化,会延长熔化期,增大电耗,同时易造成塌料,打断电极,给操作带来困难(3分);如块度过小,会装料困难,冶炼时间长,成本增加(2分)。

11. 答:入炉的造渣材料,如块度过大,造渣速度慢(2分);如块度过小,强度会不够,易成粉末,不但浪费了造渣材料,而且在加入时对炉顶耐火材料有侵蚀(3分)。

12. 答:轻薄料要装在炉顶,以利于穿井(2分)。重料、大料要放在底部成放射状,以防止炉料搭桥造成塌料(1分)。生铁应离炉门稍远一点以便吹氧助熔,防止碳的烧损过大(1分),贴近炉底处应放小块料,以降低装料时对炉底的冲击和振动(1分)。

13. 答:如果炉料导电不良,则可在电极下方加焦炭或小电极块帮助起弧,或加入些干净的小块废钢(4分),如果属于机械故障应立即排除(1分)。

14. 答:(1)电极夹头内壁表面不平整(2分)。(2)电极夹头内壁表面沾有铜屑、灰尘等(2分)。(3)电极与电极夹头内壁接触表面曲率不同(1分)。

15. 答:(1)用砂轮磨平、锉刀磨平或锉平夹头的内表面,使其平整(2分)。(2)用钢丝刷清除夹头内壁黏附物(1分)。(3)如果烧损较厉害甚至发生漏水现象时,就应调换夹头(2分)。

16. 答:由于熔化期塌料时,突然降低钢水温度,就促使碳氧反应急剧发生,加之废钢铁表面有锈斑等更为产生汽泡提供良好条件(3分)。当塌料沸腾时,促进了渣钢接触,积累的氧化铁得以和碳起作用,也促进了大沸腾现象(2分)。

17. 答:炉衬镁砖进入熔池采用加入黏土砖碎块方法处理(2分)。黏土砖碎块具有稀释炉渣的作用,特别是对于镁砂渣的稀释作用比萤石好,价钱又便宜(3分)。

18. 答:造成钢液沸腾,可清除钢液中的气体和夹杂物,起净化钢液的作用(3分)。而且,沸腾所起的搅拌作用,可使熔池中钢液的温度和成分均匀(2分)。

19. 答:(1)保证早期形成较高碱度和较高氧化性的炉渣(1分)。(2)脱碳沸腾流渣必须良好,并不断补送新渣(1分)。(3)除渣时渣子必须彻底扒尽(1分)。(4)补加大量生铁或含磷高的合金后应注意磷含量(1分)。(5)防止还原期炉墙的塌落和炉底上浮(1分)。

20. 答:加矿氧化时氧的供应是以 FeO 的形式(1分),能使钢水沸腾均匀且范围较广,有利于去除夹杂和有害气体,也有利于去磷(2分),但是铁矿石本身也有一定的杂质,会使钢水污染,增加电耗,达到平衡所需时间较长(2分)。

21. 答:吹氧氧化时,氧气直接与钢水中的各种元素发生反应,生成的氧化铁再向渣中扩散,故不利于去磷(2分),但氧气比较纯洁,有利于提高钢的质量,反应时间又较短,吹氧还能升温,可加速冶炼速度,减少电耗(3分)。

22. 答:小块矿加入炉内易浮在渣面上,增加了渣中氧化铁,对去磷较为有利(2分),大块矿加入炉内可通过渣层浮在渣钢界面处直接接触钢水,使碳氧反应顺利进行,引起均匀有力的沸腾,有利于去除钢中气体和夹杂物(3分)。

23. 答:钢液中的碳氧反应要在一定的温度下才能大量进行,加矿温度低易产生大沸腾现象(3分)。为了能使碳氧化产生很好的沸腾,规定最低限度氧化加矿的温度大于 1560℃(2分)。

24. 答:脱碳速度过慢,熔池沸腾缓慢,钢液的吸气速度大于去气速度,起不到充分去气和去夹杂物的作用(3分),另外,脱碳速度慢,延长氧化时间,增加电耗(2分)。

25. 答:一般要求脱碳速度是 0.01%/min~0.05%/min(2分),目的是保证钢液的去气速度大于吸气速度,并能使夹杂物充分排出,保证熔池均匀激烈地沸腾(3分)。

26. 答:停止供氧,并在活跃的钢液沸腾终了后,使钢液在不继续供氧条件下,熔池中继续进行微弱的碳氧反应,产生较为平缓的沸腾,使熔池中的碳氧趋于平衡,这一阶段的沸腾通常称为净沸腾(5分)。

27. 答:在冶炼低碳钢时,由于钢中过剩氧量多,氧化末期扒渣前应使熔池中锰含量在0.2%以上,使碳不再继续被氧化,称为锰沸腾(5分)。

28. 答:在氧化顺序上,先磷后碳(2分);在温度控制上,先慢后快(2分);在造渣上,先进行大渣量去磷,脱磷的过程中适量地造渣,然后进行薄渣脱碳操作(1分)。

29. 答:炉料全熔经搅拌后,根据冶炼钢种的成分控制要求,取样分析碳、锰、硫、磷(2分)。然后进行脱碳、脱磷的操作和升温,待成分温度合适以后,扒渣进入还原期(3分)。

30. 答:氧化后期当渣量少时,强电弧光侵蚀了炉墙、渣线,使炉渣中氧化镁增加了,因此炉渣黏稠(3分)。在炉龄后期炉底、炉墙较差时,在氧化期钢液沸腾有可能侵蚀炉底、炉墙,增加炉渣中的氧化镁,也使炉渣变黏(2分)。

31. 答:脱氧剂直接加在钢水中,脱氧效率高,操作简便,成本低(4分)。若产物排不净,会玷污钢水,影响钢的质量(1分)。

32. 答:相同点:大渣量、高碱度、良好流动性(2分)。不同点:脱磷要求较低温度、强氧化性;脱硫要求高温和还原性炉渣(3分)。

33. 答:首先,控制升温速度,要低温去磷(1分)。除熔化渣造新渣,造高碱度和强氧化性炉渣,流动性要好,渣量要大(2分)。钢中磷降到小于0.025%时,吹氧去碳升温,自动流渣,再造新渣,边吹氧边流渣,磷低于成品规格一半,碳达到要求,进入还原或出钢精炼(2分)。

34. 答:(1)加矿温度过低,加入量偏大(1分)。(2)加小块矿石过多又过快(2分)。(3)熔池温度过高,加矿又过猛时,碳氧化反应过于激烈也会造成大沸腾(2分)。

35. 答:除渣时主要控制好碳和磷两个元素(1分)。因为去磷是氧化反应,只能在氧化期完成,还原期还会回磷,一但出格只能重新氧化(2分)。还原期碳高只能重氧化,碳低时增碳又会使钢液中气体、夹杂增加,温度降低,延长冶炼时间等(2分)。

36. 答:还原初期石灰加入过多会造成石灰熔化较慢,提温困难(2分),并且钢渣还原的难度增加,影响冶炼工艺的正常进行,故石灰不能够一次加入过多,只能够分批、少量、多次加入(3分)。

37. 答:$[FeS]+(CaO)\Longrightarrow(CaS)+(FeO)$(5分)。

38. 答:(1)氧化期去硫(1分)。(2)还原期去硫(2分)。(3)出钢过程去硫(2分)。

39. 答:烟色较浓呈黑灰色时是电石渣(1分),白渣或弱电石渣时烟气呈白色(2分),炉渣脱氧不良时烟气呈灰黄色(2分)。

40. 答:渣层均匀,厚约3~5 mm(1分),冷却后表面呈白色鱼子状(1分),断面白色带有灰色点或细线(1分),且疏松多孔(1分),冷却后不久会自动粉化成白色粉末(1分)。

41. 答:(1)还原期的温度不够高(1分)。(2)炉渣的流动性不好,碱度不高(1分)。(3)钢、渣反应界面小,钢液与炉渣混冲不充分(1分)。(4)钢中硫太高(1分)。(5)脱氧不良(1分)。

42. 答:炉渣的颜色不稳定、反复变化说明炉渣脱氧不良即钢液脱氧不良(2分),应进一步进行还原操作,向炉中加入扩散脱氧剂,并控制好炉渣的流动性,直到形成白渣并稳定为止(3分)。

43. 答:稀薄渣下吹氧降碳或去磷,增加了钢渣中的氧(2分),使还原任务加重,还原渣不易形成(2分),对钢质量也有影响(1分)。

44. 答:(1)气体在钢中溶解度增加,严重影响钢的质量(2分)。(2)侵蚀耐火材料,增加钢中夹杂物(1分)。(3)镇静时间长可能引起掉头、漏包,损失钢水或产生废品(1分)。(4)若渣稀,不能长时间镇静,被迫高温浇注(1分)。

45. 答:稀土金属极易氧化(2分),一般在出钢前插入钢水中(1分),也可在出钢中途加入钢包中(1分),最好是钢包中喂线形式加入(1分)。

46. 答:(1)提高原料的纯净度,最大限度地减少外来夹杂物(1分)。

(2)根据钢种要求采用合理的冶炼工艺、脱氧制度、精炼工艺(1分)。

(3)提高电弧炉、精炼炉、浇注系统耐火材料品质与性能(1分)。

(4)减少和防止二次氧化,全程保护浇注(1分)。

(5)选用合理的钢材热加工和热处理工艺(1分)。

47. 答:炉料带入的各种杂质(2分)及 Si、Mn、Al、Ti 等氧化的生成物(2分),侵蚀掉的炉衬、炉盖耐火材料等(1分)。

48. 答:足够的 CO 气体量是形成一定高度泡沫渣的首要条件(2分)。渣中 CO 主要是有碳和气体氧、氧化铁等一系列反应产生的(2分),其中碳以颗粒形式加入,或以粉状形式直接喷入(1分)。

49. 答:在相同的炼钢温度下,由于高碳钢的碳含量高,所以与钢中碳相平衡的氧含量比低碳钢低,这点对脱硫有利(3分)。另外,高碳钢的钢水流动性要比低碳钢好得多,钢水与炉渣反应比低碳钢容易进行(2分)。

50. 答:电炉的脱碳反应需要一定的温度,加入过多的氧化剂,吸热效应不仅会增加电耗(2分),并且氧化铁会在钢渣界面富集,在温度合适时发生大沸腾事故(3分)。

51. 答:(1)大块钢铁料本身比较难熔,如渣铁、大块高锰钢铸件,还有一些高熔点铁合金,如钨铁等容易沉积在炉底低温区(2分)。(2)配碳量不足,脱碳量不够,熔池搅动能力较弱,传热能力差(3分)。

52. 答:增加配碳量,提高脱碳沸腾的时间,加强熔池的搅拌(3分)。此外细化操作,在氧化期的吹氧升温要格外注意,也是很必要的,比如间歇地将氧气管子插在难熔料的区域吹氧等(2分)。

53. 答:(1)碳含量大于 0.8% 以后,火焰一般呈现浓烈的黑色或黑黄色(1分)。
(2)碳含量在 0.5%～0.8% 之间,火焰强烈,并且出现黄色或者黄白色(1分)。
(3)碳含量在 0.1%～0.3% 之间,出现乳白色或者乳黄色,火焰有力(2分)。
(4)碳含量低于 0.10% 以后,火焰飘忽不定,软弱无力(1分)。

54. 答:泡沫渣乳化后会影响石灰的溶解(1分),增加操作的难度,物理化学反应能力减弱(2分),炉渣渣样分析碱度始终偏低,渣况较稀(1分),金属的收得率大幅度降低(1分)。

55. 答:炼钢过程中的脱碳反应,当碳的浓度在一定范围内,供氧强度为一定值时,脱碳速度主要取决于碳向反应界面的扩散,这一范围的碳浓度称为临界碳含量(5分)。

56. 答:低压力的氧气吹炼时,氧气射流穿透钢渣界面的能力不足,对于熔池的搅动能力下降,极易造成渣中氧化铁富集引起的大沸腾事故(3分),此外易引起氧化期脱磷和脱碳困难,熔池升温不宜把握,冶炼成本和安全的风险较大(2分)。

57. 答:氧化期钢液含氧量较高,当钢液从炉中舀出时,温度下降,使氧与碳之间的平衡破坏,反应产生一氧化碳气体逸出,使钢液爆裂(3分)。含碳越高,产生一氧化碳越多,爆裂越厉害,火花就越多。所以从火花冒的多少可以判断钢液的含碳量(2分)。

58. 答:碱性渣随着炉渣氧化性的高低而呈现不同的颜色(2分),炉渣氧化性由强到弱依次为黑色→棕色→黄色→淡黄色→白色(3分)。

59. 答:碱性渣随着炉渣还原性的高低而呈现不同的颜色(2分),炉渣还原性由强到弱依次为灰色→灰白→白色→黄色→浅棕色(3分)。

60. 答:从上面烧氧会造成钢水飞溅,并且 EBT 平台空间狭小,出现事故不宜避险,容易造成伤亡(5分)。

61. 答:在这种情况下,易出现出钢时下渣(2分);下部出现喇叭状,散流严重(1分);填料操作以后,会造成引流砂上浮 EBT 穿钢的事故(1分);添加石灰以后,石灰有可能烧结死,

EBT 需要长时间的引流操作(1 分)。

62. 答:氧和铝的亲和力较其他脱氧元素要强,铝作为脱氧剂是极其有效的钢水脱氧剂(2 分);性价比高(1 分);添加铝还可以使钢的晶粒细化(2 分)。

63. 答:铝收得率与初炼炉出钢时钢中的碳含量(1 分)、预脱氧情况(1 分)以及钢中的铝含量有关(1 分),也与喂线速度(1 分)、渣量和炉渣氧化性有关(1 分)。

64. 答:停止加热后,渣层内温度随着时间变化不断降低(2 分)。渣表面温度降得很快,5 min 内便降到 900 ℃以下。所以在很短时间内渣表面就变黑(3 分)。

65. 答:(1)在基础渣中加一定量的发泡剂,造成精炼渣泡沫化,使炉渣休积膨胀并在较长时间内维持该状态,达到埋弧目的(3 分)。

(2)依靠加大渣量,使炉渣厚度超过电弧长度,达到埋弧精炼的目的(2 分)。

66. 答:脱氧(1 分)、脱氢、脱氮(1 分)、均匀温度(1 分)、改善夹杂物形态(1 分)、脱硫(1 分)。

67. 答:真空脱氧是指利用真空作用降低与钢液平衡的一氧化碳分压,从而降低钢液中氧质量分数的一种脱氧方法(5 分)。

68. 答:取样前,首先要充分搅拌熔池,使成分尽量均匀(2 分)。取样部位一般是在炉门至 2# 电极中间,熔池深度的 1/2～1/3 位置上(3 分)。

六、综合题

1. 答:补加合金量 $=\dfrac{\text{钢水量}\times(\text{成品成分}-\text{炉前分析成分})}{(\text{铁合金含量}-\text{成品成分})\times\text{收得率}}$(5 分)

需补加 Fe-Cr 量 $=\dfrac{800\times(13\%-5\%)}{(68\%-13\%)\times95\%}=122\text{ kg}$(5 分)

答:需补加铬铁 122 kg。

2. 答:合金加入量 $=\dfrac{\text{钢液量}\times(\text{控制成分}-\text{炉中成分})}{\text{铁合金元素成分}\times\text{收得率}}$(3 分)

收得率 $=\dfrac{\text{钢液量}\times(\text{控制成分}-\text{炉中成分})}{\text{铁合金元素成分}\times\text{铁合金加入量}}$(3 分)

Fe-Mn 收得率 $=\dfrac{12000\times(0.68\%-0.55\%)}{65\%\times25}=97\%$(2 分)

Fe-Si 收得率 $=\dfrac{12000\times(0.30\%-0.18\%)}{75\%\times20}=96\%$(2 分)

答:Fe-Mn、Fe-Si 的收得率分别为 97%、96%。

3. 答:铁合金加入量 $=\dfrac{\text{钢液量}\times(\text{控制成分}-\text{炉中成分})}{\text{铁合金元素成分}\times\text{收得率}}$(5 分)

Fe-Mn 加入量 $=\dfrac{30000\times(0.65\%-0.25\%)}{65\%\times95\%}=188\text{ kg}$(5 分)

答:Fe-Mn 加入量为 188 kg。

4. 答:总渣料加入量 $=30\,000\times3\%=900\text{ kg}$(1 分)

石灰加入量 $=30\,000\times3\%/(4+1+1)\times4=600\text{ kg}$(3 分)

萤石加入量 $=30\,000\times3\%/(4+1+1)\times1=150\text{ kg}$(3 分)

火砖块加入量 $=30\,000\times3\%/(4+1+1)\times1=150\text{ kg}$(3 分)

答：总渣料加入量为 900 kg，其中石灰加入量为 600 kg，萤石加入量为 150 kg，火砖块加入量为 150 kg。

5. 答：铁合金加入量 $= \dfrac{钢液量\times(控制成分-炉中成分)}{(铁合金元素成分-控制成分)\times收得率}$（5 分）

Fe-Cr 加入量 $= \dfrac{33\,000\times(13.2\%-12.4\%)}{(65\%-13.2\%)\times95\%} = 536$ kg（5 分）

答：Fe-Cr 加入量为 536 kg。

6. 答：炉料实重 $= 35\,000\times95\% = 33\,250$ kg（1 分）

从碳的角度出发求高碳 Fe-Cr 加入量。

铁合金加入量 $= \dfrac{钢液量\times(控制成分-炉中成分)}{(铁合金元素成分-控制成分)\times收得率}$（3 分）

高碳 Fe-Cr 加入量 $= 33250\times(0.38\%-0.36\%)/(7\%-0.38\%) = 100$ kg（3 分）

高碳 Fe-Cr 加入后钢中铬含量：

Cr 含量 $= (33\,250\times0.65\%+100\times70\%)/(33\,250+100) = 0.86\%$（2 分）

低碳 Fe-Cr 加入量 $= 33\,250\times(0.95\%-0.86\%)/(65\%-0.86\%) = 47$ kg（3 分）

答：应加高碳 Fe-Cr 100 kg，低碳 Fe-Cr 47 kg。

7. 答：它是将需检查的钢材，以一定的压力接触在旋转的砂轮上，由于砂轮的磨削作用把一些金属粉粒从钢材表面磨下来，并沿砂轮的切线方向高速飞出（3 分）。飞出来的粉粒温度很高，发热发光，形成光亮的流线，有些熔融状态的粉粒与空气中的氧发生剧烈的氧化作用，形成氧化亚铁薄膜包围在粉粒的表层，但钢材粉粒中的碳又迅速夺取了氧化亚铁中的氧，随即形成 CO 气体，当 CO 气体的压力超过熔融粉粒的表面张力时，便爆裂成火花（4 分）。根据流线和火花的特征，可以鉴别材料的成分（3 分）。

8. 答：还原期将炉子封闭好，目的是要使炉外空气不进入或少进入炉内，保持炉内有足够的还原气氛（5 分）。如果炉外空气随意进入炉内，炉内气体氧化性增加，使钢渣进一步氧化，从而使加入的还原剂作用降低，还原渣不易造好，也不易保持。因此，在还原期应注意将炉子封闭好（5 分）。

9. 答：(1)炉门口一般只宜有两人，在左、右两边分别加料（1 分）。(2)人应尽量站在侧面，避免站在炉门口，防止加料时钢渣溅出烫伤人（1 分）。(3)料块不宜过大、过重，防止扭伤脚（1 分）。(4)要防止碰断电极（1 分）。(5)不准向炉内加入潮湿的炉料（2 分）。(6)还原期加扩散脱氧剂时，火焰会从炉门喷出，操作时不要太靠近炉门（2 分）。(7)加矿石不能过多过快，防止发生大沸腾（1 分）。(8)加料时不得开动操作台车（1 分）。

10. 答：(1)炉底、炉坡必须保证正常形状，出现坑和上涨，应及时处理（2 分）。(2)装料前，炉底均匀地加入适量的石灰，保护炉底（1 分）。(3)装料时专人指挥天车，防止料罐过高，加料砸坏炉底或刮伤和带垮炉墙（1 分）。(4)吹氧助熔时，吹氧管不准触及炉底和炉坡，以免损坏炉底、炉坡（2 分）。(5)氧化期吹氧去碳时，吹氧管插入深度应合适，一般在钢液面下 150～200 mm，而且要求吹氧管沿水平方向徐徐移动，防止局部过热而损坏（2 分）。(6)冶炼过程中控制好钢液温度，防止温度过高引起翻炉底和翻坡（1 分）。(7)调整好炉渣的碱度和流动性，减少对渣线的侵蚀（1 分）。

11. 答：(1)合金材料应根据质量保证书，核对其种类和化学成分，分类存放；颜色断面相似的合金不宜临近堆放，以免混淆（3 分）。(2)合金材料不允许置于露天环境，堆放场地必须干燥、清洁(3分)。(3)合金块度应符合使用要求,块度大小根据合金种类、熔点、密度、加入方法和电炉容积而定(2分)。(4)合金在还原期入炉前必须进行烘烤,以去除合金中的气体和水分,同时使合金易于熔化,减少吸收钢液的热量,从而缩短冶炼时间,减少电耗(2分)。

12. 答:在冶炼含有镍、钼元素的钢种时,由于铁比镍、钼易氧化(4分),因此,镍、钼可以在熔化期加入,不会造成镍、钼的大量氧化损失,而且能够提高镍板和钼铁的熔化速度(3分)。另外,熔化期对脱除电解镍中的氢气有利,能够提高钢的质量(3分)。

13. 答:吹氧脱碳有直接氧化和间接氧化两个过程。

直接氧化过程:$[C]+1/2O_2 \Longrightarrow CO$(2分)。

间接氧化过程:$[Fe]+1/2O_2 \Longrightarrow [FeO]$。生成的$[FeO]$溶解在钢液中,再扩散到反应区内同碳发生反应:$[FeO]+[C] \Longrightarrow [Fe]+CO$(2分)。

由于吹氧脱碳过程是一个放热反应,温度适当提高,能改善钢与渣的流动性(2分)。同时,由于吹氧的机械搅拌作用,加快了钢液内 FeO 和 C 向反应区扩散的速度,有利于 CO 气泡的形成和排出(2分)。更重要的是,进入钢液的气态氧,为碳与氧反应提供了气相表面,即增加了碳和氧的反应界面,所以,吹氧脱碳速度高(2分)。

14. 答:(1)硅铁粉(碳化硅粉)使用时应分批、少量、多次加入,均匀分散铺撒在渣面上,加入总量不能过多(2分)。(2)对整个精炼期因加入的硅铁粉(碳化硅粉)产生的增硅量做出科学准确的估算(2分)。(3)整个精炼期分析硅应在两次以上,计算硅含量是否与分析结果相符(2分)。(4)冶炼含钛、铝等钢种应考虑到加入钛和铝后,能增加硅的含量,其他合金的含硅量也应加以考虑(1分)。(5)取样一定要具有代表性,不得插铝条脱氧(1分)。(6)加硅铁前炉内必须具有良好的白渣(1分)。(7)加硅铁后,钢水在炉内不应停留时间过长(1分)。

15. 答:(1)还原期应有足够的温度(2分)。(2)炉渣的流动性良好并有较好的碱度(2分)。(3)加强搅拌,使钢渣接触良好(2分)。(4)钢中硫太高时,应扒去部分炉渣补造新渣以利去硫(2分)。(5)钢渣混出,使钢渣混合充分(1分)。(6)保证还原期脱氧良好(1分)。

16. 答:(1)还原期停电,说明操作不正常,温度控制有问题,对炉底一定会带来较大的损坏(3分)。

(2)渣钢间的反应能否正常进行,在很大程度上决定于扩散作用的快慢,送电时电弧对熔池的搅拌作用是加快扩散作用的一个重要因素,如果一旦停电,这种搅拌作用消失,就会影响熔池钢液中温度、成分的均匀化和渣钢间反应的进行(3分)。

(3)还原期的炉渣脱氧也是一个重要的反应,炉渣的流动性和还原作用受温度影响较大,在还原期一旦停电就会使炉渣温度很快降低,而使炉渣变黏,在一般情况下,反对还原期停电(4分)。

17. 答:吹氧助熔的作用在于:一是吹入氧与钢中元素氧化时放出大量热量,加热并熔化炉料(2分)。二是切割大块炉料,使其掉入熔池增加炉料的受热面积,当炉料出现"搭桥"时,利用氧气切割,处理极为方便(2分)。三是为炉内增加了一个活动的点热源,在一定程度上弥补了3个固定电弧热源不均匀的缺点(2分)。四是增加渣中氧化铁含量,有利早期去磷(2分)。实践证明,吹氧助熔可以缩短熔化时间,降低钢的电耗(2分)。

18. 答:在还原期,保持钢液和炉渣具有适当高的温度,是为了保证脱氧、脱硫顺利进行和非金属夹杂物充分上浮以及有良好浇注温度(3分)。在还原期,应使钢液温度在氧化期扒渣时的温度基础上不断进行调整和控制,使之保持在出钢要求的温度水平上,而且一直维持到出钢为止(3分)。尽量避免在还原期采取后升温及急剧降温等操作,因为后升温操作不利于钢液内夹杂物的排除,还会延长还原期时间,造成钢液吸收气体数量的增加,从而影响了钢的质量(2分)。还原期急剧降温,会造成炉内还原气氛的减弱,增加炉渣黏度,从而影响脱氧、脱硫及去除夹杂物等过程的顺利进行(2分)。

19. 答:预脱氧在氧化末期转入还原期时,加入块状的锰铁、硅铁、硅锰铁、硅铝铁或铝块脱氧剂到钢液中,迅速脱去钢液中溶解的氧(降至 $0.01\% \sim 0.02\%$)(3分)。当稀薄渣形成后,采用粉状脱氧剂扩散脱氧,在扩散脱氧期内,钢液中沉淀脱氧产物有充分时间上浮(3分)。出钢前再用强脱氧剂铝块、硅钙块进行终脱氧,进一步降低钢中的溶解氧量(降至 $0.002\% \sim 0.005\%$)(2分)。终脱氧产物大部分也能在浇注前的镇静过程中上浮排出。综合脱氧既可提高钢的质量,又可缩短冶炼时间(2分)。

20. 答:(1)氧化期做好脱碳工作(2分)。(2)氧化期取样分析要有代表性(2分)。(3)不准带料进入还原期(1分)。(4)加入含碳铁合金时慎重考虑增碳问题(1分)。(5)还原期不要造强电石渣(1分)。(6)炭粉(碳化硅粉)不要集中加入,避免碳进入钢水造成增碳(1分)。(7)若加电石还原时,注意炉渣不要太稠或太稀,两者都易增碳(1分)。(8)避免电极头折断落入钢水中造成增碳(1分)。

21. 答:为了脱除钢液中的磷和硫,需向炉内加入大量石灰,造高碱度炉渣。但在加石灰提高碱度的时候,往往会使炉渣变得黏稠(3分)。加入萤石就可以提高这种高碱度渣的流动性,而不降低碱度(5分)。萤石不仅能提高炉渣的流动性,还能促进还原期钢液的脱硫作用(2分)。

22. 答:萤石的主要成分是 CaF_2。要求萤石中 CaF_2 要高,而 SiO_2 和 S 要低(2分)。如果 SiO_2 大于 12%,会形成玻璃状炉渣,会将大量热反射至炉盖,降低炉盖寿命(2分)。

使用萤石调渣时,要在低温下将萤石烤干,并严禁使用粉状萤石(2分)。萤石用量要适当,不能太多(2分)。用量多,渣子过稀,渣面不起泡沫,反射电弧光很厉害,造成炉盖寿命降低。此外,CaF_2 也会对炉衬造成侵蚀,因此多加萤石是不利的(2分)。

23. 答:电极夹头发生冒火现象由于电极与电极夹头内壁接触不良,使局部产生高热和金属蒸汽,引起电弧放电而冒火(5分)。在冒火时,会使夹头内壁接触面烧损,如不立即采取措施,烧损后促使冒火更剧烈,从而形成恶性循环,最后导致夹头内的冷却水管烧穿,就会漏水(5分)。

24. 答:炼钢炉内靠着熔渣层的这一部分炉衬,因为经常与炼钢炉渣接触,故把它叫做炉衬的渣线部分(2分)。炉渣中含有氧化钙、二氧化硅、氧化亚铁、氟化钙、氧化锰、三氧化二铝等,在高温下,炉渣中氧化亚铁、二氧化硅与炉衬渣线处的氧化镁起化学作用,生成低熔点的化合物,降低了炉衬的耐火度(3分),加上炉渣流动的物理冲刷作用,故炉衬的渣线部分损坏得最厉害(3分)。而在电极附近的渣线,由于受到电弧光的高温辐射作用,损坏更严重(2分)。

25. 答:钢包中钢液温度连续测定,就是在钢包壁上开一个锥孔,埋入测温头,钢液放入钢包后,钢液温度传导到测温头中的热电偶,热电偶产生电势讯号,通过引出线,接入二次仪表,在仪表上反映出钢液实测温度,并连续反映出钢液在钢包中的温度变化情况(5分)。

连续测温可以连续地反映钢包中钢液的温度变化,并且可以由控制镇静时间来控制温度,有利于提高钢锭和铸件的质量,对炉外精炼技术的推广使用,特别是对于连续铸锭,有效地控制铸坯质量和防止拉漏意义很大(3分)。但是由于热电偶及其保护套管伸入钢包内部,在生产操作过程中极易损坏,保护套管寿命不稳定(2分)。

26. 答:白渣脱氧是根据扩散脱氧的原理进行的,扩散脱氧的过程是比较慢的,需要有一定的时间(2分)。因此,用白渣扩散脱氧,如要脱氧良好,必须让钢水在白渣下保持一定时间,使钢水中的氧容易扩散到炉渣中去。具体的保持时间要根据钢质量要求的高低而定(3分)。

如果出钢时渣子是灰色,说明渣中 CaC_2 含量高。CaC_2 能使炉渣黏度大大增加,出钢时炉渣能很强地黏附在钢水中,不易分离,一直可能带进钢锭模(铸型)中,增加钢中的杂质,同时会使钢水增碳(3分)。如果黄渣下出钢,则说明钢水脱氧不良,不仅会使钢水中的合金元素氧化损失,而且会玷污钢水,所以,在操作时要在白渣下出钢(2分)。

27. 答:(1)掌握好配料加入量,搭配好废钢的料型结构,减少压料的几率(2分)。(2)把握好二批料的入炉时间。二批料加料越早,炉体旋开炉盖后的热辐射越少,有利于节省电耗,缩短冶炼周期(2分)。(3)把握好入炉废钢的配碳量(1分)。(4)采用合理的留钢留渣量(1分)。(5)调整好合理的渣料,确保冶炼过程的脱碳和脱磷的顺利完成(1分)。(6)采用成分控制的一次命中。在冶炼过程中争取脱碳和脱磷一次性达到目标要求(1分)。(7)掌握好冶炼过程的放渣操作(1分)。

总之,缩短冶炼周期是一个综合性的工作,全面考虑,加强操作的优化,是缩短冶炼周期的核心,单纯强调一个因素,是不能达到目标的(1分)。

28. 答:(1)留钢、留渣对炉底和炉衬有积极的保护作用(2分)。(2)可以预热废钢、提前吹氧,减少电极的消耗,节省电耗和缩短冶炼周期(2分)。(3)合适的留钢、留渣有利于提高 EBT 的自流率(2分)。(4)留渣使石灰的利用率得到了提高,并且留渣参与了脱磷的反应(2分)。(5)减少了出钢带渣(1分)。(6)炉内始终有熔池存在,可以及早形成泡沫渣并且能保持较好的稳定性(1分)。

29. 答:(1)增加了冶炼的辅助时间,延长了冶炼周期(2分)。(2)烧氧操作会给操作工带来氧气回火的可能性,也有可能造成烫伤的事故,增加了安全风险和工人的劳动强度(2分)。(3)烧氧操作不利于延长出钢口砖使用寿命(2分)。(4)不自流烧氧操作期间,钢包和炉内的温度都会降低,有时候需要通电吹氧提温,增加了热支出,相应增加了炼钢的成本(2分)。(5)烧氧引流期间,钢水的吸气降温甚至送电加热都会降低钢水的质量(2分)。

30. 答:EBT 堵塞物一般为冷钢和耐火材料以及电极块(2分)。EBT 堵塞后一般采用吹氧清理操作,从 EBT 上方的填料孔向出钢口上方的废钢进行烧氧操作(2分)。如果是小块冷钢,可以很快地处理后填料冶炼。大块废钢堵塞时,沿着废钢较薄弱的区域开始烧氧,采用逐渐扩大的方法比较快捷,如果大块废钢很厚,覆盖了出钢口上方较大的面积,可以在出钢口正上方烧氧,同时从下面烧氧,操作时要注意安全(4分)。如果是耐火材料或者是电极块,小块的可以使用钢棒或者钢管做的工具钩开后填料。大块无法处理的,需要填料后正常冶炼,利用熔池内钢液的循环冲刷,逐渐减少大块的尺寸,直到熔化完全(2分)。

31. 答:(1)初期破壳,起弧化渣阶段:采用较低电压,短弧操作,偏低功率供电(3分)。(2)化渣升温阶段:采用中等电压,根据渣量及炉渣发泡情况电弧适当加长,保证不裸弧(3分)。(3)合金化及温度命中阶段:采用较高电压,长弧操作短时间命中终点温度。除初期起弧化渣外,全加热过程需用埋弧操作,加热期间保证电弧平稳,无雷鸣声。严禁用高电压裸弧强制提温,以免损害包衬(4分)。

32. 答:(1)采用短电弧:短电弧会提高热效率,对含碳很低的钢,应适当加长电弧长度避免增碳(3分)。(2)采用吹氩搅拌:吹氩搅拌对钢水温度均匀化非常关键(2分)。(3)采用埋弧操作:为了提高热效率和保护炉衬,需要进行埋弧操作(2分)。(4)控制渣层厚度:一般情况下,渣层厚度应比电弧长 15～20 mm。但渣层厚度不能单靠增加渣量来满足。采用泡沫渣技术就可以在小渣量下实现埋弧操作(3分)。

33. 答:采用较高强度吹氩,钢液裸露面直径 200～300 mm,以渣面波动,不发生飞溅为准(4分)。

原因:促进合金及早熔化,充分混合,实现钢水成分、温度及时均匀,促进钢、渣界面反应利于脱硫反应的进行(3分)。但供氩强度不宜过大,否则易造成钢液二次氧化和吸气(3分)。

34. 答:主要是避免以上两处积灰在出钢倾炉时落在钢包中,增加外来夹杂,影响钢的质量。特别对夹杂含量要求严格的钢种更为重要(5分)。另外,做好吹灰工作可以改善散热条件,从而提高炉盖寿命,也可以避免电极夹头冒火打弧现象,提高夹头使用寿命(5分)。

35. 答:(1)测温取样前,将断路器断开,停止吹氧喷碳和送电的操作(2分)。(2)测温取样前,测温取样时不允许放渣(1分)。(3)测温取样工必须穿戴好防护服装(1分)。(4)测温取样时,操作工必须站在与炉门成 30°的方向进行操作(2分)。(5)测温取样操作应严格按照相应的岗位作业标准进行(2分)。(6)炉内脱碳反应没有平静时严禁测温取样的操作(1分)。(7)炉门区有漏水或者炉内有漏水现象时,严禁测温取样操作(1分)。

电炉炼钢工(高级工)习题

一、填 空 题

1. 直径为 30 mm、螺距为 4 mm 的梯形螺纹,其标注的方法为(　　)。

2. 机械制图中,当绘制键、轴、孔三者之间联结的剖视图时,键的外轮廓线需用(　　)画出。

3. 在一定温度下,当化学反应处于平衡状态时,以其化学反应的化学计量数(绝对值)为指数的各产物与各化学反应物分压或浓度的乘积之比叫做(　　)。

4. 存在于液体表面上,力图使液体表面收缩到最小的力,这种施加于表面上每单位长度上的力称为(　　)。

5. 决定扩散速度的参数主要有两个:一个是扩散系数,另一个是(　　)。

6. 在等温等压或等容条件下进行的化学反应,系统所吸收或放出的热量叫做(　　)。

7. 一个孤立系统的各种形式能量总和是一个常量。这种现象被称为(　　)。

8. 对流是由于流体内部各部分之间发生相对位移而(　　)的现象。

9. 对流换热可分为自然对流换热和(　　)对流换热两种。

10. 钢液的传热可分为外部传热和(　　)。

11. 电炉炉膛内参与热交换的物体是电弧、(　　)和炉衬。

12. 我国普通铸造低合金钢主要采用锰系、锰硅系及(　　)等钢种。

13. 钢中碳的质量分数 $\omega[C]<2.11\%$,而且不含有特意加入合金元素的钢称为(　　)。

14. 耐火度指耐火材料在无荷重时抵抗(　　)而不熔化的性能。

15. 耐火材料荷重软化温度是指耐火制品在持续升温条件下,承受恒定(　　)产生变形的温度。

16. 耐火材料在高温下抵抗炉渣侵蚀和冲刷作用的能力叫做(　　)。

17. 耐火制品对温度迅速变化所产生损伤的抵抗性能称为(　　)。

18. 金属蒸气压与金属的(　　)有关。

19. 导电性是金属能够(　　)的性能。

20. 熔点是指金属材料从固态转变为液态的(　　)。

21. 钢水从钢的液相线温度到(　　)温度这一凝固过程的收缩叫凝固收缩。

22. 钢的韧性断裂特征是钢材发生明显的(　　)。

23. 硬度是金属材料抵抗压入物(　　)的大小。

24. 金属材料在外力作用下产生了变形,当外力去除后不能恢复的变形称为(　　)。

25. 金属受周围介质作用而引起的损坏叫做金属的(　　)。

26. 物质的质点(原子、离子或分子)在三维空间作周期性规则排列,这样的固态物质称为(　　)。

27. 金属化合物可以区分为正常价化合物、电子化合物及（　　　）等。

28. 纯金属晶体长大的充分和必要条件是：液相必须过冷，而且液相（　　　）要足够高。

29. 纯金属结晶时，晶体长大方式有两种，一种是平面长大方式，另一种是（　　　）长大方式。

30. 亚共析组织由不同数量的铁素体与（　　　）组成。

31. 碳溶于体心立方晶格的（　　　）中所形成的固溶体称为铁素体。

32. 铁素体和渗碳体的机械混合物称为（　　　）。

33. 在固态下，晶体构造随（　　　）发生改变的现象叫同素异构转变。

34. 所谓钢液就是液态铁与溶于其中的（　　　）所形成的金属溶液。

35. 熔渣的还原性决定于熔渣（　　　）和渣中氧化亚铁含量。

36. 炉渣主要是由多种（　　　）所组成，此外还有少量的硫化物及其他化合物。

37. 碱性炉使用碱性炉渣，能有效地去除钢中的（　　　）等有害元素。

38. 炉渣碱度愈高，则碱性氧化物的活度愈（　　　）。

39. 熔渣的透气性随着炉气的水蒸气分压的增大而（　　　）。

40. 在熔渣中降低铁离子和锰离子的含量能使熔渣的透气性（　　　）。

41. 熔渣的电导率随着温度的升高而（　　　）。

42. 熔渣容纳或者溶解硫、磷、氮、氢、水蒸气等有害物质的能力称为熔渣的（　　　）。

43. 电炉炼钢过程中杂质的氧化有两种方式：直接氧化和（　　　）。

44. 按照夹杂物来源分类，钢中非金属夹杂物可分为外来夹杂物和（　　　）。

45. 为了改善钢的力学性能或获得某些特殊性能，在炼钢过程中有目的地加入的一些元素称为（　　　）。

46. 合金元素烧损的主要原因是被（　　　）。

47. 合金元素在钢中所起的作用与其在钢中存在的（　　　）有直接关系。

48. 镍加入钢中提高钢的强度，而不降低其（　　　），改善钢的低温韧性。

49. 钢液中氢在缓慢条件下，以（　　　）形态析出。

50. 钢中的某一区域偏重凝固析出某些物质，所造成的化学成分不均匀的现象叫（　　　）。

51. 在合金的相结构中，有合金固溶体和（　　　）两大类型。

52. 不氧化法炼钢不进行钢液的氧化，因而能尽量保留钢液中含有的（　　　）。

53. 电弧炉炼钢工艺依照是否具有（　　　）过程而分为氧化法和不氧化法。

54. 扩散脱氧的操作形式可分为白渣法、弱电石渣法和（　　　）三种。

55. 碳钢氧化法冶炼还原期工序为扒渣、预脱氧、还原、取样、调整成分和（　　　）。

56. 炼钢的首要任务是（　　　），其工艺手段是向熔池吹氧，或加矿进行氧化。

57. 电炉按电流的频率分为交流电炉和直流电炉两种，（　　　）电炉起主导作用。

58. 在电力能力相对较弱的地区，（　　　）电炉具有优先的选择权，以及较大的生存空间。

59. 现代电炉炼钢的能源有三种，除传统的能源外，还有化学能和（　　　）。

60. 现代电炉的冶炼过程主要是熔化、氧化过程，取消了传统电炉炼钢的（　　　）期。

61. 浇注工艺的内容主要包括（　　　）、浇注时间和浇注方法三方面。

62. 冒口最主要的作用是（　　　）。

63. 铸件内部常见的细小孔洞，属于（　　　）缺陷的可能性最大。

64. 铸件凝固过程中,最后凝固处常见的较大孔洞称为( )。

65. 铸件上穿透或不穿透,边缘是圆角状的缝隙称为( )。

66. 金属液流动性太低,易造成( )缺陷。

67. 在铸件内部或表面充满有砂粒的孔洞称为( )。

68. 冒口的设计要充分考虑铸造合金的性质和( )的特点。

69. 铸钢件常用的冒口有明冒口、暗冒口和( )。

70. 变压器是利用电流( )的原理制成的。

71. 三相异步电动机主要由定了和( )组成。

72. 电动机定子一般由定子铁芯、( )、机座和端盖等组成。

73. 漏电保护器应具备灵敏性、可传性、选择性和( )。

74. 电极升降有两种机构,即小车移动式和( )。

75. 电炉用液压介质为矿物油或( )。

76. 电炉液压系统由驱动部分、执行部分、( )和辅助部分组成。

77. 高压油开关具有( )的作用。

78. 电极夹持器形式分为钳式、楔式及( )。

79. 电极夹持器材质有铜质和( )两种。

80. 炉门和炉门框通水冷却的目的是减轻高温对人的烘烤,并使它们不易( )。

81. 电炉炼钢中,使用的萤石要求 SiO_2 的含量要低,如果 SiO_2 的含量大于 12% 会形成( )渣。

82. 由粒状料、粉状料、结合剂共同组成的没有经过烧结成形,而直接使用的耐火材料称为( )。

83. 电极短网的最后一部分,它通过两根以上连接在一起的石墨化电极的末段产生强烈的电弧,来熔化炉料和加热钢液,即电极是把电能转化为( )的中心枢纽。

84. 电炉炼钢常用的铁矿石有赤铁矿和( )。

85. 磁铁矿主要成分是( )。

86. 纯铝的密度为 2.7 g/cm^3,其熔点为( )。

87. 纯铜的熔点为 1 083 ℃,其密度为( )g/cm^3。

88. 电弧炉所用的氧气要求有较高的纯度,以免增加钢液的含氢量和( )。

89. 铸管式水冷挂渣炉壁内部铸有( )做的水冷却管,炉壁热工作面附设耐火材料打结槽或镶耐火砖槽。

90. 管式水冷挂渣炉壁用锅炉钢管制成,两端为锅炉钢管弯头或锅炉钢铸造弯头,由多支( )组合而成。

91. 水冷炉壁的水冷块或蛇形管有外装和( )两种,尤以蛇形管式为最佳。

92. 炼钢电炉采用水冷炉壁后,炉衬的主要薄弱部分就表现在( )和炉底、炉坡。

93. 电炉水冷炉盖以管式环状与耐火材料组合式使用较多,炉盖水冷管布置为环状水冷,炉盖中心部分使用( )。

94. 砖砌炉盖前,应检查炉盖圈是否变形,同时做水压试验,如有变形或渗漏,则必须进行校正或( )。

95. 电炉炉盖的一般砌筑方法为( )砌筑法。

96. 钢包砌工作层时,应从包底开始,按螺旋形或( )向上砌砖,一直砌到包顶。

97. 安装铸口砖时,要保证铸口砖上端面与周围包底保持( ),周围用耐火泥浆填实抹匀。

98. 对于安装好的塞杆,先自然干燥( )h以上,然后才能使用。

99. 电炉炼钢中,根据冶炼的钢种、设备条件、现有的原材料和不同的( )进行配料。

100. 不易氧化的合金元素可在( )时装入炉内。

101. 出钢后补炉前必须扒净炉内的( )。

102. 补炉方法可分为人工投补和( )。

103. 炉底有坑时,钢液难于倒净,如不处理及修补会造成( )。

104. 当炉底、炉坡普遍严重减薄时,应先将残钢残渣除净,然后采取( )的方法进行处理。

105. 当炉底、炉坡出现局部的坑洼时,可采取( )的方法进行处理。

106. 补炉时,镶补是用块度约为 30 mm 的镁砖块填入坑洼处并用( )混合镁砂填充空隙,填平后,盖以铁板。

107. 炉底、炉坡上涨时,应趁高温用铁耙子扒掘或铲平上涨部位,也可用压缩空气或( )吹平。

108. 炉底、炉坡上涨时铲平或吹平上涨部位后,在上涨处加入碎矿石和( ),有利于消除上涨。

109. 顶装料电炉炉壁坍塌时,根据不同的损毁情况采取挡补或( )的方法进行处理。

110. 在主熔化期,由于电弧埋入炉料中,电弧稳定,热效率高,传热条件好,故应以( )供电,即最高电压、最大电流供电。

111. 对炉坡附近炉料能用铁耙推入熔池的,就不用( ),防止损坏炉衬。

112. 元素在熔化期的挥发包括( )和间接挥发两种形式。

113. 熔化期导电不良主要是由于电极与炉料之间的电阻过大、电流( )受到阻碍造成的。

114. 电炉炼钢目前的发展趋势是加大电炉( ),从而有利于炉料的熔化,因此一些高功率、超高功率电炉相继投入生产。

115. 氧化期均匀激烈的碳氧反应,充分搅动熔池,促进钢渣界面反应,促进温度和( )均匀。

116. 吹氧时,炉内冒出的烟尘黑黄,表明熔池中的碳在( )以上。

117. 加矿石脱碳时,矿石中的氧化铁与钢液中的铁反应生成的 FeO 按一定比例分配于( )中。

118. 在温度一定条件下,钢液中氧和( )乘积是一个常数。

119. 脱碳速度在( )时钢液沸腾活跃,净化效果良好。

120. 钢液脱碳反应进行的程度决定于钢中氧的浓度、氧的( )和其他有关因素。

121. 经过氧化脱碳后,钢液中含有大量的( )。

122. 脱氧产物能否易于排出钢液,主要取决于脱氧产物的性质及脱氧产物的半径和钢液的( )。

123. 氧化期中,样勺中钢液碳火花( ),则含碳高;反之,含碳低。

124. 氧化末期有时氧化渣发稠,这主要是炉衬中的( )或者炉盖耐火材料进入炉渣造成的。

125. 好的氧化渣在熔池面上沸腾,溅起时有声响,有波峰,波峰呈( ),表明沸腾合适。

126. 萤石既能调整炉渣流动性,又不降低炉渣( )。

127. 不好的氧化渣取样观察,当炉渣表面呈黑亮色,且黏附在样杆上的渣很薄,表明渣中( )很高,碱度低,这时应补加石灰。

128. 钢液在氧化期末的实际温度应达到或略高于钢液的( )。

129. 长弧泡沫渣操作可以增加电炉输入功率,提高( )和热效率。

130. 电炉炼钢中,用锰沉淀脱氧的反应式为:( )。

131. 电炉炼钢中,用铝沉淀脱氧的反应式为:( )。

132. 电炉炼钢中,用硅扩散脱氧的反应式为:( )。

133. 电炉炼钢中,用钙扩散脱氧的反应式为:( )。

134. 电炉炼钢中,用铝扩散脱氧的反应式为:( )。

135. 用炭粉作脱氧剂,能使炉内具有( ),能降低炉内氧的分压力,减少炉气对炉渣的氧化。

136. 电石是一种脱氧能力很强的( ),若与炭粉配合使用,脱氧效果更好。

137. 采用硅锰铝合金,由于含有一定数量的铝,即使该合金中硅含量较低,仍能保持足够的( ),从而避免了使用硅锰合金脱氧时出现的问题。

138. 脱氧产物形成是由形核和( )两个环节组成,这也是脱氧过程的首要步骤。

139. 脱氧产物形核一旦发生,周围的脱氧剂和氧的( )就立刻降低,为保持浓度平衡,这些元素将不断地从远处扩散过来,从而引起核的长大。

140. 搅拌可使钢液产生紊流运动,使( )的碰撞几率增多,聚结和上浮速度加快,从而有利于脱氧产物的排除。

141. 在熔池中,提高熔渣的( ),渣中自由氧化钙的有效浓度增加,使脱硫反应朝着降低硫的方向进行。

142. 搅拌能改善硫在熔体中扩散与转移的动力学条件,增加钢渣( ),对脱硫有利。

143. 在脱硫困难的情况下,还原末期采取部分扒渣或( ),然后重新造渣,达到扩大渣量,降低渣中脱硫产物的浓度,强化脱硫。

144. 合金化时,难熔的合金宜早加,如高熔点的钨铁、钼铁可在装料或( )加入。

145. 还原期合金化操作时,特别易氧化的元素,如钛、硼,要在终点脱氧以后调整,或者在( )调整,一次将成分调整到成分要求中限。

146. 还原期合金化操作时,比较易氧化的元素,也可分为2~3次调整,第一次粗调至成分下限以下0.02%左右,待钢液( ),将成分调整到成分要求中限。

147. 钢液量校核公式:钢液的实际质量(kg)=校核元素的补加量(kg)×校核元素铁合金成分(%)/( )。

148. 稀薄渣下一般不应该( )助熔。

149. 容易氧化的合金元素应在( )加入。

150. 愈是容易氧化的合金元素,愈是要求在( )的条件下加入。

151. 在还原初期往钢液中加入锰铁,主要是进行初步的( )。

152. 钢液终点碳判断常用方法有观察火焰、观察火花、磨砂轮观察火花和（　　）。

153. 脱硫的必要条件是高温、（　　）、低氧化性。

154. 还原渣颜色对控制钢液成分有很大影响，如灰渣容易（　　）。

155. 取少量钢液倒在钢板上，根据钢液飞溅过程中被氧化而产生的（　　）来判断其含碳量，称为观察火花法。

156. 为了进一步降低钢中氧含量，根据工艺要求，在出钢前或往出钢槽、出钢流中，也可在钢包中加入脱氧能力更强的元素，称为钢液的（　　）。

157. 补加钼铁应有一定时间，确保（　　）后，再取样分析或出钢。

158. 钢渣分出即是先（　　），然后再倾倒出钢液的出钢方法。

159. 熔氧结合快速炼钢的原则是吹氧开始时（　　）。

160. 对于高级优质钢，出钢时应采用（　　）的方法。

161. EBT 电弧炉出钢操作时炉体的倾动角度要与装入量和出钢的吨位密切配合，出钢箱内的钢水液位不能太低，否则出钢时的（　　）卷渣进入钢包。

162. EBT 电弧炉出钢时随钢流加入（　　）5 kg/t～8 kg/t，石灰 3 kg/t～5 kg/t。

163. EBT 电弧炉熔氧中期提高氧压，并不时向钢渣界面吹氧，保持炉渣（　　）状态。

164. EBT 电弧炉熔氧前期自动流渣后，及时补加石灰和炭粉组成的泡沫渣料，保持炉渣的碱度和（　　）。

165. 出钢口填料的粒度搭配不合理，导致钢液渗入填料内部，导致（　　）过厚。

166. EBT 出钢口填料的组成成分不合理，（　　）过低，导致烧结层过厚，需要长时间的烧氧处理。

167. EBT 出钢口填料时，将 EBT 的内腔填满，上方微微隆起，呈馒头状，这样可以保证填料在出现高黏度（　　）以后，形成的烧结层厚度比较合适，以利于自流率的提高。

168. 精炼工位及喂丝工位准备（　　），在透气砖不透气或透气不良时使用。

169. LF 升温阶段应降低（　　），造泡沫渣，以较大功率供电，促进快速升温。

170. LF 精炼过程中，精炼炉盖要尽量盖严，除加料、取样、测温外，加料口应关闭，扩散脱氧剂少加勤加，保持炉内（　　）。

171. LF 精炼过程中，炉渣转白后，钢水温度达到（　　）以上时，取样分析钢液化学成分。

172. LF 炉喂铝线操作的目的是对钢液终脱氧和调整钢液（　　）。

173. LF 炉合金化操作的目的是调整钢液（　　），将所有元素成分控制在规格范围内。

174. 喂线时，如果发现渣面上有（　　），说明喂线速度太慢或喂硅钙线时没有用少量的氩气搅拌。

175. 减少钢中氢的方法是微吹氩条件下延长镇静时间或经过（　　）。

176. 喂线钙处理可以把大颗粒高熔点的（　　）脆性夹杂物变为低熔点的钙铝酸盐夹杂（如 $12CaO \cdot 7Al_2O_3$）上浮到渣中，提高钢水的洁净度。

177. 无论钢中铝含量如何，只要加入钙，一般生成球形或团状 CaS 或（Ca、Mn）S，就避免了枝晶状（　　）的形成。

178. LF 精炼的合金化分为出钢过程的（　　）和精炼白渣下的微合金化。

179. 精炼过程中磷增加的原因是初炼钢炉下渣（　　）和合金带入的磷。

180. LF 精炼钢水升温速度可达到（　　）℃/min。

181. LF精炼脱硫率达（　　），可生产出硫含量不大于0.01％的钢。如果处理时间充分，硫含量可达到不大于0.005％的水平。

182. LF精炼可生产高纯度钢，钢中夹杂物可降低（　　），大颗粒夹杂物几乎全部能去除，钢中含氧量控制可达到0.002％～0.005％的水平。

183. LF精炼（　　）控制精度高，可以生产出$\omega[C]\pm0.01\%$、$\omega[Si]\pm0.02\%$、$\omega[Mn]\pm0.02\%$等元素含量范围很窄的钢。

184. 炼钢应作（　　），以便总结经验和进行经济核算。

185. 在用样勺取样过程中，取样前，要在样勺上均匀地粘上一层（　　）。

186. 钢液温度测量方法可分为接触式和（　　）两大类。

187. 生产上常用于钢液温度检测装置有：热电偶、二次仪表、微型快速热电偶和（　　）。

188. 用热电偶测温时，要注意因自由端（　　）而受的影响。

189. 光谱化学分析的优点是分析迅速，并且可以同时分析（　　）。

190. 取样前未充分搅拌钢液，取样没有（　　），易产生成分偏差。

191. 特殊工序的所有操作人员必须经过符合本岗位要求的培训，取得（　　）后方可上岗。

二、单项选择题

1. 下列公式中，属于球体体积公式的是（　　）。

(A) $\frac{4}{3}\pi R^3$ 　　　　(B) $4\pi R^2$ 　　　　(C) πR^2 　　　　(D) $2\pi R$

2. 下列公式中，属于长方体体积公式的是（　　）。

(A) $a\times b\times c$ 　　　　　　　(B) $2\times(a\times b+a\times c+b\times c)$

(C) $2\times(a+b+c)$ 　　　　　　(D) $(a+b+c)^2$

3. 国家标准中，公称尺寸小于500 mm时的标准公差分为（　　）个等级。

(A) 13 　　　　(B) 14 　　　　(C) 15 　　　　(D) 16

4. 线段的标注尺寸为$28.56^{+0.15}_{-0.10}$，其最大公差范围是（　　）。

(A) 0.15 　　　　(B) 0.71 　　　　(C) 0.25 　　　　(D) 0.05

5. 允许尺寸变化的两个界限值称为极限尺寸，两个界限值中，较大的一个称为（　　）。

(A) 上偏差 　　　　　　　　(B) 下偏差

(C) 最大极限尺寸 　　　　　　(D) 最小极限尺寸

6. 公差是允许尺寸的变动量，即允许工人在加工零件时，实际尺寸有一个合理的变化范围，所以公差是一个（　　），不可能为正、负或零。

(A) 相对数 　　　(B) 绝对数 　　　(C) 相对值 　　　(D) 绝对值

7. 极限偏差是指极限尺寸减去（　　）所得的代数差。

(A) 偏差尺寸 　　(B) 基本尺寸 　　(C) 代数尺寸 　　(D) 基本偏差

8. 在螺纹的画法中，螺纹的终止线应用（　　）。

(A) 细实线 　　(B) 粗实线 　　(C) 细点划线 　　(D) 粗点划线

9. 同一装配图中相同的零、部件只用一个序号，一般标注（　　）。

(A) 1次 　　　　(B) 2次 　　　　(C) 3次 　　　　(D) 随意

10. 标题栏更改区一般由更改标记、（　　）、分区、更改文件号、签名和日期等组成。

(A)处数　　　　　　(B)项目　　　　　　(C)数量　　　　　　(D)处所

11. 机械制图中,当绘制压缩弹簧时,其压缩弹簧中径应用(　　)画出。

(A)粗实线　　　　　(B)细实线　　　　　(C)点划线　　　　　(D)虚线

12. 机械制图中,当绘制螺栓与工件连接的装配剖面视图时,螺栓与工件连接部分的螺纹内径应该用(　　)画出。

(A)细实线　　　　　(B)粗实线　　　　　(C)虚线　　　　　　(D)双点划线

13. 机械制图中,当绘制两齿轮相啮合时,分度圆应该用(　　)画出。

(A)细实线　　　　　(B) 粗实线　　　　　(C) 虚线　　　　　(D) 点划线

14. 表示机器或部件中各零件间装配关系的尺寸,称为(　　)。

(A)安装尺寸　　　　(B)装配尺寸　　　　(C)外形尺寸　　　　(D)性能尺寸

15. 表示机器或部件的总长、总宽、总高的尺寸,称为(　　)。

(A)安装尺寸　　　　(B)装配尺寸　　　　(C)外形尺寸　　　　(D)性能尺寸

16. 在可逆反应中引起平衡常数 K 变化的因素为(　　)。

(A)反应物浓度　　　(B)生成物浓度　　　(C)催化剂　　　　　(D)温度

17. 在熔化期随着炉料熔化,电弧暴露在熔池面上,炉衬参加热交换,熔池非高温区主要依靠(　　)辐射而加热。

(A)电弧　　　　　　(B)炉衬　　　　　　(C)钢液　　　　　　(D)液态炉渣

18. 电弧区温度达(　　)以上。

(A)1 000 ℃　　　　(B)2 000 ℃　　　　(C)2 400 ℃　　　　(D)3 000 ℃

19. 在电弧炉内,热量主要是由(　　)转化而来的。

(A)化学反应能　　　(B)电能　　　　　　(C)燃料燃烧能　　　(D)氧气燃烧能

20. 碳的氧化反应是(　　)。

(A)吸热反应　　　　(B)放热反应　　　　(C)吸收热量　　　　(D)不吸热也不放热

21. 按钢的碳含量分类,含碳量 $\omega[C]<0.25\%$ 的钢是(　　)。

(A)低碳钢　　　　　(B)中碳钢　　　　　(C)高碳钢　　　(D)生铁

22. 低合金钢合金总量为(　　)。

(A)≤2%　　　　　　(B)≤5%　　　　　　(C)>5%且≤10%　　(D)>10%

23. ZG270-500 中 270 表示该牌号铸钢的(　　)。

(A)抗拉强度　　　　(B)抗弯强度　　　　(C)屈服强度　　　　(D)硬度

24. ZG310-570 中,其化学成分含锰量上限值为(　　)。

(A)0.50%　　　　　(B)0.70%　　　　　(C)0.80%　　　　　(D)0.90%

25. 在 ZG40Mn2 中,锰的化学成分含量为(　　)。

(A)1.10%～1.30%　　　　　　　　　　(B)1.05%～1.35%

(C)1.20%～1.50%　　　　　　　　　　(D)1.60%～1.80%

26. 在 ZG30MnSi 中硅的化学成分含量为(　　)。

(A)0.60%～0.80%　　　　　　　　　　(B)1.10%～1.40%

(C)0.85%～1.15%　　　　　　　　　　(D)0.95%～1.25%

27. 在 ZG35CrMnSi 中碳的化学成分含量为(　　)。

(A)0.20%～0.30%　　　　　　　　　　(B)0.30%～0.40%

(C)0.40%~0.50%　　　　　　　　(D)0.50%~0.60%

28. 高铝砖的耐火度范围是(　　)。

(A)1 600 ℃以下　　　　　　　　(B)1 600 ℃~1 770 ℃

(C)1 770 ℃~2 000 ℃　　　　　　(D)2 000 ℃以上

29. 镁砂的耐火度可达(　　)以上。

(A)1 000 ℃　　(B)2 000 ℃　　(C)1 500 ℃　　(D)2 500 ℃

30. 白云石及白云石砖属于(　　)耐火材料。

(A)酸性　　　　(B)碱性　　　　(C)半酸性　　　　(D)中性

31. 高铝质耐火砖属于(　　)耐火材料。

(A)酸性　　　　(B)碱性　　　　(C)半酸性　　　　(D)中性

32. 耐火材料在高温下对炉渣侵蚀作用的抵抗能力,称为(　　)。

(A)抗渣性　　　(B)耐火度　　　(C)热稳定性　　　(D)荷重软化温度

33. 耐火材料制品及原料在高温时,每 $1cm^2$ 面积承受 20N 静负荷作用下,引起一定量变形的温度,称为(　　)。

(A)抗渣性　　　(B)耐火度　　　(C)热稳定性　　　(D)荷重软化温度

34. 耐火材料承受温度急剧变化而不开裂、不损坏的能力以及在使用过程中抵抗碎裂或破裂的能力,称为(　　)。

(A)抗渣性　　　(B)耐火度　　　(C)热稳定性　　　(D)荷重软化温度

35. 衡量钢性能好坏主要从(　　)来考虑。

(A)钢材的表面质量　　　　　　　(B)钢的化学成分和导电性能

(C)物理、化学、机械和工艺性能　　(D)铸造性能

36. 含碳量在(　　)左右的钢的热裂抗力比较好。

(A)0.1%　　　　(B)0.2%　　　　(C)0.3%　　　　(D)0.4%

37. 金属化合物一般均具有(　　)。

(A)较高的熔点,较高的硬度及较小的脆性

(B)较低的熔点,较低的硬度及较大的脆性

(C)较高的熔点,较高的硬度及较大的脆性

(D)较低的熔点,较高的硬度及较小的脆性

38. 金属的腐蚀按机理可以分为(　　)。

(A)化学腐蚀和电化学腐蚀　　　　(B)物理腐蚀和化学腐蚀

(C)物理腐蚀和电化学腐蚀　　　　(D)内部腐蚀和外部腐蚀

39. 金属结晶过程中,晶核的产生和长大是(　　)。

(A)同时进行的　　　　　　　　　(B)成批次进行的

(C)是交替进行的　　　　　　　　(D)先产生晶核后同时长大的

40. 控制晶粒度的方法主要有控制过冷度、变质处理及(　　)等。

(A)振动和搅动　　　　　　　　　(B)激冷

(C)在液态金属中加入某种元素　　(D)加活性剂

41. 对铁碳合金相图影响最大的元素是(　　)。

(A)Mn　　　　　(B)Si　　　　　(C)P　　　　　(D)S

42. α-Fe 的磁性转变温度是（　　　）。

(A)570℃　　　　　(B)670℃　　　　　(C) 770℃　　　　　(D) 870℃

43. 含碳量为（　　　）的钢叫共析钢。

(A)0.5％　　　　　(B)0.77％　　　　　(C)2.11％　　　　　(D)4.30％

44. 碳溶于面心立方晶格（　　　）中所形成的固溶体称为奥氏体。

(A)α-Fe　　　　　(B)γ-Fe　　　　　(C)δ-Fe　　　　　(D)Fe$_3$C

45. 渗碳体是铁和碳的化合物，含碳量为 6.69％，分子式是（　　　）。

(A)FeC　　　　　(B) Fe$_2$C　　　　　(C)Fe$_3$C　　　　　(D)Fe$_3$C$_2$

46. 淬透层深度是指由钢的表面到马氏体占（　　　）的组织的深度。

(A)50％　　　　　(B)60％　　　　　(C)40％　　　　　(D)70％

47. Fe-FeS 共晶体的熔点为（　　　）。

(A)885 ℃　　　　　(B)950 ℃　　　　　(C)985 ℃　　　　　(D)1 000 ℃

48. 碳、硅、锰、磷、硫等元素在钢中常称为（　　　）。

(A)常有元素　　　　　(B)隐存元素　　　　　(C)偶存元素　　　　　(D)合金元素

49. 钢中夹杂物的组成与形态是由（　　　）决定的。

(A)操作的熟练程度　　　　　　　　　(B)脱氧程度

(C)脱氧剂的种类　　　　　　　　　　(D)还原剂的种类

50. 炼钢中起脱硫、去气、净化钢液作用的元素是（　　　）。

(A)W　　　　　(B)Cr　　　　　(C)Mn　　　　　(D)RE

51. 合金元素加入钢中时，主要的损失是被钢及渣中的（　　　）所氧化。

(A)FeO　　　　　(B)P$_2$O$_5$　　　　　(C)MgO　　　　　(D)SiO$_2$

52. 调质处理指（　　　）。

(A)正火加回火　　　　　　　　　　　(B)淬火加退火

(C)淬火加高温回火　　　　　　　　　(D)单一淬火

53. 将淬火后的零件重新加热到（　　　）点以下形成的固溶体称为奥氏体。

(A)A$_1$　　　　　(B)A$_{C_1}$　　　　　(C)A$_{C_3}$　　　　　(D)A$_3$

54. 炉渣碱度常用作判断炉渣碱（酸）性的依据，并规定（　　　）为碱性炉渣。

(A)$R=0$　　　　　(B)$R=1$　　　　　(C)$R<1$　　　　　(D)$R>1$

55. 脱氧炉渣碱度一般控制在（　　　）。

(A)1.0～2.0　　　　　(B)2.0～2.5　　　　　(C)2.5～3.0　　　　　(D)3.0～3.5

56. 炉渣碱度的表达式为（　　　）。

(A)$R=SiO_2/CaO$

(B)$R=CaO/SiO_2$

(C)$R=(SiO_2)+(Al_2O_3)/(CaO)+(MgO)$

(D)$R=(CaO)+(MgO)/(SiO_2)+(Al_2O_3)$

57. 炼钢中脱硫主要是钢液中的 FeS 向炉渣中迁移，并与炉渣中的（　　　）反应。

(A)CaO　　　　　(B)SiO$_2$　　　　　(C)FeO　　　　　(D)CaF

58. 脱磷反应主要在（　　　）界面上进行。

(A)钢液　　　　　(B)炉渣-钢液　　　　　(C)炉渣　　　　　(D)炉渣-空气

59. 在冶炼时,能获得较好去磷效果的阶段为(　　)。

(A)熔化前期　　　　　　　　　(B)熔化中期

(C)熔化末期和氧化初期　　　　(D)还原期

60. 脱磷的有利条件是(　　)。

(A)低温、低氧化性、低碱度　　　(B)高温、高氧化性、低碱度

(C)低温、高氧化性、高碱度　　　(D)高温、高氧化性、高碱度

61. 磷在钢中主要以 Fe_2P、P、Fe_3P 形式存在,磷在钢液中能够(　　)溶解。

(A)无限　　　　(B)部分　　　　(C)小部分　　　　(D)极少

62. 钢中的磷会降低钢的冲击韧性,使钢产生(　　)。

(A)热脆　　　　(B)硬脆　　　　(C)冷脆　　　　(D)裂纹

63. 下列金属中,常温下就易和氧气反应的是(　　)。

(A)铝　　　　　(B)铂　　　　　(C)铁　　　　　(D)铜

64. 脱磷反应在渣钢界面上进行,当渣钢界面增加 5 倍～6 倍时,脱磷反应的速度会增加(　　)。

(A)5 倍～6 倍　　(B)2 倍～3 倍　　(C)7 倍～8 倍　　(D)10 倍～12 倍

65. 硫在钢液中主要以(　　)的形式存在。

(A)SO_2　　　　(B)SO_3　　　　(C)CaS　　　　(D)FeS

66. 脱硫的有利条件是(　　)。

(A)高温、低氧化性、低碱度　　　(B)高温、低氧化性、高碱度

(C)低温、高氧化性、高碱度　　　(D)低温、高氧化性、低碱度

67. 铸钢中产生热裂倾向是有害元素(　　)引起的。

(A)磷　　　　　(B)硫　　　　　(C)铝　　　　　(D)铜

68. 硫在钢中的有害作用表现在使用的(　　)。

(A)强度降低,脆性增加　　　　(B)气孔形成倾向增大

(C)合金元素的损耗　　　　　　(D)冷裂倾向增大

69. 下列元素中,与氧亲和力最大的是(　　)。

(A)Si　　　　　(B)Cr　　　　　(C)Al　　　　　(D)Mn

70. 钢液中的氧主要以(　　)的形式存在。

(A)FeO　　　　(B)Fe_2O_3　　　(C)Fe_3O_4　　　(D)O_2

71. 在钢液中(　　)几乎不溶解。

(A)MnS　　　　(B)FeS　　　　(C)MgS　　　　(D)CaS

72. 脱氧前钢液中含氧量的决定因素是(　　)。

(A)钢液温度　　(B)钢液中含碳量　(C)钢液中含锰量　(D)钢液中含硅量

73. Mn 在碳钢范围内(Mn≤1.0%)对钢的热裂的影响规律是(　　)。

(A)随着 Mn 含量的增加,钢的热裂倾向增大

(B)随着 Mn 含量的增加,钢的热裂倾向减小

(C)随着 Mn 含量的增大,钢的热裂倾向先小后大

(D)随着 Mn 含量的增大,钢的热裂倾向先大后小

74. 下列非金属夹杂物对钢的疲劳寿命影响最大的是(　　)。

(A)尖晶石　　　　　(B)刚玉　　　　　　(C)硫化物　　　　　(D)钙的铝酸盐

75. 在钢中造成大的应力集中,在外力作用下易形成裂纹源的是(　　)夹杂物。

(A)颗粒状　　　　　(B)球状　　　　　　(C)带夹角的多角形　(D)岛状

76. 冶炼和浇注过程中化学反应所生成的夹杂物尺寸较小,一般在(　　)。

(A)1 μm 以下　　(B)1 μm～2 μm　　(C)2.5 μm～50 μm　(D)60 μm～80 μm

77. 炼钢过程是一个高温(　　)过程。

(A)物理　　　　　　(B)化学　　　　　　(C)物理化学　　　　(D)熔化

78. 碱性电弧炉不氧化法炼钢炉料含碳量可按成品钢(　　)配入。

(A)下限　　　　　　(B)中限　　　　　　(C)上限　　　　　　(D)随意

79. 碱性电弧炉不氧化法炼钢净化钢液措施主要是石灰石沸腾和(　　)。

(A)高压吹氧　　　　(B)低压吹氧　　　　(C)加矿石脱碳　　　(D)吹氧—矿石脱碳

80. 感应炉的最大缺点是(　　)。

(A)热效率低,熔化慢　　　　　　　　　　(B)冶炼钢种受限制
(C)炉渣的冶金反应能力差　　　　　　　　(D)冶炼炉料受限制

81. 中频炉其频率一般是(　　)。

(A)50 Hz～100 Hz　　　　　　　　　　(B)100 Hz～500 Hz
(C)500 Hz～3 000 Hz　　　　　　　　　(D)3 000 Hz～10 000 Hz

82. 工频即指用电频率为(　　)。

(A)25 Hz　　　　　(B)50 Hz　　　　　(C)100 Hz　　　　　(D)500 Hz

83. 感应炉碱性坩埚一般用(　　)作耐火材料。

(A)硅砂　　　　　　(B)氧化铝　　　　　(C)镁砂　　　　　　(D)云母

84. 感应炉打结坩埚最不易捣紧的部位是(　　)。

(A)炉底　　　　　　　　　　　　　　　　(B)靠炉底的锥体部分
(C)坩埚中部　　　　　　　　　　　　　　(D)坩埚上部

85. 氩氧脱碳法一般简称为(　　)。

(A)ABD　　　　　　(B)AOD　　　　　　(C)DOA　　　　　　(D)ADO

86. 型砂的耐火性差,易使铸件产生(　　)。

(A)气孔　　　　　　(B)砂眼　　　　　　(C)裂纹　　　　　　(D)粘砂

87. 混砂不匀,型砂、芯砂水分过高,流动性差,湿强度过高,使砂型、型芯强度不均匀,此因素会导致(　　)。

(A)毛刺　　　　　　(B)冲砂　　　　　　(C)掉砂　　　　　　(D)胀砂

88. 铸造型腔中气体不能及时排出,易使铸件产生(　　)。

(A)缩松　　　　　　(B)砂眼　　　　　　(C)粘砂　　　　　　(D)浇不足

89. 造成铸件产生砂眼缺陷的主要原因是(　　)。

(A)砂型强度低　　　　　　　　　　　　　(B)砂箱刚性差
(C)浇注温度高　　　　　　　　　　　　　(D)砂型强度高

90. 由于金属液的(　　),使铸件在最后凝固的地方产生缩孔或缩松。

(A)液态收缩　　　　　　　　　　　　　　(B)凝固收缩
(C)液态收缩和凝固收缩　　　　　　　　　(D)凝固收缩和固态收缩

91. 铸件残缺,轮廓不完整,或轮廓完整但边角圆而且光亮的缺陷称为(　　)。

(A)浇不足　　　　　(B)未浇满　　　　　(C)冷隔　　　　　(D)过硬

92. 以下选项中,(　　)是由于金属液的浮力作用,上型、砂芯的局部或全部被抬起,使铸件质量不符合技术条件要求。

(A)错型　　　　　(B)偏芯　　　　　(C)抬型　　　　　(D)变形

93. 和冷裂不同,热裂的特征是(　　)。

(A)裂口较平直断面未氧化　　　　　(B)裂口较平直,断面氧化

(C)裂口弯曲而不规则,断面未氧化　　　　　(D)裂口弯曲而不规则,断面氧化

94. 合型时上、下型定位不准确,浇注后铸件会产生(　　)。

(A)错箱　　　　　(B)偏析　　　　　(C)裂纹　　　　　(D)变形

95. 大部分铸造碳钢件浇注温度在(　　)之间。

(A)1 300 ℃~1 400 ℃　　　　　(B)1 350 ℃~1 450 ℃

(C)1 400 ℃~1 500 ℃　　　　　(D)1 450 ℃~1 550 ℃

96. 一般铸钢件厚大断面上较集中大的孔眼缺陷为(　　)。

(A)气孔　　　　　(B)缩孔　　　　　(C)缩松　　　　　(D)浇不到

97. 由于型芯的位置发生了不应有的变化所造成的缺陷为(　　)。

(A)错芯　　　　　(B)错型　　　　　(C)偏芯　　　　　(D)变形

98. 出现在同一炉金属液浇注的铸件中的气孔往往是(　　)气孔。

(A)析出性　　　　　(B)侵入性　　　　　(C)反应性　　　　　(D)梨形

99. 造型材料在浇注过程中受热产生气体形成的气孔为(　　)气孔。

(A)析出性　　　　　(B)侵入性　　　　　(C)反应性　　　　　(D)针状

100. 适当加快浇注速度,有利于防止铸件产生(　　)缺陷。

(A)气孔　　　　　(B)粘砂　　　　　(C)夹砂结疤　　　　　(D)缩孔

101. 铸造碳钢的塑性区与弹性区的临界温度是(　　)。

(A)300 ℃　　　　　(B)550 ℃　　　　　(C)800 ℃　　　　　(D)900 ℃

102. 钢液脱氧不良易引起铸件产生(　　)缺陷。

(A)气孔和夹杂物　　　　　(B)夹砂　　　　　(C)缩孔　　　　　(D)裂纹

103. 型砂材料中 SiO_2 与氧化铁、氧化锰形成熔化物易导致(　　)缺陷产生。

(A)气孔　　　　　(B)粘砂　　　　　(C)夹砂　　　　　(D)缩孔

104. 钢的冶炼工艺控制不当,钢水中含有熔渣,如不能上浮,就可能在铸件中形成(　　)。

(A)气孔　　　　　(B)渣孔　　　　　(C)砂眼　　　　　(D)缩孔

105. 钢液中硫、磷含量高时,铸件易产生(　　)缺陷。

(A)热裂　　　　　(B)气孔　　　　　(C)粘砂　　　　　(D)缩孔

106. 立柱式电极升降结构靠立柱的(　　)来传动。

(A)液压缸　　　　　(B)电机　　　　　(C)减速箱　　　　　(D)链轮

107. 电炉炼钢使用石灰的块度上下限允许波动的范围为(　　)。

(A)4%　　　　　(B)5%　　　　　(C)6%　　　　　(D)7%

108. 石灰的主要成分是(　　)。

(A)$CaCO_3$　　　　　(B)$CaCl_2$　　　　　(C)CaO　　　　　(D)$CaSiO_4$

109. 对石灰的要求是(　　)、S＜0.15％、无生烧。

(A)CaO≥55％　　　(B)CaO≥65％　　　(C)CaO≥75％　　　(D)CaO≥80％

110. 石灰石 $CaCO_3$ 须经(　　)的温度,才能烧成 CaO。

(A)500 ℃　　　(B)800 ℃～1 000 ℃(C)1 200 ℃　　　(D)1 500 ℃

111. 普通电弧炉炼钢中使用的硅铁的粒度级别一般选用(　　)。

(A)大粒度　　　(B)中粒度　　　(C)小粒度　　　(D)自然块度

112. 根据国家标准规定,硅铁按含硅量分为四种牌号。即含硅 45％、65％、75％和(　　)。

(A)80％　　　(B)78％　　　(C)85％　　　(D)90％

113. 铬铁烘烤时间太长会吸收(　　)。

(A)氮气　　　(B)氧气　　　(C)氢气　　　(D)二氧化碳

114. 赤铁矿的主要成分为(　　)。

(A)FeO　　　(B)Fe_2O　　　(C)Fe_2O_3　　　(D)Fe_3O_4

115. 石墨电极抗压强度应≥(　　)。

(A)6.5 MPa　　　(B)10 MPa　　　(C)15 MPa　　　(D)18 MPa

116. 钢包吹氩的目的是(　　)。

(A)调整钢液温度　　　　　　　　(B)防止炉渣结壳

(C)均匀钢水温度和成分促进夹杂上浮　　(D)为获得良好的表面质量创造条件

117. 炉墙的厚度应能保证炉壳外部温度不大于(　　)为宜。

(A)50 ℃～100 ℃　　　　　　　(B)100 ℃～150 ℃

(C)150 ℃～200 ℃　　　　　　　(D)200 ℃～250 ℃

118. 新砌筑的 LF 钢包,烘烤时间一般不少于(　　)。

(A)8 h　　　(B)16 h　　　(C)24 h　　　(D)32 h

119. 炉底砖要求耐高温,又要耐炉渣的冲刷和具有良好的(　　)。

(A)耐火度　　　(B)热稳定性　　　(C)荷重软化温度　　　(D)抗渣性

120. 钢包的工作层耐火材料均应具有良好的(　　)。

(A)热稳定性　　　(B)酸性　　　(C)碱性　　　(D)中性

121. 卤水镁砂炉衬的烘烤应(　　)。

(A)保持中温　　　(B)由低温到高温　　　(C)由高温到低温　　　(D)保持低温

122. 钢中加稀土元素时,其收得率一般应按(　　)计算。

(A)10％～20％　　　(B)30％～40％　　　(C)50％～60％　　　(D)60％～70％

123. 布料的原则是(　　)。

(A)增碳用的电极装在料罐的顶部　　　(B)上松下紧呈馒头形状

(C)大块料和中块料装在料罐的最底部　　(D)轻薄料要装在炉底

124. 炉顶装料的形式可分为(　　)。

(A)活动工作台式、料罐式、炉盖旋转式

(B)炉盖开出式、活动立柱式、固定立柱式

(C)炉盖开出式、炉体开出式、炉盖旋转式

(D)炉盖开出式、料罐式、炉体开出式

125. 炉坡上涨时铲平或吹平上涨部位后,在装料时,将( )装在下部,有利于消除生长。

(A)镁砂   (B)白云石   (C)生铁   (D)耐火泥浆

126. 装料前在炉底先铺投料量( )的石灰,这是为了缓和炉料对炉底的强烈冲击和提前造渣去磷。

(A)2%~7%   (B)7%~10%   (C)10%~12%   (D)12%~15%

127. 如果炉料导电不良,可在导电不良的电极下方加一些( )帮助起弧。

(A)焦炭或小电极块   (B)木炭

(C)无烟煤   (D)矿石

128. 熔化期金属的挥发损失约为炉料重的( )。

(A)0~1%   (B)2%~3%   (C)3%~5%   (D)5%以上

129. 临近氧化终点时可取样看碳花估碳。碳花较稀,分叉明晰可辨,分3~4叉,落地呈"鸡爪"状,跳出的碳花弧度较小,多呈直线状。碳含量为( )。

(A)0.18%~0.25%   (B)0.12%~0.16%

(C)0.3%~0.4%   (D)0.4%~0.5%

130. 吹氧时,炉内冒出的烟尘黄色,烟色浓、剧烈,说明熔池含碳量较高,在( )之间。

(A)0.1%~0.2%   (B)0.2%~0.3%

(C)0.3%~0.4%   (D)0.5%~1.0%

131. 氧化期吹氧时热效率比不吹氧提高( )。

(A)0.1倍   (B)0.6倍   (C)1倍   (D)3倍

132. 吹氧时要求高纯度氧气,是因为不纯的氧气中含( )较多,对钢水不利。

(A)CO   (B)N   (C)H   (D)CO_2

133. 当脱碳速度每小时( )时,钢水翻滚,大沸腾,易造成"跑钢"。

(A)<0.3%   (B)0.3%~0.6%   (C)0.6%~1.8%   (D)>5.0%

134. 氧化期炉渣FeO含量一般为( )。

(A)5%~8%   (B)8%~12%   (C)12%~25%   (D)25%~35%

135. 氧化期炉渣CaO含量一般为( )。

(A)20%~30%   (B)30%~40%   (C)40%~50%   (D)50%~60%

136. 加矿石脱碳时,碳的氧化主要发生在( )。

(A)钢渣界面处   (B)钢渣上   (C)钢液中间   (D)炉底、炉坡处

137. 吹氧脱碳时吹氧管对水平线的倾斜角度大约为( )。

(A)30°   (B)45°   (C)60°   (D)90°

138. 吹氧脱碳法的优点是( ),节约电力。

(A)生产效率高   (B)脱碳平稳   (C)脱碳过程长   (D)费用低

139. 在用矿石脱氧时,钢中的氧是由( )传动的。

(A)钢液   (B)炉渣   (C)空气   (D)氧气

140. 氧化末期用电极块增碳,碳的吸收率在( )左右。

(A)50%   (B)60%   (C)70%   (D)80%

141. 在脱碳和脱磷过程中,渣量应为( )。

(A)1%～2%　　(B)2%～4%　　　　(C)4%～5%　　　　(D)5%～6%

142. 扩散脱氧的优点是(　　　)。

(A)钢液纯净　　(B)脱氧效率高　　　(C)操作简便　　　　(D)节能

143. 脱硫速度与钢渣接触面积(　　　)。

(A)无关　　　　(B)成正比　　　　　(C)成反比　　　　　(D)不成比例

144. 熔渣的碱度在(　　　)时,对脱硫最有利。

(A)1～1.5　　　(B)1.5～2.5　　　(C)2.5～3.5　　　(D)3.5～4

145. 熔渣中 FeO 含量在(　　　)时,脱硫能力强。

(A)1.5%～2%　(B)1%～1.5%　　(C)0.5%～1%　　(D)0.5%以下

146. 一般规定以白渣中氧化亚铁的含量低于(　　　)作为良好白渣的标志。

(A)2.5%　　　　(B)1.5%　　　　　(C)1.0%　　　　　(D)2.0%

147. 良好白渣中(　　　),所以炉渣在冷却后外观特征是白色。

(A)氧化亚铁很少,氧化钙多　　　　　(B)氧化亚铁很少,氧化钙也很少

(C)氧化亚铁多,氧化钙少　　　　　　(D)氧化亚铁多,氧化钙多

148. 白渣应用于含碳量(　　　)的钢种。

(A)<0.35%　　(B)=0.35%　　　(C)0.35%～0.60%　(D)>0.60%

149. 锰铁在还原初期加入时的收得率为(　　　)。

(A)85%～90%　(B)90%～95%　　(C)95%～97%　　(D)100%

150. 硅铁在出钢前 10 min 加入时收得率为(　　　)。

(A)85%～90%　(B)90%～95%　　(C)95%～100%　　(D)100%

151. 合金元素钒应在(　　　)加入。

(A)炉料中　　　(B)熔化后期　　　　(C)氧化期　　　　　(D)出钢前

152. (　　　)等元素应在还原末期脱氧良好的情况下加入或插入炉内。

(A) Ni、Mo、Cu　(B)Si、Cr、W　　　(C)Al、Ti、RE　　　(D)Cr、Mo、Si

153. 稀土合金在出钢前插铝后加入时收得率为(　　　)。

(A)30%～40%　(B)40%～50%　　(C)50%～60%　　(D)60%～70%

154. 钛铁在出钢前加入时收得率为(　　　)。

(A)30%～40%　(B)40%～60%　　(C)60%～70%　　(D)70%～80%

155. 一般情况下,钢液在良好的白渣下还原的时间应不少于(　　　)。

(A)10 min　　　(B)15 min　　　　(C)25 min　　　　(D)60 min

156. 在还原期脱硫时,用钢棒粘渣厚度法判断炉渣黏度时,适宜的粘渣层厚度为(　　　)左右。

(A)均匀的 1 mm　　　　　　　　　(B)均匀的 3 mm

(C)均匀的 5 mm　　　　　　　　　(D)不均匀的 1 mm～5 mm

157. 还原期脱硫时控制炉渣碱度 R=(　　　)左右。

(A)1　　　　　　(B)2　　　　　　　(C)3　　　　　　　(D)4

158. 还原期基本上保持冶炼过程在钢液(　　　)条件下进行。

(A)浇注温度　　(B)出钢温度　　　　(C)出钢温度以下　　(D)出钢温度以上

159. 出钢时炉渣为流动性良好的(　　　)。

(A)白渣　　　　　(B)电石渣　　　　　(C)弱电石渣　　　　　(D)稀薄渣

160. 钢种的出钢温度一般比熔点高(　　)即可。

(A)10℃～30℃　　(B)30℃～50℃　　(C)80℃～100℃　　(D)100℃～120℃

161. 硼铁应在(　　)加入。

(A)炉料　　　　(B)出钢时加入包中　　(C)熔化期　　　　(D)还原末期

162. 钢渣分出由于避免了钢液与炉渣相混的过程,钢液中(　　)数量较少。

(A)O_2　　　　(B)FeS　　　　　(C)N　　　　　(D)夹杂物

163. 钢渣混出扩大了炉渣与钢液间的接触面积,故能起到进一步脱(　　)的作用。

(A)硫　　　　　(B)磷　　　　　(C)氮　　　　　(D)氢

164. EBT电弧炉出钢时随钢流加入铝饼或铝块脱氧,合金在出钢(　　)左右时按规格下限加入。

(A)1/4　　　　(B)1/3　　　　(C)1/2　　　　(D)1/5

165. EBT电弧炉出钢时严格控制出钢量,当电子显示屏显示出钢量达到计划出钢量的(　　)时,迅速将炉摇到出渣方向5°位置。

(A)85%　　　　(B)90%　　　　(C)95%　　　　(D)98%

166. 30tEBT电弧炉出钢过程中重点控制不能下渣,如果下渣,根据下渣多少加(　　)碳化硅进行脱氧。

(A)5～10 kg　　(B)10～15 kg　　(C)15～20 kg　　(D)20～30 kg

167. 20 t～30 t的EBT电弧炉留钢量在(　　),留渣量在90%以上。

(A)10%～15%　　(B)15%～25%　　(C)25%～35%　　(D)35%～45%

168. 应用炉外精炼技术可以使硫、磷含量降低到(　　)以下或更低。

(A)0.1%　　　　(B)0.05%　　　　(C)0.01%　　　　(D)0.001%

169. LF精炼炉渣线部位一般采用(　　)砌筑。

(A)镁碳砖　　　(B)镁砖　　　　(C)黏土砖　　　　(D)高铝砖

170. 对于经过充分脱氧,但温度高于(　　),碳含量大于1%的高碳钢,当钢液在脱氧杯凝固时,往往冒出一束束火花或有上涨并结成一层硬盖的现象。

(A)1580℃　　　(B) 1600℃　　　(C)1620℃　　　(D)1640℃

171. 在微型快速热电偶中热电偶丝用(　　)做保护套管。

(A)塑料管　　　(B)耐火水泥　　　(C)石英管　　　　(D)棉花

172. 铂铑-铂热电偶其型号为(　　)。

(A)WREU　　　(B)WRIB　　　　(C)WREA　　　　(D)WREB

173. 微型快速热电偶测温极限为(　　)。

(A)1300℃以下　　　　　　　　(B)1300℃～1500℃
(C)1500℃～1600℃　　　　　　(D)1600℃～1800℃

174. 微型快速热电偶测温主要优点是测量(　　)。

(A)精度高、误差小　　　　　　(B)精度高、误差大
(C)精度低、误差小　　　　　　(D)精度低、误差大

175. 如被测物体是(　　),则光学高温计测的数字即为物体的实际温度。

(A)绝对白体　　(B)绝对黑体　　　(C)灰体　　　　　(D)实体

176. 光学高温计测得的温度值比真实温度(　　　)左右。

(A)高 100℃　　　(B)高 50℃　　　　　(C)低 50℃　　　　　(D)低 100℃

177. 一般在炼钢过程中对钢液做(　　　)化学分析。

(A)1 次　　　　　(B)2 次　　　　　　(C)2 次～4 次　　　(D)不做

178. 钢液成分分析试样合适,取样位置一般在(　　　)。

(A)炉门口　　　　　　　　　　　　(B)炉门至 2# 电极中间

(C)1# 电极附近　　　　　　　　　　(D)无所谓

179. 油液在截面积相同的直管路中流动时,油液分子之间、油液与管壁之间磨擦所引起的损失是(　　　)。

(A)沿程损失　　　(B)局部损失　　　(C)容积损失　　　(D)流量损失

180. 最高管理者应以增强顾客(　　　)为目的,确保顾客的要求得到确定并予以满足。

(A)要求　　　　　(B)满意　　　　　(C)放心　　　　　(D)信任

181. 标准化是质量管理的(　　　),质量管理是贯彻执行标准化的保证。

(A)关键　　　　　(B)原则　　　　　(C)基础　　　　　(D)规范

182. 组织应确定并(　　　)从事影响产品质量工作的人员所必要的能力。

(A)教育　　　　　(B)培训　　　　　(C)学习　　　　　(D)掌握

183. 以操作工人为主,维修工人配合所进行的保养是(　　　)。

(A)日常保养　　　(B)一级保养　　　(C)二级保养　　　(D)特殊保养

184. 容积式液压泵正常工作时,输出的油液主要具有(　　　)。

(A)动能　　　　　(B)机械能　　　　(C)位能　　　　　(D)液压能

185. 照明用手提灯的安全电压为(　　　)。

(A)220V　　　　　(B)36V　　　　　 (C)3V　　　　　　(D)110V

186. 我国职业安全健康标准分为基础标准、操作安全标准、产品安全标准、(　　　)标准和评测方法标准五类。

(A)健康卫生　　　(B)健康保健　　　(C)健康保护　　　(D)健康安全

187. 垃圾侵占土地,堵塞江湖,有碍卫生,危害农作物生长及(　　　)的现象,称为垃圾污染。

(A)人体卫生　　　(B)人体生命　　　(C)安全作业　　　(D)文明作业

188. 环境因素是指一个组织的活动、产品或(　　　)中能与环境相互作用的要素。

(A)服务　　　　　(B)售后　　　　　(C)生产　　　　　(D)作业

189. 环境保护的目的是保障(　　　),促进经济与环境协调发展。

(A)人民卫生　　　(B)人民生活　　　(C)人民健康　　　(D)人民安全

190. 环境方针是指组织对其全部环境表现的意图与(　　　)的声明,它为组织的行为及环境目标和指标的建立提供了一个框架。

(A)方向　　　　　(B)原则　　　　　(C)趋势　　　　　(D)政策

三、多项选择题

1. 化学平衡的特征是(　　　)。

(A)正反应速率等于逆反应速率

(B)动态平衡

(C)反应混合物中各组分浓度保持不变,各组分的含量一定

(D)条件改变,原平衡被破坏,在新的条件下建立新的平衡

2. 下列说法正确的是(   )。

(A)对于吸热反应,随着温度升高,平衡常数增大

(B)对于吸热反应,随着温度升高,平衡常数减小

(C)对于放热反应,随着温度升高,平衡常数增大

(D)对于放热反应,随着温度升高,平衡常数减小

3. 影响化学平衡的因素有(   )。

(A)温度　　　　(B)催化剂　　　　(C)浓度(或分压)　　　　(D)总压力

4. 影响液体表面张力的因素有(   )。

(A)液体的性质　　(B)液体的体积　　(C)液体的组成　　　　(D)温度

5. 影响扩散速度的因素有(   )。

(A)温度　　　　(B)介质的黏度　　(C)浓度梯度　　　　(D)质点半径

6. 影响化学反应热效应的因素有(   )。

(A)参加反应物质的性质　　　　　(B)参加反应物质的数量

(C)参加反应物质的聚集状态　　　(D)温度和压力

7. 新一代钢铁材料的主要特征有(   )。

(A)超细晶　　　(B)高洁净度　　(C)高均匀性　　　　(D)耐腐蚀

8. 下列属于碳素钢的是(   )。

(A)40Cr　　　　(B)Q235A　　　(C)T8　　　　　(D)1Cr13

9. 下列属于工具钢的是(   )。

(A)40Cr　　　　(B)Q235A　　　(C)T8　　　　　(D)W18Cr4V

10. 下列属于不锈钢的是(   )。

(A)0Cr18Ni9　　(B)Q235A　　　(C)T8　　　　　(D)2Cr13

11. 下列属于耐火材料热学性能的是(   )。

(A)比热容　　　(B)高温蠕变性　(C)热膨胀性　　　　(D)热导率

12. 下列属于耐火材料使用性能的是(   )。

(A)耐火度　　　(B)抗酸性　　　(C)抗碱性　　　　(D)抗氧化性

13. 晶体的缺陷包括(   )。

(A)点缺陷　　　(B)线缺陷　　　(C)面缺陷　　　　(D)体缺陷

14. 铁碳合金的结晶分为以下三种类型(   )。

(A)共析结晶　　(B)固溶体结晶　(C)包晶结晶　　　　(D)共晶结晶

15. 下列属于回火转变后组织的是(   )。

(A)回火马氏体　(B)回火屈氏体　(C)回火索氏体　　　(D)柱状珠光体

16. 下列属于不锈钢金相组织的是(   )。

(A)奥氏体　　　(B)马氏体　　　(C)铁素体　　　　(D)奥氏体-铁素体

17. 影响钢密度的主要因素是(   )。

(A)温度　　　　(B)成分　　　　(C)组织　　　　(D)晶粒细化程度

18. 影响钢液表面张力的主要因素是(　　　)。

(A)温度　　　　(B)成分　　　　(C)钢液接触物　　　　(D)钢液多少

19. 影响钢导热能力的主要因素是(　　　)。

(A)温度　　　　(B)成分　　　　(C)组织　　　　(D)晶粒细化程度

20. 钢液的物理性质包括(　　　)。

(A)钢液的密度　　(B)钢液的热导率　　(C)钢液的熔点　　(D)钢液的黏度

21. 下列元素能使纯铁液电阻率增加的是(　　　)。

(A)Al　　　　(B)Si　　　　(C)Cu　　　　(D)C

22. 常用造渣材料包括(　　　)。

(A)石灰　　　　(B)萤石　　　　(C)硅石　　　　(D)石灰石

23. 电炉炼钢熔渣的组成主要包括(　　　)。

(A)CaO　　　　(B)SiO_2　　　　(C)FeO　　　　(D)Al_2O_3

24. 影响熔渣导电能力的主要因素包括(　　　)。

(A)熔渣黏度　　(B)温度　　　　(C)熔渣成分　　　　(D)熔渣密度

25. 下列物质中不能提高熔渣导电能力的是(　　　)。

(A)FeO　　　　(B)Al_2O_3　　　(C)CaS　　　　(D)SiO_2

26. 下列属于铁常见氧化物的是(　　　)。

(A)FeO　　　　(B)Fe_2O_3　　　(C)Fe_3O_4　　　(D)Fe_2O

27. 下列能完全溶于铁液的元素包括(　　　)。

(A)Al　　　　(B)Cu　　　　(C)Si　　　　(D)Mo

28. 下列关于氮在钢中有益作用的说法中,正确的是(　　　)。

(A)增加强度　　(B)晶粒细化　　(C)增加耐腐蚀性　　(D)脱氧

29. 下列关于氮在钢中负面作用的说法中,正确的是(　　　)。

(A)应力时效　　　　　　　　(B)降低钢的高温韧性和塑性

(C)破坏钢材的焊接性能　　　　(D)热脆

30. 下列关于氢在钢中危害的说法中,正确的是(　　　)。

(A)氢脆　　　　　　　　　(B)在钢材内部产生显微裂纹

(C)造成铸坯皮下气泡　　　　(D)热脆

31. 铬能改善钢的(　　　)性能。

(A)强度　　　　(B)淬硬性　　(C)耐磨性　　　　(D)抗大气腐蚀性

32. 稀土合金处理钢液的主要作用有(　　　)。

(A)净化钢液　　(B)使夹杂物变性　　(C)合金化　　　　(D)脱磷

33. 影响氢在钢中主要溶解度的因素包括(　　　)。

(A)铁的晶体结构　　　　　　(B)温度和气相中氢气分压力

(C)合金元素　　　　　　　　(D)熔渣组成及其物理性质

34. 下列说法中,有利于脱磷反应进行的是(　　　)。

(A)降低反应温度　　　　　　(B)提高钢水、炉渣的氧化性

(C)提高钢中磷的活度,增大渣量　　(D)较低的碱度

35. 钢中硫的来源主要有(　　　)。

(A)生铁　　　　　　(B)矿石　　　　　　(C)废钢　　　　　　(D)造渣剂

36. 钢中非金属夹杂物的来源主要包括(　　　)。

(A)原材料带入的杂物　　　　　　　　(B)冶炼和浇注过程中的反应产物

(C)耐火材料的侵蚀物　　　　　　　　(D)乳化渣滴夹杂物

37. 下列可以降低钢中氧化物夹杂的措施是(　　　)。

(A)提高原料的纯净度　　　　　　　　(B)采用合理的冶炼工艺、脱氧制度、精炼工艺

(C)提高耐火材料品质与性能　　　　　　(D)减少和防止二次氧化

38. 夹杂物根据化学成分的不同可分为(　　　)。

(A)氧化物夹杂　　(B)硫化物夹杂　　　(C)氮化物夹杂　　　(D)磷化物夹杂

39. 夹杂物按加工性能可以分为(　　　)。

(A)塑性夹杂　　　(B)脆性夹杂　　　　(C)点状不变形夹杂　(D)硫化物夹杂

40. 钢中铝的作用包括(　　　)。

(A)细化晶粒　　　　　　　　　　　　(B)提高抗腐蚀能力

(C)提高钢表面耐磨性和硬度　　　　　　(D)提高钢的塑性

41. 钢中硼的作用包括(　　　)。

(A)细化晶粒　　　　　　　　　　　　(B)提高抗腐蚀能力

(C)提高钢的淬透性　　　　　　　　　(D)提高钢表面耐磨性

42. 下列炼钢的基本反应中属于放热反应的是(　　　)。

(A)铁的氧化　　　(B)锰的氧化　　　　(C)硅的氧化　　　　(D)碳的氧化

43. 炼钢的基本任务包括(　　　)。

(A)脱碳并去气去夹杂　　　　　　　　(B)脱除硫和磷

(C)脱氧　　　　　　　　　　　　　　(D)合金化及升温

44. 直流电炉与交流电炉在冶炼工艺上比较主要的不同点包括(　　　)。

(A)脱碳　　　　　(B)脱磷　　　　　　(C)脱气　　　　　　(D)脱硫

45. 现代电炉炼钢技术具有的特点包括(　　　)。

(A)现代电炉炼钢的能源有三种,除传统的能源外,还有化学能和物理能

(B)传统电炉炼钢的还原期由在线的炉外精炼取代

(C)采用高配碳操作

(D)现代电炉炼钢的产品与传统电炉炼钢的产品不同,主要是连铸坯

46. LFV法具有的功能有(　　　)。

(A)加热及搅拌功能　　　　　　　　　(B)还原精炼和脱气功能

(C)气氛控制功能　　　　　　　　　　(D)脱磷功能

47. 下列属于VD法具有的功能是(　　　)。

(A)加热　　　　　(B)脱氧　　　　　　(C)脱气　　　　　　(D)改善夹杂物形态

48. 炉外精炼常用的搅拌方式有(　　　)。

(A)机械搅拌　　　(B)人工搅拌　　　　(C)气体搅拌　　　　(D)电磁搅拌

49. 生产中使用较为广泛的夹杂物变形剂是(　　　)。

(A)钛　　　　　　(B)锆　　　　　　　(C)硅钙合金　　　　(D)稀土合金

50. 不属于残缺类缺陷的是(　　　)。

(A)错型　　　　(B)错芯　　　　　　(C)偏箱　　　　　(D)型漏

51. 电炉通常用水冷却的部位有(　　)。

(A)电极夹持器和电极密封圈　　　　(B)炉壳上部

(C)炉门和炉门框　　　　　　　　　(D)炉盖圈

52. 目前,电炉排烟采用的方法有(　　)。

(A)炉顶开孔排烟法　　　　　　　　(B)电炉密闭罩法

(C)炉壁开孔排烟法　　　　　　　　(D)车间屋顶大罩法

53. 除尘设备种类很多,有(　　)等。

(A)重力除尘器　(B)湿法除尘器　　(C)静电除尘器　　(D)布袋除尘器

54. 电弧炉高压控制柜上装有(　　)等。

(A)高压仪表和信号装置

(B)隔离开关手柄

(C)真空断路器、电抗器、和变压器的开关

(D)控制电极升降的手动、自动开关

55. 电弧炉低压配电设备主要由(　　)等组成。

(A)动力柜　　　(B)配电柜　　　　(C)程序控制柜　　(D)主操作台

56. 电弧炉高压供电系统主要由(　　)等组成。

(A)高压进线柜　(B)真空开关柜　　(C)过电压保护柜　(D)高压隔离开关

57. 常见的电炉加料前允许旋开炉盖的连锁条件有(　　)。

(A)电极、炉盖在最高位或者给定的位置　(B)门架旋转锁定解锁

(C)前、后倾支腿锁定　　　　　　　(D)短路器断开、液压系统正常

58. 电极相间起弧的危害主要体现在(　　)。

(A)损害电极和降低小炉盖使用寿命

(B)输入的电能50%以上是无效的,增加了冶炼电耗

(C)可能会导致断电极事故的发生

(D)冶炼时间增加

59. 电炉的功率水平分为(　　)几种。

(A)低功率　　　(B)普通功率　　　(C)高功率　　　　(D)超高功率

60. 短网包括(　　)等部分。

(A)导电横臂和石墨电极　　　　　　(B)水冷电缆

(C)铜排　　　　　　　　　　　　　(D)隔离开关

61. 下列属于电炉变压器特点的是(　　)。

(A)过载能力大,机械强度高　　　　(B)变压比大

(C)二次侧电压不可调　　　　　　　(D)二次侧电流大

62. 关于电炉停、送电时,开关操作顺序正确的是(　　)。

(A)送电时先合上隔离开关,后合上断路器

(B)送电时先合上断路器,后合上隔离开关

(C)停电时先断开断路器,后断开隔离开关

(D)停电时先断开隔离开关,后断开断路器

63. LF 导电横臂的组成包括(　　)。

(A)横臂本体 　　　　　　　　　　(B)导电板、抱闸

(C)电极夹紧及放松机构 　　　　　　(D)水冷导电铜管

64. 在废钢的加工处理中,对重型废钢加工处理的方法包括(　　)。

(A)切割　　　　　(B)冷剪　　　　　(C)爆破　　　　　(D)解体

65. 废钢的供应日趋紧张,目前已用于电弧炉生产的废钢代用品有(　　)。

(A)生铁 　　　　　　　　　　　　(B)铁水

(C)直接还原铁及碳化铁 　　　　　　(D)精矿粉

66. 下列四组铁合金中,不能相邻堆放的是(　　)。

(A)高碳锰铁和硅锰铁 　　　　　　(B)高碳铬铁和低碳铬铁

(C)钼铁和镍铁 　　　　　　　　　(D)硅铁和锰铁

67. 电炉炼钢对石灰的要求主要是(　　)。

(A)氧化钙含量要大于 80% 以上 　　(B)新烧、干燥

(C)粒度合适 　　　　　　　　　　(D)活度适中

68. 电炉炼钢对直接还原铁的性能要求有(　　)。

(A)密度要在 $4.0\ g/cm^3 \sim 6.5\ g/cm^3$

(B)一般要求冷态条件下,抗拉强度大于 70MPa

(C)粒度合适

(D)杂质含量不能过高,金属化率不能过低

69. 目前,电炉炼钢使用的电极主要有(　　)。

(A)石墨电极 　　　　　　　　　　(B)碳素电极

(C)抗氧化电极 　　　　　　　　　(D)高功率—超高功率电极

70. 影响石墨电极消耗的主要因素是(　　)。

(A)电流大小 　　　　　　　　　　(B)通电时间

(C)用氧情况 　　　　　　　　　　(D)炉渣的硬度和化学成分

71. 下列关于电极消耗的说法正确的是(　　)。

(A)电极处在高温环境下,表面与氧发生碳氧反应

(B)电极端部与电弧直接接触,使端部电极升华,形成消耗

(C)电极部分与熔池接触,碳元素被熔池吸收,并侵蚀消耗

(D)受到电磁力、机械力及固体原料冲击力的作用,产生断裂、崩落而消耗

72. 下列属于镁质耐火制品的是(　　)。

(A)镁砖　　　(B)镁铝砖　　　(C)铬镁砖　　　(D)镁碳砖

73. 下列属于硅酸铝质制品的是(　　)。

(A)半硅砖　　　(B)黏土砖　　　(C)高铝砖　　　(D)镁铝砖

74. 按透气砖内部结构,可分为(　　)几种类型。

(A)弥散型　　　(B)狭缝型　　　(C)直通型　　　(D)迷宫型

75. 从透气砖的功能和使用环境看,对透气砖的主要要求为(　　)。

(A)透气性好 　　　　　　　　　　(B)强度高耐冲刷

(C)防止熔钢渗透 　　　　　　　　(D)耐侵蚀、抗热震

76. 不定形耐火材料根据其硬化特点,可分为( )。

(A)气硬性结合剂   (B)水硬性结合剂

(C)热硬性结合剂   (D)陶瓷结合剂

77. 理想的炉底合成料应该具备的技术特性有( )。

(A)快速烧结,形成坚实的工作层

(B)使用中低熔胶结相转变为高熔点相

(C)最大限度地阻止熔渣渗透并使深层材料保持适度的松散性

(D)良好的导热性

78. 钢包透气砖的材质主要有( )。

(A)高铝   (B)铬刚玉   (C)黏土   (D)镁碳

79. 电炉水冷挂渣炉壁的结构可分为( )。

(A)板式   (B)铸管式   (C)管式   (D)喷淋式

80. 电炉水冷炉盖根据水冷却管的布置其结构可分为( )。

(A)管式环状   (B)管式套圈和外环套圈组合式

(C)喷淋式   (D)管式环状与耐火材料组合式

81. 水冷炉盖的优势包括( )。

(A)提高炉盖的使用寿命   (B)简化了水冷系统

(C)节约了大量耐火材料   (D)改善劳动条件

82. 开炉前检查三相电极包括( )。

(A)电极是否有连电现象   (B)把持器是否灵活

(C)升降是否正常   (D)电极的长度

83. 下列属于开炉前配电工检查的项目是( )。

(A)各选择开关位置是否正确   (B)各指示信号是否正常

(C)各仪表显示是否正常   (D)高压系统是否正常

84. 实践观察,炉体最易损坏的部位是( )。

(A)出钢口两侧   (B)炉门口两侧

(C)1$^{\#}$电极附近的渣线   (D)2$^{\#}$电极附近的渣线

85. 加料前炉底垫加石灰的益处有( )。

(A)减轻钢铁料对炉底的冲撞

(B)在穿井时保护炉底,减轻电弧的侵蚀作用

(C)可提早形成炉渣,覆盖钢水表面,防止钢水增碳、吸气

(D)加速熔化炉料

86. 吹氧助熔的方法主要有( )。

(A)吹氧管插到炉底部位吹氧提温   (B)切割法

(C)渣面上吹氧   (D)先吹熔池的冷区废钢

87. 熔化期冶炼过程产生喷溅和溢渣的原因有( )。

(A)加料不当,产生塌料现象   (B)加矿或吹氧氧化温度低

(C)原料潮湿   (D)石灰加入量大

88. 下列属于熔化期氧来源的是( )。

(A)炉料表面的铁锈　　　　　　　　　(B)炉气

(C)矿石　　　　　　　　　　　　　　(D)为了助熔引入的氧

89. 炉料熔化过程中,元素的氧化损失量与(　　　)有关。

(A)元素的特性　　　(B)元素的含量　　　(C)炉龄　　　　　(D)冶炼方法

90. 下列有利于脱磷的条件是(　　　)。

(A)降低熔渣(FeO)含量　　　　　　　(B)增加熔渣(FeO)含量

(C)降低熔渣碱度　　　　　　　　　　(D)增加熔渣碱度

91. 下列物质对钢液脱磷不利的是(　　　)。

(A)FeO　　　　(B)CaO　　　　(C)Cr　　　　(D)Mn

92. 复合脱氧剂的优点有(　　　)。

(A)脱氧产物易于排除　　　　　　　　(B)提高合金元素利用率

(C)去除夹杂物效果显著　　　　　　　(D)可以脱磷

93. 下列材料中,可作为扩散脱氧剂使用的是(　　　)。

(A)粉状石灰　　　(B)硅铁粉　　　　(C)铝粉　　　　　(D)炭粉

94. 下列材料中既可作为脱氧剂,又可作为合金剂的是(　　　)。

(A)钼铁　　　　(B)电解镍　　　　(C)硅铁　　　　(D)锰铁

95. 下列属于缩短熔化期措施的是(　　　)。

(A)减少非通电时间　　　　　　　　　(B)强化用氧

(C)提高变压器输入功率　　　　　　　(D)废钢预热

96. 下列属于电炉炼钢废钢铁料的塔桥现象危害的是(　　　)。

(A)影响熔渣碱度　　　　　　　　　　(B)引起塌料打断电极

(C)污染钢水　　　　　　　　　　　　(D)引起大沸腾事故

97. 熔化期发生炉料导电不良,在导电不良的电极下方加入小电极块的好处是(　　　)。

(A)作用时间长　　　(B)导电性好　　　(C)不易烧结　　　(D)使熔渣黏度下降

98. 下列说法中,可引起电极折断的是(　　　)。

(A)氧化期电流偏大　　　　　　　　　(B)氧化期电压偏大

(C)小炉盖和电极的对中情况不好　　　(D)冶炼过程中的大塌料

99. 下列属于熔化期主要物化反应的是(　　　)。

(A)元素的挥发和氧化　　　　　　　　(B)钢液的吸气

(C)热量的传递与散失　　　　　　　　(D)夹杂物的上浮

100. 熔化期提前造渣的作用包括(　　　)。

(A)稳定电流　　　　　　　　　　　　(B)覆盖钢液防止热量损失,提高传热效率

(C)防止钢液吸气,捕集吸收废钢铁料带入的夹杂物

(D)减少元素挥发,有利于脱除钢中的磷、硅、锰等元素

101. 从脱磷的角度考虑,熔化渣必须具有一定的(　　　)。

(A)还原性　　　　(B)氧化性　　　　(C)碱度　　　　(D)渣量

102. 氧化期脱碳的目的是(　　　)。

(A)使扒渣碳达到标准要求　　　　　　(B)去气

(C)去夹杂　　　　　　　　　　　　　(D)加热并均匀钢水温度

103. 氧化期防止大沸腾事故的方法有(　　)。

(A)料罐中氧化铁皮,矿石加入量不宜过多

(B)吹氧时不宜长时间地吹渣操作

(C)氧气压力过小,不宜吹氧冶炼

(D)加矿石等氧化剂一次不宜加过量,加入温度不能过低

104. 脱硫、脱磷对炉渣要求的相同点有(　　)。

(A)大渣量　　　　(B)高碱度　　　　(C)良好流动性　　　　(D)高温度

105. 脱硫、脱磷对炉渣要求的不同点有(　　)。

(A)炉渣流动性　　(B)温度　　　　(C)氧化性　　　　(D)碱度

106. 氧化剂法脱碳操作要点有(　　)。

(A)高温　　　　　(B)薄渣　　　　(C)分批加矿　　　　(D)均匀激烈的沸腾

107. 电炉炼钢减少氢含量的措施有(　　)。

(A)废钢不含有油污、清洁少锈　　　(B)入炉的合金料、造渣料烘烤后使用

(C)保证合适的脱碳量和脱碳速度　　(D)加大造渣量

108. 下列能够影响脱碳反应的是(　　)。

(A)熔池中碳和氧的扩散速度　　　　(B)CO 气泡的生成条件

(C)CO 气泡的逸出条件　　　　　　(D)钢液中硫含量高

109. 氧化渣扒不净会造成(　　)。

(A)还原期回磷较多,甚至超出标准要求　(B)合金收得率低

(C)白渣形成困难　　　　　　　　(D)还原时间长

110. 氧化末期钢水过氧化的危害有(　　)。

(A)合金收得率低　　　　　　　　(B)白渣形成慢

(C)还原期成分不稳　　　　　　　(D)脱硫速度慢

111. 氧化后期用铁棒粘渣,良好氧化渣的表现为(　　)。

(A)断面黄色　　(B)厚度 2~3 mm　(C)表面黑亮色　　(D)玻璃状

112. 影响泡沫渣的因素有(　　)。

(A)熔池碳含量　(B)炉渣的物理性质　(C)炉渣的化学成分　(D)温度

113. 下列说法中属于泡沫渣作用的是(　　)。

(A)降低电耗、缩短冶炼时间、提高生产率

(B)减少弧光对炉衬的辐射

(C)降低电极消耗

(D)具有较高的反应能力,有利于脱磷、脱硫

114. 影响熔渣发泡的因素有(　　)。

(A)吹气量和气体种类　　　　　　(B)碱度

(C)FeO 含量　　　　　　　　　(D)温度

115. 泡沫渣具有较强的反应能力,有利于加速炉内的化学反应,例如氧化期的泡沫渣对
(　　)有利。

(A)脱磷　　　　(B)去碳　　　　(C)脱氧　　　　(D)脱硫

116. 泡沫渣具有较强的反应能力,有利于加速炉内的化学反应,例如还原期的泡沫渣对

（　　）有利。

(A)脱磷　　　　(B)去碳　　　　(C)脱氧　　　　(D)脱硫

117. 下列说法中,有利于脱氧产物排除的是(　　)。

(A)脱氧产物颗粒大　　　　　　(B)脱氧产物呈液态

(C)加强搅拌　　　　　　　　　(D)全程沉淀脱氧

118. 促进脱氧产物上浮采取的搅拌措施有(　　)。

(A)人工搅拌　　(B)机械搅拌　　(C)电磁搅拌　　(D)气体搅拌

119. 脱硫反应速度与(　　)等有关。

(A)原始硫含量　　(B)渣钢接触面积　　(C)渣层厚度　　(D)反应温度

120. 对熔池中还原渣脱硫的影响因素有(　　)。

(A)熔渣碱度　　　　　　　　　(B)渣中 FeO 含量

(C)温度　　　　　　　　　　　(D)渣钢界面面积及渣量

121. 下列关于熔渣成分对脱硫影响的说法,正确的是(　　)。

(A)较高的 CaO 含量　　　　　　(B)较低的 FeO 含量

(C)合适的 CaF_2 含量　　　　　(D)较高的 SiO_2 含量

122. 还原期脱硫操作的强化措施包括(　　)。

(A)提高扒渣温度　　　　　　　(B)提高还原渣碱度

(C)加强沉淀脱氧或采用强制性的脱氧工艺

(D)加强搅拌及换渣操作

123. 还原期合金化时,对不易氧化的合金元素(　　)等,多数随炉料装入,少量在氧化期或还原期加入。

(A)铜　　　　(B)钨　　　　(C)钼　　　　(D)硅

124. 还原期合金化时,对较易氧化的元素(　　)等,一般在还原初期加入。

(A)锰　　　　(B)铬　　　　(C)钼　　　　(D)镍

125. 还原期合金化时,对极易氧化的合金元素(　　)等,在出钢前或在钢水包中加入。

(A)铝　　　　(B)钛　　　　(C)稀土　　　　(D)锰

126. 炉渣造成合金元素收得率低的原因有(　　)。

(A)炉渣含氧量高　　(B)炉渣黏度大　　(C)渣量大　　(D)炉渣含氧量低

127. 下面可以影响合金元素收得率的是(　　)。

(A)钢液温度　　　　　　　　　(B)钢水量多少

(C)钢液脱氧程度　　　　　　　(D)金元素加入的时间、块度和方法

128. 下列做法中,可以防止还原期碳高的是(　　)。

(A)避免电极头折断落入钢水中

(B)炭粉或碳化硅粉不要集中加入

(C)不准在废钢铁料没有完全熔化就进入还原期

(D)在电石渣下出钢

129. 下列做法中,可以防止还原期磷高的是(　　)。

(A)氧化期要有激烈的沸腾

(B)不准在废钢铁料没有完全熔化就进入还原期

(C)除渣干净彻底

(D)熔氧结合工艺,及时流渣

130. 关于还原期取样,下列说法正确的是(　　　)。

(A)取样前充分搅拌　　　　　　　(B)取样温度合适

(C)白渣下取样　　　　　　　　　(D)取样部位可任选

131. 金属铝脱氧存在的问题有(　　　)。

(A)氧化铝夹杂影响弹簧钢和硬线钢的拉拔性能

(B)氧化铝是结构钢中疲劳裂纹的形核核心

(C)氧化铝易堵塞水口,造成连铸停浇

(D)使钢产生时效现象

132. 造成钢水二次氧化的氧源有(　　　)。

(A)钢流与空气接触的直接氧化

(B)钢流卷入空气与钢包及铸型内钢液的相互作用

(C)出钢槽与包衬的耐火材料与钢液相互作用

(D)卷入钢液的悬浮渣滴与钢水的相互作用

133. 喂线相对于喷粉所具有的优点是(　　　)。

(A)设备轻便、操作简单　　　　　(B)温降小

(C)消耗少,操作费用省　　　　　(D)散发的烟气少

134. 电弧炉还原期渣钢界面吹氩的目的是(　　　)。

(A)均匀成分　　(B)均匀温度　　(C)促进脱氧　　(D)促进脱硫

135. 电弧炉还原期取样前吹氩的目的是(　　　)。

(A)均匀成分　　(B)均匀温度　　(C)促进脱氧　　(D)促进脱硫

136. 还原后期加电解镍调整成分的危害有(　　　)。

(A)密度大,收得率低,镍容易出格　(B)造成氢含量增加

(C)熔点高,不易熔化　　　　　　(D)极易氧化

137. 带料还原可能会造成还原期(　　　)。

(A)碳高重氧化　　(B)磷高重氧化　　(C)铝高重氧化　　(D)硅高重氧化

138. 出钢时钢液脱氧不良会导致(　　　)。

(A)钢液夹杂物减少　　　　　　　(B)钢液的纯净度提高

(C)冒口的上涨　　　　　　　　　(D)气泡和发纹缺陷的产生

139. 出钢时熔渣过稀会造成(　　　)。

(A)钢液降温过快　　　　　　　　(B)侵蚀包壁和塞杆

(C)降低钢包使用寿命　　　　　　(D)钢液成分不稳定

140. 下列属于传统电炉出钢方式的是(　　　)。

(A)深坑、大口喷吐、渣钢混冲

(B)挡渣出钢

(C)EBT 出钢

(D)深坑、大口喷吐、渣钢混冲与挡渣出钢结合

141. 深坑、大口喷吐、渣钢混冲出钢的优点是(　　　)。

(A)减少了钢液的降温   (B)减少钢液的二次氧化与吸气

(C)利于钢中非金属夹杂的上浮   (D)进一步脱氧与脱硫

142. 下列属于挡渣出钢的缺点的是( )。

(A)对钢包侵蚀严重   (B)钢液降温快

(C)脱氧、脱硫能力差   (D)钢液化学成分不稳定

143. 在出钢时出钢温度大于 1610 ℃时的钢液状态是( )。

(A)钢液呈青白色   (B)钢液呈白色

(C)钢液白炽耀眼   (D)钢液呈暗红色

144. 在出钢时出钢温度小于 1640 ℃时的钢液状态是( )。

(A)钢液呈青白色   (B)钢液呈白色

(C)钢液白炽耀眼   (D)钢液呈暗红色

145. EBT 技术应用于电炉炼钢的优点是( )。

(A)可以扩大炉壁水冷的范围   (B)提高了合金的收得率

(C)能够实现少渣或无渣出钢   (D)减少了出钢时炉体倾动角度

146. EBT 上部跑渣、跑钢的原因有( )。

(A)装入量过大,防止炉门下钢水,炉体向后倾动时间过长

(B)炉门流渣不畅,泡沫渣质量过剩

(C)大沸腾后,剧烈的炉气和钢渣的冲击力将 EBT 盖板冲走

(D)填料结束后,忘记封闭填料孔

147. EBT 出钢操作控制要点有( )。

(A)出钢车在出钢位

(B)炉体倾动速度合适

(C)在没有脱氧剂和合金剂加入前,不能进行增碳操作

(D)保证一定的出钢时间

148. EBT 出钢口必须进行修补的情况有( )。

(A)出钢时间小于 1.5min   (B)出钢时下渣量过多

(C)出钢时散流严重   (D)出钢口有较严重的伤痕、裂缝

149. EBT 出钢过程下渣的危害有( )。

(A)钢包内大沸腾导致钢水溢出钢包粘死钢包车

(B)降低合金收得率

(C)降低钢水质量

(D)回磷较多

150. 下列可防止 EBT 下渣的措施是( )。

(A)准确掌握炉内钢水量   (B)及时修补或更换出钢口

(C)准确把握炉体回摇时间   (D)提高出钢温度

151. 整个熔氧期根据钢水碳含量情况、泡沫渣埋弧情况,对( )进行动态控制,保证炉渣发泡良好。

(A)吹氧方式   (B)吹氧强度   (C)炭粉加入量   (D)硅铁加入量

152. 下列说法中属于影响 EBT 出钢自流率因素的是( )。

(A)填料烧结层厚度　　　　　　　　(B)下部散料是否顺利流出

(C)填料粒度搭配　　　　　　　　　(D)钢水氧含量

153. 下列方法中能够提高 EBT 自流率的是(　　　)。

(A)提高和改善填充料的材料性质　　(B)完善填料操作

(C)合适的留钢量　　　　　　　　　(D)偏低的出钢温度

154. EBT 填料在冶炼期间从上到下依次为(　　　)。

(A)液相层　　　　(B)烧结层　　　　(C)保温层　　　　(D)松散层

155. 下列措施中,能缩短 EBT 电弧炉熔化时间的是(　　　)。

(A)最大功率供电　　　　　　　　　(B)氧-燃烧嘴助熔

(C)吹氧助熔　　　　　　　　　　　(D)泡沫渣

156. 现代电炉炼钢采用高配碳,其目的主要有(　　　)。

(A)减少铁的烧损　　　　　　　　　(B)碳氧反应造成熔池搅动,促进脱磷反应

(C)促进去气、去夹杂　　　　　　　(D)有助于泡沫渣的形成

157. 对 EBT 出钢口填料的要求有(　　　)。

(A)熔点较高　　　(B)热稳定性好　　(C)导热性差　　　(D)流动性好

158. EBT 填料通常有(　　　)等几种。

(A)镁铝质　　　　(B)镁硅质　　　　(C)铬镁质　　　　(D)钙镁橄榄石质

159. EBT 电弧炉钢水过氧化出钢的危害有(　　　)。

(A)出钢过程中钢包内易产生大沸腾　　(B)合金收得率低

(C)白渣形成慢　　　　　　　　　　(D)脱硫速度慢

160. 提高 EBT 电炉脱磷操作的主要方法有(　　　)。

(A)合理的配料　　　　　　　　　　(B)合理的留钢留渣量

(C)加强吹炼控制　　　　　　　　　(D)采用熔氧结合工艺

161. LF 钢包精炼造泡沫渣的原因有(　　　)。

(A)增加对熔池的辐射,提高热效率

(B)降低了耐火材料的侵蚀指数

(C)电弧燃烧稳定、连续

(D)实现长弧操作,功率因数一般由 0.65 提高到 0.85

162. LF 精炼炉造埋弧渣的方法有(　　　)。

(A)泡沫渣　　　　　　　　　　　　(B)增大渣量,厚度超过电弧高度

(C)向炉渣中吹氧　　　　　　　　　(D)使用碳氧枪

163. LF 精炼过程中防止钢液增氮的措施有(　　　)。

(A)采用短弧或长弧泡沫渣操作

(B)采用微正压操作

(C)控制吹氩搅拌功率,保证钢液面不裸露

(D)避免大量补加合金和增碳

164. 下列属于 LF 精炼过程操作的是(　　　)。

(A)喂线操作　　　(B)造渣操作　　　(C)吹氩操作　　　(D)合金化操作

165. LF 炉造渣的主要目的是(　　　)。

(A)埋弧加热　　　(B)脱氧　　　　　　(C)脱硫　　　　　　　　(D)吸附夹杂物

166.LF精炼实现钢液成分的精确控制,必须遵循下列原则(　　　)。

(A)白渣精炼,钢液脱氧良好　　　　　(B)前一次取样有代表性

(C)准确的钢水重量　　　　　　　　　(D)准确的合金成分及重量

167.影响钢液中铝收得率的因素有(　　　)。

(A)渣中不稳定氧化物　　　　　　　　(B)钢液温度

(C)钢中溶解氧　　　　　　　　　　　(D)渣量大小

168.低氧钢生产中,为保证氧化物夹杂的去除,必须做到以下几点(　　　)。

(A)保证钢中的残铝量

(B)合理的搅拌功率和充足的夹杂上浮时间

(C)易于吸收氧化夹杂的炉渣成分

(D)使夹杂物聚合成大颗粒并对夹杂物进行变性处理

169.影响喂丝成功与否的因素主要有(　　　)。

(A)炉渣的黏度　　　　　　　　　　　(B)钢水搅拌的方式

(C)钢水的搅拌强度　　　　　　　　　(D)钢水量的多少

170.LF钢包精炼炉钢水二次氧化的途径有(　　　)。

(A)耐火材料　　　(B)炉渣　　　　　　(C)空气　　　　　　　(D)氩气

171.LF炉对精炼渣的一般要求有(　　　)。

(A)高碱度　　　(B)低氧化性　　　　　(C)良好流动性　　　(D)合适的渣量

172.LF钢包精炼脱硫操作要点有(　　　)。

(A)控制炉渣成分,提高炉渣碱度　　　(B)强化对炉渣和钢水的脱氧

(C)较高的精炼温度　　　　　　　　　(D)良好的吹氩搅拌

173.LF精炼中导致钢水增碳的原因是(　　　)。

(A)电极熔损、氧化、热振脱落　　　　(B)耐火材料侵蚀

(C)脱氧剂炭粉、碳化硅粉加入方法不对　(D)合金带入的碳

174.LF精炼过程中如何防止钢水二次氧化(　　　)。

(A)合理控制吹氩强度　　　　　　　　(B)合适的渣量

(C)微正压控制　　　　　　　　　　　(D)钢水保护浇注

175.LF脱硫速度慢的主要原因是(　　　)。

(A)炉渣的还原能力差　　　　　　　　(B)炉渣碱度低

(C)钢液的搅拌强度不足　　　　　　　(D)炉渣的流动性差

176.预防LF精炼过程中磷高的措施主要有(　　　)。

(A)严格出钢过程控制,不许下渣

(B)严格按工艺要求控制出钢前磷含量

(C)精炼后期磷偏上限时,合金精调时用低磷合金

(D)提高精炼温度

177.预防LF精炼过程中硅高的措施主要有(　　　)。

(A)控制碳化硅粉、硅铁粉使用量,使用方法正确合理

(B)粗合金化时硅含量按下限控制,精合金化按中限控制

(C)增大吹氩强度

(D)提高精炼温度

178. 预防 LF 精炼过程中碳高的措施主要有(　　)。

(A)控制碳化硅粉、炭粉使用量,使用方法正确合理

(B)严格按工艺要求控制出钢前碳含量

(C)精炼后期碳偏上限时,合金精调时用低碳合金

(D)供电制度与供氩制度合理使用,防止电极增碳

179. 防止 LF 透气砖不透气的方法有(　　)。

(A)浇注结束后及时清理并对透气砖反吹,保证透气

(B)更换铸口砖,填装引流砂时对透气砖进行检查

(C)出钢前再次检查透气情况

(D)出钢前 60s 打开氩阀门

180. 下列关于安全地进行测温取样操作说法中,正确的是(　　)。

(A)穿戴好劳动保护用品

(B)操作前,主控室将断路器断开

(C)操作工站在与炉门成 30°角的方向操作

(D)操作同时要进行放渣操作

181. 在还原期取样分析时,下列(　　)渣况下取样不会导致结果误差较大。

(A)黄色炉渣　　　(B)白色炉渣　　　(C)灰白色炉渣　　　(D)绿色炉渣

182. 下列属于光谱仪的基本结构的是(　　)。

(A)激发光源　　　(B)色散系统　　　(C)真空系统　　　(D)接受系统

四、判 断 题

1. 机械制图中,当绘制外螺纹时,螺纹内径须用细实线画出。(　　)

2. 同一零件在不同视图中,剖面线的方向和间隔应保持一致。(　　)

3. 当相邻零件有关部分基本尺寸不同时,即使间隔很小,也必须画两条线。(　　)

4. 由反应物变成生成物的反应在可逆反应中叫逆反应。(　　)

5. 当可逆反应达到化学平衡状态时,正反应和逆反应都将停止。(　　)

6. 对于一个可逆反应,温度一定,平衡常数 k 是常数。(　　)

7. 对于任一化学反应,都可以根据平衡常数的大小来衡量反应进行的限度。(　　)

8. 表面张力的方向总是与液面相切。(　　)

9. 对于钢液来说,温度越高,其表面张力越小。(　　)

10. 随着介质黏度的增大,质点在其中扩散时的阻力增大,扩散速率增大。(　　)

11. 扩散常数与温度无关。(　　)

12. 扩散元素的浓度越高,扩散越快。(　　)

13. 单位时间内传导的热量与温度差和传热面积成正比,而与距离成反比。这个定律称作傅里叶定律。(　　)

14. 对流发生在液体内部。(　　)

15. 热辐射与传导及对流一样是接触式传热。(　　)

16. 凡是有温差的地方,就有热量自发地从高温物体向低温物体转移。(　　)

17. 在一个孤立系统里,只要使系统的总能量保持不变,这个过程就可以进行。(　　)

18. 一切自发过程都是不可逆的。(　　)

19. 电弧炉的能量供给制度是指:在不同冶炼阶段向炉内输入电弧功率的多少。(　　)

20. 为了减少热损失和不使炉盖、炉墙损坏,输入炉内的电弧功率应随熔池温度升高而减小。(　　)

21. 热化学中热效应用 Q 来表示,并规定吸热为正值,放热为负值。(　　)

22. 调质钢的含碳量一般在 0.25%～0.50% 之间,属于低碳钢。(　　)

23. 在一定体积的晶体内晶粒数目越多,晶粒越细,塑性变形抗力也越大,强度越高。(　　)

24. 要改善钢的低温性能,就必须设法提高钢的韧—脆性转变温度。(　　)

25. 随着塑性变形程度的增加,金属的强度、硬度提高,而塑性、韧性下降的现象称为加工硬化。(　　)

26. 加大过冷度细化晶粒的方法只对小型或薄壁的铸件有效。(　　)

27. 对于亚共析钢,随着含碳量的增加,钢的硬度、强度增大,塑性降低。(　　)

28. 在亚共析钢中,含碳量越高,则珠光体越多,铁素体越少。(　　)

29. 高碳钢的凝固收缩量比低碳钢小。(　　)

30. 淬火能够得到淬透层深度的能力称为淬透性。(　　)

31. 同一金属材料,即使有电解液存在时,也不会发生电化学腐蚀。(　　)

32. 表面淬火是用来强化工件表面层的热处理方法。(　　)

33. 将零件加热到临界点以上,保温一段时间后以缓慢的速度进行冷却的操作工艺叫淬火。(　　)

34. 钢的熔点与熔炼温度没有关系。(　　)

35. 一般来说,钢水温度越高,流动性越好,钢中含有细颗粒夹杂不影响钢水流动性。(　　)

36. 活度指炉渣中某一组分在参与冶金反应中所表现的化学活性。(　　)

37. 炉渣中某一组分的活度系数值,不因炉渣成分而变化。(　　)

38. 一般来说,提高渣中氧化钙含量或降低渣中二氧化硅的含量均使熔渣的透气性降低。(　　)

39. 炉渣的几个定性定量指标有氧化性、流动性、碱度。(　　)

40. 炉渣过稠或过稀均可能造成钢水增碳。(　　)

41. 炉渣的碱度通常以 CaO 含量/SiO_2 含量表示,所以渣量越大碱度越高。(　　)

42. 如控制碱度过大,炉渣流动性变差,脱氧反应速度变低,脱氧效果反而不好。(　　)

43. 脱磷时碱度高是有利条件,因此碱度越高越好。(　　)

44. 酸性渣无去除 P、S 的能力,所以配料要求用含 P、S 很低的原材料。(　　)

45. 酸性炉渣阻止气体透过的能力大于碱性渣。(　　)

46. 酸性炉渣透气性不好,能隔绝钢水,使氧的传递较慢,氢和氮不易进入钢水。(　　)

47. 炉渣黏度大时,脱硫速度慢,时间长。(　　)

48. 炉渣中 FeO 的多少,对合金元素的收得率没有影响。(　　)

49. 若炉渣黏度大或渣量过大,将不利于合金元素进入钢液,降低了合金元素的收得率。( )

50. 炉渣对钢中各种元素的氧化能力主要取决于渣中 FeO 的活度。( )

51. 渣中的含氧量必须比钢中的含氧量更高,才能保证炉渣的强氧化性。( )

52. 一般情况下,熔渣的电导率随着黏度的增大而增大。( )

53. 炉渣的硫容量是随着炉渣的碱度提高而减小。( )

54. 在炼钢过程中,如果炉渣氧化性强,则能加速氧化过程。( )

55. 碳与硅等元素能显著降低氮在纯铁液中的溶解度。( )

56. 许多金属和非金属元素能完全或部分溶于钢水,只有铅几乎不溶。( )

57. 氮在钢中的偏析程度比氢小。( )

58. 钢中的氮含量高时,导致钢的硬度、脆性增加,塑性、韧性降低。( )

59. 非金属夹杂物的粒度越大,钢的强度越高。( )

60. 在易切削钢中,磷和硫能改善钢的切削性能。( )

61. 铜在钢中会使钢产生网状裂纹,所以铜一定是有害元素。( )

62. 硼能增加钢的淬透性,硼在结构钢中一般含量为 $0.0035\% \sim 0.0050\%$。( )

63. 钢材中的合金元素对钢材火花的特征无影响。( )

64. 在冶炼合金钢过程中,多数合金在钢中均发生烧损。( )

65. 合金元素在钢液中的含量愈高,则烧损愈少。( )

66. 合金元素在钢中主要是溶于铁素体形成固溶体。( )

67. 一般合金元素降低钢的熔点,故低合金钢浇注温度应比相同含碳量的碳钢浇注温度要低些。( )

68. 钼铁随炉料加入或在熔化未期加入。( )

69. 固溶于铁素体中的合金元素对提高强度性能无益。( )

70. 在冶炼过程中,直流电炉通电过程产生的磁场力对于熔池的搅拌能力要比交流电炉的强。( )

71. 对于电炉的脱硫反应,直流电炉与交流电炉脱硫能力相差不大。( )

72. 直流电炉与交流电炉相比,交流电炉对废钢的导电能力要求更高。( )

73. 直流电弧炉炼钢工艺与交流电弧炉相同。( )

74. 直流电弧炉也采用三相电极。( )

75. 直流电弧炉不需要附加电磁搅拌装置。( )

76. 不氧化法炼钢没有氧化期,炉料熔化后即开始还原。( )

77. 碱性电炉不氧化法炼钢适用于冶炼含碳量很低的钢种。( )

78. 不氧化法炼钢合金元素收得率较高。( )

79. 不氧化法炼钢不能进行有效脱磷。( )

80. 感应电炉熔炼时所用电流频率愈高,则集肤效应越弱。( )

81. 感应电炉熔炼基本上是炉料重熔过程。( )

82. 感应炉的炉体是通过转轴装在炉架上,用机械方法倾转。( )

83. 感应炉酸性坩埚用硅砂作耐火材料,用水玻璃作粘结剂。( )

84. 感应炉干法打结坩埚完成后,钢制模样即应取出,以备再用。( )

85. 酸性感应电炉适用于氧化法炼钢。（　　）

86. 酸性感应电炉一般采用不氧化法炼钢。（　　）

87. 不氧化法炼钢过程中不脱碳，而且还有一定程度的增碳，因此这种方法不适于冶炼含碳量很低的钢种。（　　）

88. 炼钢方法确定，无论合金何时加入其收得率是不变的。（　　）

89. 在炼钢过程中，电极的上升和下降一般是手工控制的。（　　）

90. 在废钢的加工处理中，对轻薄料经分选、去除杂质后采用打包、压块的加工方法。（　　）

91. 在废钢的加工处理中，对切削料采用装桶或冷、热压块的加工方法。（　　）

92. 直接还原铁的金属化率在 90% 左右。（　　）

93. 普通电弧炉使用的石灰块度要求为 $20\sim80$ mm。（　　）

94. 偏心底出钢电弧炉和 LF 钢包精炼炉使用的石灰块度要求为 $20\sim50$ mm。（　　）

95. 萤石能改善熔渣流动性，但会降低熔渣碱度。（　　）

96. 从外观上看，鲜绿色的萤石比微白色的 SiO_2 含量大。（　　）

97. 所有加入炉内的合金均需严格称重，在可能范围内建立复核制度。（　　）

98. 钢液中加入铁合金的目的是为了脱碳。（　　）

99. 入炉合金烘烤与否关系不大。（　　）

100. 在电炉炼钢过程中，可以利用氧化剂的氧化作用搅动熔池和去除钢中的气体以及磷等有害杂质。（　　）

101. 判别脱氧剂脱氧效果的好坏，是根据能将钢中溶解的氧降低的程度，以及对生成的脱氧产物从钢中排出的程度。（　　）

102. 在炼钢过程中，所有脱氧剂都可与 FeO 形成低熔点的化合物。（　　）

103. 扩散脱氧的脱氧产物分别进入炉气或被炉渣吸收，因此不会玷污钢液。（　　）

104. 冶炼过程中，高温下镁碳砖内部的氧化镁和碳会发生自耗反应。（　　）

105. 氩气是惰性气体，故不溶于钢液。（　　）

106. 板式水冷挂渣炉壁用锅炉钢板焊接，水冷壁内用倒流板分隔为冷却水流道。（　　）

107. 水冷炉壁的基本特征是将特制的水冷块或蛇形管或耐火材料和金属的复合构件放入炉壁中，使炉壁持久耐用。（　　）

108. 水冷炉盖根据需要开设多个孔，包括 3 个电极孔、装辅助料孔、气体排放（除尘）孔等。（　　）

109. 水冷炉盖在使用过程中不得缺水，且水压、水量满足要求。（　　）

110. 电弧炉的炉盖常用耐火砖砌成，其外沿为钢板制成的炉盖圈（空心、内部通水冷却）。（　　）

111. 炉盖砖除要保证一定的化学成分和物理性能外，还必须具有一定的规格尺寸，不许缺棱少角或熔洞。（　　）

112. 炉墙、炉底和出钢槽等部位受急冷急热的影响，易造成损坏。（　　）

113. 塞杆装配时，铁芯和袖砖间隙填以干燥石英砂，袖砖装完后一次填满。（　　）

114. 炼钢原材料硅含量超标会提前熔池的沸腾时间。（　　）

115. 电炉配碳高会使钢铁料的吹损增加，金属收得率降低。（　　）

116. 电炉配碳量不会影响炼钢过程中对泡沫渣的控制。（　　）

117. 电炉配碳量低操作不容易控制,容易出高温钢。( )

118. 电炉配碳量高,渣中氧化铁含量将会降低,从而影响脱磷反应,容易造成碳高磷高的现象。( )

119. 由于铁合金中含有磷,故低合金钢炉料磷量控制应更严格。( )

120. 所有合金都不能随炉料装炉。( )

121. 炉料差,相应脱碳量应大些。( )

122. 补炉的顺序是先补电极下炉底部分,其次补炉门及出钢口两侧部分,最后补其他部分。( )

123. 碱性电弧炉人工投补的补炉材料是镁砂、白云石或部分回收的镁砂。( )

124. 随同炉料装入的合金,应避开电弧区,以减少烧损。( )

125. 由于硅的氧化反应是放热反应,熔化期钢液温度较低,故更有利于硅的氧化。( )

126. 锰在熔化期被氧化的数量与炉料中含锰量无关。( )

127. 在熔化期锰的氧化比硅少。( )

128. 熔化期碳的氧化量为 $10\%\sim20\%$。( )

129. 熔化期钢液温度低,有利于脱磷。( )

130. 穿井阶段供电上采取较大的二次电压、大电流或采用高电压带电抗操作,以增加穿井的直径和穿井速度。( )

131. 吹氧助熔开始时应以切割法为主,先切割炉门及其两侧的炉料,再切割搭桥的大块炉料,避免大面积塌料。( )

132. 熔化期从炉门或电极孔逸出的烟尘中含有许多金属氧化物,其中最多的是 Fe_2O_3。( )

133. Mo 的沸点是 4800 ℃,而 MoO_3 的沸点仅为 1100 ℃,因此,金属钼氧化物的挥发优先于金属钼的挥发。( )

134. 一般情况下,氧化期中 Al、Ti、Si 三种元素都能全部氧化。( )

135. 在一般情况下,气体在钢液中的溶解度随温度的升高而减小,被高温电弧分解出的氢和氮会因温度的升高而在钢液中溶解量减小。( )

136. 钢液中含有硅锰等元素,对钢液脱磷有利。( )

137. 熔化期发生炉料导电不良,可在导电不良的电极下方加入大量的电极块进行处理,电极块尽量选用大块以保证作用时间。( )

138. 熔化期需要造 $2\%\sim3\%$ 的渣量以满足覆盖钢液及稳定电弧的要求。( )

139. 电炉炼钢中变压器的有用功率越大,炉子的热损失越小,熔化期就越短。( )

140. 氧化期去气速度取决于脱碳速度,脱碳速度愈高,钢液的去气速度愈高。( )

141. 钢液可以用看样勺中钢液碳火花来判断钢液的碳含量。( )

142. 钢液中夹杂物的排除与夹杂物的大小无关。( )

143. 不好的氧化渣取样观察,断面光滑甚至呈玻璃状,说明碱度高,应补加火砖块。( )

144. 电极消耗与电流的平方成正比,显然采用低电流大电压的长弧泡沫渣冶炼,可以大幅度降低电极消耗。( )

145. 泡沫渣使高温状态下的电极端部埋于渣中,减少了电极端部的直接氧化损失。(　　)

146. 用炭粉作脱氧剂,脱氧产物为 CO 气体,不存在钢液被非金属夹杂物玷污的问题。(　　)

147. 采用硅钙合金,常用在高质量钢的脱氧上,它不但有很强的脱氧能力,而且具有很强的脱硫能力。(　　)

148. 钢液温度增高,所有脱氧元素的脱氧能力均提高。(　　)

149. 电炉炼钢中,用硅沉淀脱氧的反应式为:$[Si]+2[O]=(SiO_2)$。(　　)

150. 电炉炼钢中,用铝扩散脱氧的反应式为:$2(Al)+3(FeO)=(Al_2O_3)+3[Fe]$。(　　)

151. 对于脱氧能力很强的钙、铝、钛元素,由于在微观体积内具有较大的过饱和度和能量起伏,所以均相成核的机率性较大。(　　)

152. 脱氧产物的颗粒半径越大,上浮速度越慢。(　　)

153. 液态的脱氧产物易于聚结上浮。(　　)

154. 脱氧产物与钢液间的界面张力大小对脱氧产物的上浮与排除有很大的影响。(　　)

155. 渣层厚度增加,脱硫速度下降,渣层越厚,扩散路程越长,脱硫速度越慢。(　　)

156. 钢液中原始硫含量增加,脱硫速度减小。(　　)

157. 脱硫反应是一个不大的吸热反应,因此提高熔池温度有利于脱硫。(　　)

158. 提高扒渣温度有利于脱硫反应的进行。(　　)

159. 铁合金加入顺序是首先加入脱氧能力强的,然后加入脱氧能力弱的。(　　)

160. 还原期调整成分加入的合金必须烘烤干燥处理。(　　)

161. 锰铁在出钢前加入时收得率约为 98%。(　　)

162. 单元素低合金加入量计算公式:合金加入量=钢液量(规格控制成分(%)−钢中残余成分(%))/(合金成分(%)×合金元素收得率(%))。(　　)

163. 电石渣润湿较好,渣钢不易分离,影响非金属夹杂物的上浮和去除,因此不允许电石渣出钢。(　　)

164. 出钢时,黄渣表明 FeO 或 MnO 含量较高。(　　)

165. 计算成分和分析成分不一致时,没查出原因不准出钢。(　　)

166. 用铝做终脱氧剂在钢液结晶时可作为非自发核心而细化晶粒。(　　)

167. 在湿型砂铸造条件下,终脱氧加铝量应略多一些。(　　)

168. 钢渣分出出钢时间较长,扒渣操作的劳动条件较差。(　　)

169. 钢渣混出出钢时间较短,免去了扒渣操作,劳动条件较好。(　　)

170. 钢渣混出出钢时要求开大出钢口,大钢流混冲出钢。(　　)

171. 吹氧操作,要浅吹和深吹相结合交替进行,过多浅吹导致炉渣严重泡沫化而难以控制。(　　)

172. 使用碳氧枪操作时,根据熔氧期埋弧情况、钢水碳含量高低,合理调整枪位、供氧压力、炭粉流量,促进泡沫渣形成。(　　)

173. 电弧炉炉役前期,留钢留渣量按中上限控制,炉役后期按中下限控制。(　　)

174. 由于出钢口上方是一个冷区,如果有未熔的废钢,或者出钢的温度不高,会导致破坏烧结层的力量减弱,影响自流率。(　　)

175. 当 EBT 电弧炉冶炼周期较长时,液相不能及时出现,填料上部被卷走,烧结层出现在出钢口内,烧结层加厚,影响了钢水破坏烧结层。(　　　)

176. EBT 出钢口填料操作时,如果 EBT 内腔没有填满,烧结层出现在 EBT 内腔,烧结层会加厚,会影响自流率。(　　　)

177. EBT 填料操作结束时,填料的粒度较大的时候,应该用钢钎将填料捣实,防止钢液渗到 EBT 填料的内部。(　　　)

178. 冶炼时间长短同偏心底出钢口填料烧结层厚度没有关系。(　　　)

179. 在 LF 精炼过程中能够将高温电弧掩埋的精炼渣称为埋弧渣。(　　　)

180. 在 LF 钢包进加热工位后,首先取样分析,然后造渣送电。(　　　)

181. 精炼过程中,LF 炉实施泡沫渣工艺可以减少钢水增氮。(　　　)

182. 针对不同钢种,采用相应的 LF 炉造渣、精炼和 VD 处理工艺,并强化浇注保护措施,可有效地控制钢中的全氧含量。(　　　)

183. LF 精炼碳含量较窄的钢种时,喂碳线对碳的成分进行微调。(　　　)

184. 精炼对铝含量有要求的钢种时,白渣下喂铝线,铝的收得率可达到 98%。(　　　)

185. 电弧的长度称为弧长。其长短主要取决于二次侧电压大小,二次侧电压越高,电弧越长。(　　　)

186. LF 精炼中磷超出成品规格要求时只能回炉重新氧化。(　　　)

187. LF 精炼中碳超出成品规格要求时只能回炉重新氧化。(　　　)

188. LF 精炼中硅超出成品规格要求时可直接吹氧氧化。(　　　)

189. LF 精炼中透气砖不透气时可使用事故氩枪吹氩精炼。(　　　)

190. 电炉炼钢取样的目的就是帮助工人掌握某一时刻钢液的温度和化学成分,以便对操作起指导作用。(　　　)

191. 在还原期取样分析时,渣色过灰,取样时炉内增碳反应还在继续进行,钢水含碳量尚不稳定,使得分析结果不正确。(　　　)

192. 光谱仪是一种快速定量分析固体块状试样的光电分析设备,主要用于分析钢铁中常量元素和参与元素。(　　　)

193. 光谱仪的基本原理是利用物质的原子或离子受外界提供的能量而激发后,发射出待测元素的特征光谱来确定元素的种类及其含量。(　　　)

五、简答题

1. 钢中的合金元素改善钢的低温性能的途径有哪几种?

2. 铬铁怎样加入?

3. 钒铁怎样加入?

4. 钛铁怎样加入?

5. 什么叫做酸溶铝?

6. 什么是氧化铁皮?在冶炼中有什么作用?

7. 电极是什么材料制成的?

8. 不氧化法炼钢的配料要求有哪些?

9. 合金元素加入量如何确定(合金元素总量小于 3.5%)?

10. 什么是合金化?

11. 常见合金起的作用是怎么区分的?

12. 合金元素加入时要考虑哪些原则?

13. 熔化期的热损失主要有哪些?

14. 熔化期冶炼过程产生喷溅和溢渣的原因有哪些?

15. 为什么氧化法冶炼时炉料配碳要求高出钢种规格 0.5%～0.6%的碳?

16. 为什么电炉炼钢时会发生导电不良的现象?

17. 为什么说石墨电极是炼钢过程中最好的电极材料?

18. 为什么氧化期末应控制钢液含碳量低于成品的含碳量?

19. 为什么综合氧化法需要"先矿后氧"的操作方法?

20. 为什么有时氧化后期的炉渣会变得黏稠?

21. 为什么要控制炉渣的流动性?

22. 对铁矿石有什么要求?

23. 为什么钢包底和迎钢面的工作层要加厚?

24. 钼在钢中有什么作用?

25. 什么叫二次氧化?

26. 一炉钢水质量估计为 40t,钢液含 Mn 量为 0.35%,加锰计算含锰量为 0.6%,实际分析含锰量为 0.55%,求钢液实际质量。

27. 简述熔清后锰含量过高对脱碳的影响。

28. 去磷的化学反应方程式是什么?

29. 氧化期的纯沸腾时间如何控制。

30. 氧化期操作的基本过程有哪些?

31. 什么叫塑性夹杂物?

32. 泡沫渣的形成条件是什么?

33. 如何控制好氧化期泡沫渣?

34. 泡沫渣有什么好处?

35. 为什么除渣时向渣面上撒加炭粉,炉渣就立即成泡沫状,应注意什么?

36. 脱碳主要靠什么方式完成,氧气直接和钢中碳反应的几率大吗?

37. 氧化期扒渣时,电极插入熔池为什么有利于扒渣,这种做法可取吗?

38. 往炉中加入钼铁 15 kg,钢液中的钼含量由 0.20%增到 0.25%,已知钼铁钼的成分为 60%。求炉中钢液的实际质量。

39. 冶炼 45 号钢,出钢量为 25800 kg,钢中锰含量为 0.15%,控制锰含量为 0.65%,锰铁含锰量为 68%,锰铁中锰收得率为 98%,求锰铁加入量。

40. 脱氧的任务是什么?

41. 简述钢液的脱氧原理。

42. 复合脱氧剂的优点有哪些?

43. 沉淀脱氧的缺点是什么?

44. 什么是综合脱氧法?

45. 作为炼钢脱氧剂使用元素应具有什么条件?

46. 还原期磷高如何处理？

47. 还原期入炉的铁合金为什么要进行烘烤？

48. 还原初期增碳操作如何进行？

49. EBT 出钢判断失误，出钢低温现象如何处理？

50. 如何提高 EBT 自流率？

51. 提高 EBT 电炉脱磷操作的主要方法有哪些？

52. LF 精炼时如何避免钢液频繁与电极接触？

53. LF 炉造渣要求"快"、"白"、"稳"，解释这三字原则。

54. 什么是钙处理？

55. 如何保证 LF 钢包精炼成分的精确控制？

56. LF 钢包精炼如何保证氧化物夹杂的去除？

57. LF 精炼中防止增氮的方法有哪些？

58. LF-VD 法精炼具有哪些功能？

59. 如何堵塞普通电弧炉出钢口？

60. 普通电弧炉堵出钢口为什么要大块石灰和小块石灰搭配使用？

61. 什么是大沸腾？

62. 出钢前为什么必须破坏电石渣？

63. 冶炼 C 级钢何时取参考样、成品样、锰样？

64. 冶炼 2Cr13 钢，钢液量为 33 000 kg，控制成分铬 13.2%，炉中成分铬 12.4%，铬收得率为 95%，Fe-Cr 加入量为多少？

65. 用 6 000 kg 的金属炉料冶炼 ZG25MnGrNiMo 经化验，钢水中 Mo 含量 0.05%，现要求成品钢 Mo 含量为 0.25%，试计算 Mo-Fe 加入量（设金属炉料利用率为 95%，Mo 的收得率为 100%，Mo-Fe 含 Mo60%）。

66. 什么是热装铁水技术？

67. 什么是预熔渣？

68. 金属铝脱氧主要存在哪些问题？

69. 还原期造电石渣的操作要点是什么？

70. 出现电极折断应如何处理？

六、综 合 题

1. 塞杆在钢包上安装时，塞杆不能完全垂直对准水口砖中心，而是要留一个"错身"或"啃头"的原因是什么？

2. 为什么钢包的直径和高度要有一定比例？

3. 在配料时，钢屑情况不同如何进行配碳？

4. 怎样正确布料？

5. 为什么在装料时炉底要先铺上一层石灰？

6. 冶炼过程中出现电极折断的常见原因有哪些？

7. 氧化法炼钢熔化期的技术措施有哪些？

8. 为什么开始通电熔化和吹氧时，会冒红棕色烟尘？

9. 碳氧反应在炼钢过程中有什么重要作用？

10. 氧化期脱碳为什么可以去除钢中气体？

11. 氧化期脱碳为什么可以去除钢中夹杂物？

12. 如何通过炉渣控制钢液的氧化-还原过程？

13. 论述碱性电弧炉不氧化法炼钢石灰石沸腾净化钢液原理。

14. 为什么加矿要流渣，还要随加石灰？

15. 扩散脱氧的原理是什么？

16. 氧对钢的质量有何影响？

17. 计算每公斤赤铁矿提供的氧量（设赤铁矿中 Fe_2O_3 为 90%，写出化学反应方程式）。

18. 为什么还原期加入的石灰要求烘烤？

19. 论述碱性电弧炉氧化法冶炼碳钢还原期操作要点。

20. 电炉炼钢过程中怎样去硫？

21. 钢合金化的基本原则是什么？

22. 炉前某班炼 25MnSi 钢，氧化终点锰含量为 0.05%，钢中锰成分中限 1.40%，锰铁含 Mn60% ，锰的收得率按 90% 计算，钢水量为 25t。试确定锰铁加入量是多少（写出基本计算公式，计算后取整数）。

23. 论述稀土元素在钢中的作用。

24. 还原期碳高如何处理，如何预防？

25. 论述造泡沫渣的工艺操作过程。

26. 影响 EBT 出钢的因素有哪些？

27. 论述 EBT 出现早期穿钢或穿渣的原因及处理措施。

28. EBT 出钢过程下渣的危害有哪些？

29. EBT 出钢过程如何防止下渣？

30. 炉外精炼的任务是什么？

31. LF 精炼中，造成钢液成分不稳定的因素有哪些？

32. 为什么精炼后要保证一段弱搅拌处理时间？

33. 已知一包钢水到 LF 炉取样，钢水中 $w(Mn)=0.10\%$，$w(Si)=0.10\%$，目标钢水 $w(Mn)=0.38\%$，$w(Si)=0.20\%$，已知钢水量为 150 t，试求需要多少千克 MnSi 和 FeSi（MnSi 中 $w(Mn)=66.2\%$，$w(Si)=16.3\%$，FeSi 中 $w(Si)=75.12\%$，Si、Mn 收得率 95%，写出基本计算公式，计算后取整数）。

34. 现在正在冶炼 C 级钢，炉况较差，炉内钢水 12.5 t，前期锰铁加入量为 210 kg，氧化终点锰含量为 0.05%，二个还原样锰含量分别为 1.65%、1.58%、1.49%，碳含量分别为 0.27%、0.26%、0.25%，其余成分全合格，温度合格，白渣，遇到这种情况，如何操作（锰铁含锰量为 70% ，收得率为 96%；硅铁含硅量为 75%）？

35. 精炼处理 45 钢，钢水量为 35 600 kg，包中取样分析：$w(Mn)=0.40\%$，问应加入多少锰铁才能使钢中 $w(Mn)=0.65\%$（锰铁含锰量 65% ，锰的收得率为 98%，写出基本计算公式，计算后取整数）？

电炉炼钢工(高级工)答案

一、填空题

1. T30×4
2. 粗实线
3. 平衡常数
4. 表面张力
5. 浓度梯度
6. 化学反应热效应
7. 热力学第一定律
8. 传递热量
9. 受迫
10. 内部传热
11. 炉料
12. 铬系
13. 碳素钢
14. 高温作用
15. 载荷
16. 抗渣性
17. 抗热震性
18. 挥发
19. 传导电流
20. 转变温度
21. 固相线
22. 塑性变形
23. 压陷能力
24. 塑性变形
25. 腐蚀
26. 晶体
27. 间隙化合物
28. 温度
29. 枝晶
30. 珠光体
31. α-Fe
32. 珠光体
33. 温度
34. 各种元素
35. 碱度
36. 氧化物
37. S、P
38. 高
39. 增大
40. 降低
41. 增加
42. 容量
43. 间接氧化
44. 内生夹杂物
45. 合金元素
46. 氧化
47. 形态
48. 塑性
49. 针孔
50. 偏析
51. 金属化合物
52. 合金元素
53. 氧化
54. 电石渣法
55. 测温
56. 脱碳
57. 交流
58. 直流
59. 物理能
60. 还原
61. 浇注温度
62. 补缩
63. 缩松
64. 缩孔
65. 冷隔
66. 浇不足
67. 砂眼
68. 铸件
69. 边冒口
70. 互感现象
71. 转子
72. 定子绕组
73. 耐用性
74. 立柱升降式
75. 乳化液
76. 控制部分
77. 熄弧
78. 风动夹紧式
79. 钢质
80. 变形损坏
81. 玻璃
82. 不定形耐火材料
83. 热能
84. 磁铁矿
85. Fe_3O_4
86. 660℃
87. 8.94
88. 含氮量
89. 无缝钢管
90. 冷却管
91. 内装
92. 渣线
93. 耐火材料
94. 焊补
95. 人字形
96. 环形
97. 平齐
98. 48
99. 冶炼方法
100. 装料
101. 残钢残渣
102. 机械喷补
103. 穿炉事故
104. 垫补
105. 镶补
106. 卤水
107. 氧气
108. 萤石
109. 砌补
110. 最大功率
111. 氧气切割
112. 直接挥发
113. 回路
114. 输入功率
115. 成分
116. 1.0%
117. 炉渣和钢液
118. 碳
119. 0.6%/h~1.8%/h
120. 扩散速度
121. 氧化亚铁
122. 黏度
123. 粗密

124. 镁砂　　　　125. 圆弧形　　　　126. 碱度　　　　127. FeO

128. 出钢温度　　129. 功率因数　　130. $[Mn]+[O]=(MnO)$

131. $2[Al]+3[O]=(Al_2O_3)$　　132. $(Si)+2(FeO)=(SiO_2)+2[Fe]$

133. $(Ca)+(FeO)=(CaO)+[Fe]$　　134. $2(Al)+3(FeO)=(Al_2O_3)+3[Fe]$

135. 还原气氛　　136. 脱氧剂　　　　137. 脱氧能力　　138. 长大

139. 浓度　　　　140. 脱氧产物　　　141. 碱度　　　　142. 接触面积

143. 全扒渣　　　144. 氧化期　　　　145. 出钢过程　　146. 脱氧完全

147. 取样分析校核元素的增量(%)　　　148. 吹氧　　　　149. 还原期

150. 脱氧良好　　151. 脱氧　　　　152. 炉前快速分析　153. 高碱度

154. 增碳　　　　155. 火花形状　　　156. 终脱氧　　　157. 充分熔化

158. 扒除炉渣　　159. 氧化去磷　　　160. 钢渣分出　　161. 涡流现象

162. 精炼渣　　　163. 泡沫　　　　164. 发泡能力　　165. 烧结层

166. 烧结温度　　167. 液相层　　　　168. 事故氩枪　　169. 吹氩强度

170. 还原气氛　　171. 1 550 ℃　　　172. 铝含量　　　173. 合金成分

174. 白色火焰　　175. 真空处理　　　176. Al_2O_3　　177. MnS

178. 粗合金化　　179. 回磷　　　　180. 3～5　　　181. 50%～70%

182. 50%　　　　183. 钢水成分　　　184. 详细记录　　185. 炉渣

186. 非接触式　　187. 光学高温计　　188. 温度变化　　189. 许多元素

190. 代表性　　　191. 资格证

二、单项选择题

1. A	2. A	3. D	4. C	5. C	6. D	7. B	8. B	9. A
10. A	11. C	12. A	13. D	14. B	15. C	16. D	17. B	18. D
19. B	20. B	21. A	22. A	23. C	24. D	25. D	26. A	27. B
28. C	29. B	30. B	31. D	32. A	33. D	34. C	35. C	36. B
37. C	38. A	39. A	40. A	41. A	42. C	43. B	44. B	45. C
46. A	47. C	48. A	49. D	50. D	51. A	52. C	53. D	54. D
55. C	56. B	57. A	58. B	59. C	60. C	61. A	62. B	63. A
64. A	65. D	66. B	67. B	68. A	69. C	70. B	71. D	72. B
73. B	74. B	75. C	76. C	77. C	78. A	79. B	80. C	81. C
82. B	83. C	84. B	85. B	86. D	87. D	88. D	89. D	90. C
91. A	92. C	93. D	94. B	95. C	96. B	97. C	98. A	99. B
100. C	101. B	102. A	103. B	104. B	105. A	106. A	107. B	108. C
109. D	110. B	111. B	112. B	113. A	114. C	115. D	116. C	117. B
118. C	119. D	120. A	121. B	122. B	123. B	124. C	125. C	126. A
127. A	128. B	129. B	130. D	131. B	132. B	133. C	134. C	135. C
136. D	137. A	138. A	139. D	140. A	141. B	142. A	143. C	144. C
145. D	146. C	147. A	148. C	149. C	150. D	151. D	152. C	153. A
154. B	155. B	156. B	157. C	158. B	159. A	160. C	161. B	162. D

163. A   164. A   165. C   166. B   167. A   168. C   169. A   170. B   171. C
172. B   173. D   174. A   175. B   176. D   177. C   178. B   179. A   180. B
181. C   182. B   183. B   184. D   185. B   186. A   187. B   188. A   189. C
190. D

三、多项选择题

1. ABCD   2. AD   3. ACD   4. ACD   5. ABCD   6. ABCD
7. ABC   8. BC   9. CD   10. AD   11. ACD   12. ABCD
13. ABCD   14. BCD   15. ABCD   16. ABCD   17. AB   18. AB
19. ABCD   20. ABCD   21. BD   22. ABCD   23. ABCD   24. ABC
25. BCD   26. ABC   27. ABC   28. ABC   29. ABC   30. ABC
31. ABCD   32. ABC   33. ABCD   34. ABC   35. ABCD   36. ABCD
37. ABCD   38. ABC   39. ABC   40. ABC   41. AC   42. ABCD
43. ABCD   44. ABC   45. ABCD   46. ABC   47. BCD   48. ACD
49. CD   50. ABC   51. ABCD   52. ABD   53. ABCD   54. ABC
55. ABCD   56. ABCD   57. ABCD   58. ABCD   59. BCD   60. ABC
61. ABD   62. AC   63. ABCD   64. ABCD   65. ABC   66. AB
67. ABCD   68. ABCD   69. ABCD   70. ABCD   71. ABCD   72. ABD
73. ABC   74. ABCD   75. ABCD   76. ABCD   77. ABC   78. AB
79. ABCD   80. ABD   81. ABCD   82. ABCD   83. ABCD   84. ABD
85. ABC   86. BCD   87. ABC   88. ABCD   89. ABD   90. BD
91. CD   92. ABC   93. BCD   94. CD   95. ABCD   96. BD
97. ABC   98. CD   99. ABCD   100. ABCD 101. BCD   102. ABCD
103. ABCD 104. ABC   105. BC   106. ABCD 107. ABC   108. ABC
109. ABCD 110. ABCD 111. AB   112. ABCD 113. ABCD 114. ABCD
115. AB   116. CD   117. ABC   118. ABCD 119. ABCD 120. ABCD
121. ABC   122. ABCD 123. ABC   124. AB   125. ABC   126. ABC
127. ACD   128. ABC   129. BCD   130. ABC   131. ABC   132. ABCD
133. ABCD 134. CD   135. AB   136. AB   137. AB   138. CD
139. ABCD 140. ABD   141. ABCD 142. BC   143. ABC   144. AD
145. ABCD 146. ABCD 147. ABCD 148. ABCD 149. ABCD 150. ABC
151. ABC   152. ABC   153. ABC   154. ABD   155. ABCD 156. ABCD
157. ABCD 158. ABCD 159. ABCD 160. ABCD 161. ABCD 162. AB
163. ABCD 164. ABCD 165. ABCD 166. ABCD 167. ABCD 168. ABCD
169. ABC   170. ABC   171. ABCD 172. ABCD 173. ABCD 174. ABC
175. ABCD 176. ABC   177. AB   178. ABCD 179. ABCD 180. ABC
181. BC   182. ABCD

四、判断题

1. √	2. √	3. √	4. ×	5. ×	6. √	7. √	8. √	9. ×
10. √	11. √	12. √	13. √	14. √	15. ×	16. √	17. ×	18. √
19. √	20. √	21. √	22. √	23. √	24. ×	25. √	26. √	27. √
28. √	29. ×	30. √	31. √	32. √	33. √	34. √	35. ×	36. √
37. ×	38. √	39. √	40. √	41. ×	42. √	43. ×	44. √	45. √
46. √	47. √	48. ×	49. √	50. √	51. √	52. √	53. ×	54. √
55. √	56. √	57. √	58. √	59. √	60. √	61. √	62. √	63. ×
64. √	65. √	66. √	67. √	68. √	69. √	70. √	71. √	72. √
73. √	74. √	75. √	76. √	77. √	78. √	79. √	80. √	81. √
82. √	83. ×	84. ×	85. √	86. √	87. √	88. √	89. √	90. √
91. √	92. √	93. √	94. √	95. ×	96. ×	97. √	98. √	99. √
100. √	101. √	102. ×	103. √	104. √	105. √	106. √	107. √	108. √
109. √	110. √	111. √	112. √	113. √	114. ×	115. ×	116. √	117. √
118. √	119. √	120. √	121. √	122. √	123. √	124. √	125. √	126. √
127. √	128. √	129. √	130. √	131. √	132. √	133. √	134. √	135. √
136. √	137. √	138. √	139. √	140. √	141. √	142. √	143. √	144. √
145. √	146. √	147. √	148. √	149. √	150. √	151. √	152. √	153. √
154. √	155. √	156. ×	157. √	158. ×	159. √	160. √	161. √	162. √
163. √	164. √	165. √	166. √	167. √	168. √	169. √	170. √	171. √
172. √	173. ×	174. √	175. √	176. √	177. √	178. ×	179. √	180. ×
181. √	182. √	183. √	184. √	185. √	186. √	187. √	188. ×	189. √
190. √	191. √	192. √	193. √					

五、简 答 题

1. 答:有两个途径:一是直接固溶于铁素体中,降低其韧—脆性转变温度(2分);另一途径是细化钢的晶粒及显微组织,使晶界上的杂质偏集程度和相界上的位错密度下降,从而也降低了钢的韧—脆转变温度(3分)。

2. 答:铬铁应在精炼初期加入,因铬与氧的亲合力比铁大,即较易氧化,而且使炉渣变稠(3分)。加入后若炉渣变绿,说明炉渣脱氧不好,必须加强还原,把渣中的氧化铬还原(2分)。

3. 答:钒铁在还原期加入,加入后必须在一定时间内出钢,因为钒与氧的亲合力很大,只能在还原期脱氧良好的钢液中加入,加入后使钢水极易吸收空气中的氮气,故只能在出钢前加入,否则时间长了易烧损(4分)。一般在出钢前 10~20 min 加入(1分)。

4. 答:钛与氧、氮的亲合力很大,极易氧化和氮化,成为钢中夹杂,一般加入后在 10 min 之内出钢(2分)。不扒渣加入时,炉渣脱氧必须良好,温度正常,流动性良好(2分)。一般结构钢收得率可达 50%,若炉渣过稀,温度高或脱氧不好时,收得率会很低(1分)。

5. 答:加入钢中的铝,部分形成 Al_2O_3 或含有 Al_2O_3 的各种夹杂物,部分则溶解于固态铁中,随加热和冷却条件不同,在固态条件下形成弥散的 AlN 或继续留在固溶体中,通常将固溶体中的铝以及随后析出的 AlN 称为酸溶铝(5分)。

6. 答:氧化铁皮是锻钢和轧钢过程中剥落下来的碎片和粉末(2分),主要用来调整炉渣的化学成分提高炉渣的 FeO 含量,改善炉渣的流动性,提高炉渣的脱磷能力(3分)。

7. 答:目前主要使用碳质材料做电极,因为碳质材料具有良好的导电性,又能在 3 800℃以下不熔化、不软化,只是缓慢氧化(5分)。

8. 答:(1)配碳时按下式计算:

炉料平均含碳量(%)=成品钢含碳量规格中值(%)-(0.02%~0.04%)(2分)。

(2)炉料的平均含磷量比成品钢的规格成分低 0.005%~0.015%(3分)。

9. 答:铁合金加入量的计算公式为:

铁合金加入量=(规格要求成分-钢液中残余量)×钢液量/(铁合金中合金成分×收得率)(kg)(5分)。

10. 答:为了调整钢中合金元素含量达到所炼钢种规格的成分范围,向钢中加入所需铁合金或金属的操作称为合金化(5分)。

11. 答:通常,锰铁及硅铁既作为脱氧剂使用,又是合金化元素(2分)。有些合金只是作为脱氧剂使用,如硅钙合金、硅铝合金及铝等。冶炼含铝的钢种,铝也是合金元素(2分)。另有一些合金只用于合金化,如铬铁、铌铁、钨铁、钼铁等(1分)。

12. 答:(1)在不影响钢材性能的前提下,按中、下限控制钢的成分(1分)。

(2)合金的收得率要高(1分)。

(3)溶解在钢中的合金元素要均匀(1分)。

(4)先加难熔、不易氧化的合金,再加易熔、易氧化的合金(1分)。

(5)考虑价格因素(1分)。

13. 答:(1)炉衬热损失(1分)。(2)水冷损失和高温炉气带走的热量(1分)。(3)补炉和装料的热损失(1分)。(4)电极辐射热损失(1分)。(5)加热炉衬的热损失(1分)。

14. 答:(1)加料不当,废钢料搭桥悬空,产生塌料现象(2分)。

(2)加矿或吹氧氧化温度低,产生大沸腾(2分)。

(3)原料潮湿,水在高温下气化溢出,造成喷溅和溢渣(1分)。

15. 答:碳在熔化期受熔损及吹氧助熔烧损,约减少 0.2%~0.3%(2分)。在氧化期,为了保证完成脱磷、去气、去非金属夹杂物等任务,一般要求有 0.3%以上的脱碳量。因此,在配料时,炉料碳要求高出钢种规格 0.5%~0.6%(3分)。

16. 答:(1)有时炉料上混有不易导电的耐火材料、炉渣等(2分)。(2)炉料装的空隙太大,彼此接触不良(2分)。(3)由于电极升降架机械故障电极被卡住,造成电极不能下降(1分)。

17. 答:石墨电极具有高的熔点,良好的导电性(1分);高的强度(1分);氧化生成 CO、CO_2 气体,不会污染钢液(1分);可调的密度,可将抗热震性调到最佳(1分);价格低,易加工(1分)。

18. 答:由于炼钢的还原期中加入的铁合金含有碳,会使钢液增碳(2分);还原期炉渣中炭粉(碳化硅粉)和电石也会使钢液增碳(2分);电极也会增碳(1分)。

19. 答:先加矿能使钢水沸腾比较均匀且范围较广,有利于去除钢中气体和夹杂物(2分);同时,该过程要吸收大量的热量,有利于去磷(1分);后期吹氧,薄渣脱碳,脱碳和升温均较快(2分)。

20. 答:氧化后期当渣量少时,强电弧侵蚀了炉墙、渣线,使炉渣中氧化镁量增加了,因此炉渣黏稠(2分)。在炉龄后期,在氧化期加矿吹氧造成钢液沸腾有可能将炉底侵蚀,增加炉渣中的氧化镁,也使炉渣变黏稠(3分)。

21. 答:炉渣过黏,易使钢水裸露,吸气多,且电弧不稳定,渣钢反应减慢,对去 S、P 等杂质不利(3分)。炉渣过稀,电弧光反射很强,钢水加热条件差,炉衬侵蚀厉害(2分)。

22. 答:要求铁矿石中铁的含量高,SiO_2 含量低,含磷、硫低(2分)。块度要适当,使它容易穿过钢渣,直接与钢液接触,加速氧化(2分)。使用前烘烤干燥,去除水分(1分)。

23. 答:钢包在使用过程中,耐火材料受到高温钢水的冲刷以及炉渣的侵蚀而损坏,而包底、包壁迎钢面部位出钢时受钢流的直接冲蚀,损坏较其他部位更严重(4分)。为了提高钢包的寿命,减少修、砌的次数,这些部位的工作层要加厚(1分)。

24. 答:(1)强化铁素体,提高钢的强度和硬度(2分)。

(2)降低钢的临界冷却速度,提高钢的淬透性(2分)。

(3)提高钢的耐热性和高温强度,是热强钢中的重要合金元素(1分)。

25. 答:在出钢和浇注过程中,钢液与空气中氧、氮作用,生成氧化物、氮化物等夹杂,这种现象称为二次氧化(5分)。

26. 答:实际钢液质量 $= 40 \times \dfrac{0.60\% - 0.35\%}{0.55\% - 0.35\%} = 50$ t

答:实际钢液质量为 50t(5分)。

27. 答:熔清后锰含量过高,锰优先于碳与氧进行反应,吹氧氧化一段时间后,熔池中的碳仍然偏高(3分)。这种碳高导致炉渣泡沫化情况不好,炉渣时干时稀,冶金功能下降,脱碳速度比较慢(2分)。

28. 答:$2[P] + 5(FeO) + 4(CaO) = (4CaO \cdot P_2O_5) + 5[Fe]$(5分)。

29. 答:氧化期熔池激烈沸腾时间一般在 $15 \sim 20$ min 就可满足去气、除夹杂、均匀温度等要求(3分)。沸腾时间取决于氧化开始温度、渣况及供氧速度等,即与脱碳量和脱碳速度有直接关系(2分)。

30. 答:氧化期基本过程是:炉料全熔经搅拌后,根据冶炼钢种的成分要求,取样分析碳、锰、硫、磷(2分)。然后进行脱碳、脱磷的操作和升温(2分),待成分温度合适以后,扒渣进入还原期(1分)。

31. 答:塑性夹杂物是指在钢材经受加工变形时具有良好的塑性,沿钢的流动方向延伸成条带状(4分)。属于这类的夹杂物有含 SiO_2 量较低的铁锰硅酸盐、硫化锰等(1分)。

32. 答:(1)一定要有气体在炉渣中产生或穿过才能形成泡沫渣(2分)。(2)要有帮助气体滞留和稳定在炉渣中的因素,即要使炉渣中的小气泡稳定,不致迅速聚合成大气泡从炉渣中排出(3分)。

33. 答:(1)保持炉渣具有一定的碱度(1分)。

(2)在氧化前期,钢渣界面吹氧并适当加入碎矿石,促进碳氧反应,保证 CO 气泡的持续生成(2分)。

(3)在氧化后期,不能大量吹氧的情况下,可向渣面上加入适量的炭粉(2分)。

34. 答:(1)泡沫渣具有较高的反应能力,有利于加速炉内的化学反应(3分)。

(2)有利于埋弧操作,提高炉衬寿命,电耗减少,电极消耗少,功率因数提高(2分)。

35. 答:在炉渣上撒一些炭粉,使碳与渣中的氧化铁反应生成 CO,从而使炉渣起泡沫,这样能迅速地把炉渣扒完(2分)。但加炭粉时要注意,应少而均匀地撒在渣面上,防止钢水增碳和回磷(3分)。

36. 答:电炉脱碳主要依靠钢渣界面的碳氧反应(2分)。氧气直接脱除钢液中碳的几率很小(1分)。因为碳在钢液中含量较小,浓度较低,生成气体的形核条件差,所以氧气直接脱碳的可能性很小(2分)。

37. 答:电极插入熔池后,溶解在钢液中的自由氧和电极中的碳反应,产生气泡,搅动熔池,搅动的熔池促使炉渣向远离电极的区域流动,有利于扒渣(3分)。这种方法和插入电极增碳一样,不可取(2分)。

38. 答:钢液质量 $=15×60\%/(0.25\%-0.20\%)=18\ 000\ kg$(5分)。

39. 答:锰铁加入量 $=25\ 800×(0.65\%-0.15\%)/(68\%×98\%)=193.6\ kg$(5分)。

40. 答:(1)按钢种要求降低钢液中溶解的氧(2分)。

(2)排除脱氧过程中产生的大部分脱氧产物(2分)。

(3)控制残留夹杂物的形态和分布(1分)。

41. 答:选用和氧亲和力大于铁的元素,加入钢液内部或者和钢液接触以后,这些脱氧元素和钢液中的氧化铁发生还原反应,形成氧化物排出钢液的过程(5分)。

42. 答:(1)复合脱氧剂的脱氧产物熔点低,易于从钢液中排除(2分)。

(2)使用多元复合合金有利于合金元素利用率的提高(2分)。

(3)复合脱氧剂去除夹杂物的效果显著(1分)。

43. 答:沉淀脱氧的脱氧产物在炼钢温度下,往往是固态和液态的颗粒,这些颗粒如果不能上浮,就会残留在钢中造成内生夹杂物(5分)。

44. 答:沉淀脱氧和扩散脱氧都有各自的优缺点。为了充分发挥沉淀脱氧反应快和扩散脱氧中脱氧不玷污钢液的优点,往往将两种脱氧方法结合起来使用,即综合脱氧(5分)。

45. 答:(1)有较强的脱氧能力(2分)。(2)较易获得,价格不昂贵(1分)。(3)残留在钢液中的脱氧剂及脱氧产物,应不显著影响钢的性能(2分)。

46. 答:还原期磷高只能重新氧化(2分)。扒除部分或全部还原渣,重新造氧化渣,待磷成分达到要求时,扒除全部炉渣,重新造还原渣(3分)。

47. 答:去除其中的水分和气体(2分);同时,使合金易于熔化,吸收的热量少,缩短冶炼时间,减少电耗(1分)。含水分较高的合金加入时易使钢中氢含量增高,加入时有可能发生爆炸伤人事故(2分)。

48. 答:(1)用炭粉或电极粉,扒渣结束后向炉内钢水面加炭粉或电极粉,搅拌(2分)。

(2)用碎电极块,扒渣结束后加到炉内钢水面,同时搅拌(1分)。

(3)用生铁,可以在合金加入以后加入熔池,增碳不能超过 0.05%(2分)。

49. 答:如果 EBT 没有自流,不能开走钢包,也不许关闭出钢口挡板(1分),进行送电升温,必要时向电炉内加入硅铁、铝块等,吹氧以后利用化学热和电能快速升温(2分)。如果钢水已经流出,流股不大,也采用送电升温的办法(2分)。

50. 答:(1)提高和改善填充料的材料性质(1分)。

(2)完善填料操作(1分)。

(3)填料粒度较大时,应该使用钢钎将 EBT 填料捣实(1分)。

(4)把握出钢的合理温度和冶炼时间(1分)。

(5)保证合适的留钢量(1分)。

51.答:(1)合理的配料。废钢铁配入的磷含量低于0.05%(2分)。

(2)合理的留钢留渣量。这样可以提高吹氧的效率,对于早期的脱磷非常有利(2分)。

(3)加强吹炼控制。采用熔氧结合工艺(1分)。

52.答:(1)采取短弧操作(1分)。

(2)保证一定的渣层厚度或精炼过程实现泡沫渣操作(2分)。

(3)吹氩搅拌控制系统与电极升降系统连锁,一旦电极接触钢液,减小吹氩量或抬电极(2分)。

53.答:"快"就是要在短时间内造出白渣,处理周期一定,白渣形成越早,精炼时间越长,精炼效果就越好(1分);"白"就是要求FeO降到1.0%以下,形成强还原性炉渣(2分);"稳"是还原渣的性质要稳,不能时好时坏,白渣造好后要保持(2分)。

54.答:钙处理就是把钙加入钢水中,使大颗粒高熔点的Al_2O_3脆性夹杂变为低熔点的钙铝酸盐夹杂(如$12CaO \cdot Al_2O_3$),促进夹杂物上浮,提高钢水洁净度(3分)。同时生成球形或团状CaS或(Ca,Mn)S,避免或减少长条状MnS夹杂的形成(2分)。

55.答:(1)白渣精炼,钢液脱氧良好(1分)。

(2)前一次取样有代表性(1分)。

(3)准确的钢水重量(1分)。

(4)准确的合金成分及重量(1分)。

(5)快速的化学成分分析(1分)。

56.答:(1)保证钢中的残铝量(1分)。

(2)合理的搅拌功率和充足的夹杂物上浮时间(1分)。

(3)易于吸收氧化物夹杂的炉渣成分(1分)。

(4)使氧化物夹杂转变成易于上浮的大颗粒夹杂(1分)。

(5)对夹杂物进行变性处理(1分)。

57.答:(1)采用短弧操作或泡沫渣埋弧操作(1分)。

(2)采用微正压控制,保持炉内还原气氛(1分)。

(3)控制吹氩搅拌功率,确保钢液不裸露(1分)。

(4)避免大量加合金与增碳(1分)。

(5)控制好精炼时间(1分)。

58.答:LF-VD法可以完成钢水再加热、调整温度、合金成分微调、脱气、脱氧、脱碳、脱硫和去除夹杂物等多项任务(5分)。

59.答:用大块石灰和小块石灰搭配使用,把出钢口堵严,堵牢,一定要尽量向炉膛内推紧,与炉墙表面相平(5分)。

60.答:单独使用大块石灰时钢渣易灌入缝隙中而结牢,打开困难(3分),单独使用小块石灰堵不牢,容易造成跑钢(2分)。

61.答:大沸腾事故是指脱碳反应在短时间内突然发生或者脱碳速度在短时间内猛烈增加,脱碳速度在0.10%/min~0.15%/min之间(3分),钢水、炉渣从炉内剧烈喷出,容易发生烧坏生产设备、伤害炉体附近人员的情况(2分)。

62. 答:因为电石渣易粘附在钢液上,不易分离上浮,造成钢中夹杂物增多(3分)。另外,电石渣出钢钢水易增碳(2分)。

63. 答:出钢后包中取参考样(2分),浇注到钢水总量的 1/4 左右取成品样(2分),浇注最后一个合格铸件时取锰样(1分)。

64. 答:Fe-Cr 加入量＝(13.2－12.4)％×33000/65％/95％＝428 kg(5分)。

65. 答:Mo-Fe 加入量＝6000(0.25％－0.05％)×95％ / 60％＝19 kg(5分)。

66. 答:热装铁水技术是将铁水加入电炉,作为炼钢原料的一种技术(2分)。是一项影响电炉冶炼历史的新技术,除了具有冷生铁的相同优点外,还带入了大量的物理热,为缩短冶炼周期、强化冶炼创造了良好条件(3分)。

67. 答:预熔渣是指在矿热炉中生产出来的具有还原性质的精炼合成渣(3分)。熔化温度低,成渣速度快,具有脱硫、脱氧等功能(2分)。

68. 答:(1)氧化铝夹杂影响弹簧钢和硬线钢的拉拔性能(2分)。

(2)氧化铝是结构钢中疲劳裂纹的形核核心(1分)。

(3)氧化铝易堵塞水口,造成连铸停浇(1分)。

(4)引起耐热钢的蠕变脆性,高温强度降低(1分)。

69. 答:(1)扒渣后迅速加入稀薄渣料以覆盖钢液,防止吸气和降温。石灰：萤石＝3：1(2分)。

(2)稀薄渣形成后进行预脱氧,往渣面加炭粉 2.5 kg/t～4 kg/t,加入后紧闭炉门,输入较大功率,促进碳化钙生成(1分)。

(3)电石渣形成后保持 20～30 min,同时注意钢液增碳(1分)。

(4)炉渣转白或灰白才能出钢(1分)。

70. 答:(1)如果断电极的头部露在小炉盖以外,可用钢丝绳绑紧后吊出(2分)。

(2)如果断电极的头部没有露出小炉盖,旋开炉盖使用专用吊具吊出(3分)。

六、综 合 题

1. 答:(1)出钢前,塞杆的上下两端均已固定,夹形压铁(横旦)受热要膨胀并向包中心伸长,同时也带动塞杆上端向包的中心移动(4分)。(2)当包盛满钢水后,塞杆伸长并发生弯曲变形的挠度一般多是面向钢包的中心。浇注时,当塞杆抬起后,就受一股向中心的推动力(4分)。

基于以上原因,高温变软的塞杆将会向包的中心移动并带动塞头"错身",闭合时极易卡里(上炕),从而发生闭不住包现象(2分)。

2. 答:在钢包容量一定时:

(1)当高度降低,其直径增大,钢包变得矮胖。缺点是:钢包上表面积增大,当渣量不多时,难以全部覆盖钢液,使钢液被空气氧化而影响钢的质量。另外,上表面积大,散热也增加,钢水降温快,增加热损失,不利于烧注的顺利进行(4分)。

(2)当直径过小,钢包变得又高又瘦,钢液中的夹杂物不易上浮。同时,包内钢液的上下温差也大,不利于浇注(4分)。

因此,对钢包高度与直径要选择一个最佳比例,一般为 1～1.2。一般钢包上口直径要稍大于底部直径,即略带锥度,以便于清除包中残钢残渣(2分)。

3. 答:钢屑的含碳量,应根据具体情况作不同的考虑:对无锈钢屑可按其实际含碳量计算(5分)。对于锈蚀严重的钢屑,由于它在冶炼过程中实际上是起铁矿石的作用,不仅不能使钢液增碳,反而会使其脱碳,因此不但不考虑其带入的碳,反而还要补偿其氧化脱碳量(5分)。

4. 答:布料的原则是:上松下紧呈馒头形(2分)。上松是指靠近炉顶处要装些轻薄料,有利于电极迅速插入炉料,避免开弧燃烧影响炉顶或炉壁寿命(2分)。下紧是指大料靠下装,保证熔化中不至因塌料将电极砸断(2分)。呈馒头形指的是要使远离电极高温区炉坡上的料尽量少些,使全炉炉料基本上同时化完(2分)。另外要注意的是,不导电的炉料和铁合金不要放在电极下方,生铁不要装在炉门口,靠炉底应装一层小料。布料不当将造成熔化期延长,炉料熔损、脱碳过多,使熔清碳也达不到计算要求(2分)。

5. 答:炉底铺上一层石灰,在装料时可减轻钢铁料对炉底的冲撞。在穿井到底时可保护炉底,减轻电弧的侵蚀作用(5分)。另外,可提早形成炉渣,覆盖钢水表面,起防止钢水增碳、吸气以及保温、稳定电弧、去磷等作用(5分)。

6. 答:(1)电极质量问题(1分)。

(2)电极头部接长部分开裂,导致电极从接长处断裂(2分)。

(3)冶炼过程中塌料造成的电极折断(1分)。

(4)废钢铁料中的不导电物质可引起电极折断(1分)。

(5)电极接长质量不过关,引起电极折断或者从螺丝头处断开(2分)。

(6)小炉盖和电极的对中情况不好,电极受外力折断(2分)。

(7)设备故障引起的电极折断(1分)。

7. 答:(1)按照合理供电制度作业,缩短熔炼时间(1分)。

(2)钢液熔池形成后,分批加入石灰造渣,其总量相当于装料重量的 $1\% \sim 2\%$(2分)。

(3)炉料已熔化部分时,将炉坡处尚未熔化的炉料推入钢液中,以加速熔化(2分)。

(4)为加速炉料的熔化,有条件时应采取吹氧助熔(2分)。

(5)在熔化末期,可分批加入矿石,以加速脱磷(1分)。

(6)炉料熔清后,充分搅拌熔池,取样分析碳和磷(1分)。

(7)炉料熔清后,如钢液含碳量不足,氧化期开始前必须进行增碳(1分)。

8. 答:炼钢电炉中,开始通电熔化或吹氧时,在电弧或氧化反应高温作用下,炉料中的铁部分蒸发(5分),产生的铁蒸汽从炉中逸出,在逸出同时,这些铁蒸汽和空气中的氧生成氧化铁是红棕色的,颗粒很细。这样就造成从炉门及电极孔中大量冒出红棕色烟尘的现象(5分)。

9. 答:(1)碳氧反应可以使熔池强烈沸腾,加速传质速度,增加渣和钢的接触面(2分)。

(2)强化熔池传热过程(2分)。

(3)通过碳氧反应去除钢中的氢、氮和夹杂物(2分)。

(4)可以造泡沫渣和形成乳化相(2分)。

(5)碳氧反应的强烈搅拌作用可以使熔池的成分和温度均匀化,并影响其他反应的进行(2分)。

10. 答:钢水中碳氧生成 CO 气泡,并在钢液中上浮。在刚生成的 CO 气泡中,并没有 H_2 和 N_2,所以气泡中氮和氢的分压力为零(2分)。这时 CO 气泡对于 [H]、[N] 就相当于一个真空室,溶解在钢液中的氢和氮将不断向 CO 气泡扩散,随气泡上浮而带出熔池(2分)。去气同时,高温熔体也会从炉气中吸收气体(2分),当脱碳速度不小于 $0.6\%/h$,脱碳量达到 0.3% 就可以将气体降低到一定范围(2分)。必须指出,脱碳速率过大容易造成喷溅、跑钢等事故(2分)。

11. 答:悬浮在钢液中的 SiO_2、TiO_2、Al_2O_3 等细小固体夹杂物,在氧化性的钢液中易形成 $FeO \cdot SiO_2$、$FeO \cdot TiO_2$、$FeO \cdot Al_2O_3$ 等低熔点大颗粒夹杂物,在沸腾的钢液中夹杂物容易相互碰撞形成更大的夹杂物,并上浮到渣中被炉渣吸收(5分)。碳氧反应生成的 CO 气泡在上浮过程中,其表面会粘附一些氧化物夹杂,在钢液沸腾时去除(5分)。

12. 答:钢液的氧化性主要是以其中所含 FeO 的活度 $a_{[FeO]}$ 来表征和衡量的(3分)。由于 FeO 同时溶解于炉渣和钢液,并能在两相之间扩散,故在炉渣—钢液之间达到平衡时,两相中所含 FeO 的活度之间存在一定的比例关系(4分)。因此,通过控制渣中 FeO 的含量,即可间接地提高或降低钢液中 FeO 的活度,从而达到使钢液氧化或还原的目的(3分)。

13. 答:在装料以前和炉料熔清以后,往炉中加入一些石灰石。石灰石的主要成分是碳酸钙(3分),它在钢液的高温作用下发生分解:$CaCO_3 = CaO + CO_2\uparrow$(3分),产生的 CO_2 气泡造成钢液沸腾,可起到一定的净化钢液作用(3分)。但这种沸腾与氧化法炼钢中的氧化脱碳沸腾相比,沸腾强度较弱,沸腾时间较短,净化钢液的作用较差(1分)。

14. 答:加矿使熔池中的磷氧化而进入炉渣,使炉渣中五氧化二磷的含量不断增加,由于铁矿石中含有一定量的二氧化硅也使炉渣碱度降低(3分)。这样,炉渣的去磷能力就逐渐减弱。如果温度升高,还会产生回磷。因此,在加矿后待反应充分,就要进行流渣(3分)。流渣后补进适量的石灰,以补充渣量和保持足够炉渣碱度。同时,加入小块矿石来增加渣中氧化铁含量,为继续去磷创造良好的条件(4分)。

15. 答:扩散脱氧的原理是:在一定温度下,钢液和炉渣中氧的浓度比是一个常数(3分)。当向渣面上加入脱氧剂时,渣中氧化铁含量随之减少,从而使钢液中的氧逐步地扩散到炉渣中,使炉渣中的氧和钢液中的氧浓度值继续保持常数关系(3分)。当向渣面上重新加入新的脱氧剂时,炉渣中的氧化铁和其他某些氧化物再次受到还原,钢液中的氧又继续向炉渣中扩散。经过多次加入脱氧剂进行还原,最终使钢中的氧降到一定的数值(4分)。

16. 答:氧在钢中是一种有害元素(1分)。

(1)氧在钢中的溶解度随温度的降低而降低,若含氧量高,在凝固结晶时,以 FeO 的形式从钢水中析出,并与碳起作用形成 CO 气泡,在铸件内形成气孔、气泡和疏松(3分)。

(2)当钢水中含硫量高时,在结晶过程中,以 FeO 状态分离出来的氧与钢水内的 FeS 生成 FeO-FeS 夹杂,造成钢的热裂(3分)。

(3)钢水在结晶过程中,分离出来的氧,不但与碳发生反应,而且与硅、锰、铝等元素发生反应,形成钢的夹杂(2分)。

由于上述氧的作用,使钢产生内部缺陷,钢的机械性能降低(1分)。

17. 答:$Fe_2O_3 + Fe = 3FeO$(3分)

160   216

$1 \times 90\%$ X

$160 : 216 = 0.9 : X$

$X = 216 \times 0.9 / 160 = 1.215$ kg(2分)

每公斤赤铁矿提供 FeO 1.215 kg。

$[FeO] = [O] + [Fe]$(3分)

72   16

1.215 X

$72 : 16 = 1.215 : X$

$X = 16 \times 1.215/72 = 0.27$ kg(2分)

答:每公斤赤铁矿提供1.215 kg[FeO]或0.27 kg[O]。

18. 答:钢质量好坏的标志之一就是气体含量的多少。而钢中气体在冶炼时主要通过氧化期进行良好的沸腾来去除,还原期没有对钢除气的条件(4分)。在还原期中需加入大量的石灰造渣,石灰中的水分会在高温下被分解成氧和氢等气体,而转入钢水里去,这样,钢水质量将严重恶化(4分)。因此,在还原期使用的石灰一定要烘烤,以除去石灰所吸附的水分。在天气潮湿的条件下这一点更为重要(2分)。

19. 答:(1)除去全部氧化渣,加入锰铁,并加入2%~3%渣料,造稀薄渣(2分)。

(2)稀薄渣形成后,加入还原渣料,进行还原。钢液在良好的还原渣下保持的时间一般不少于15 min(2分)。

(3)充分搅拌钢液,取样分析C、Si、Mn、P、S(2分)。

(4)根据钢样的分析结果,调整钢液化学成分(2分)。

(5)测量钢液温度达到要求出钢温度并做圆杯试样,检查钢液脱氧情况(1分)。

钢液成分合格,温度合格,脱氧良好,炉渣为良好的白渣即可出钢(1分)。

20. 答:(1)氧化期去硫。在氧化期只去掉一小部分硫。其中少量是气化去硫,主要是靠炉渣去硫。造高碱度和良好流动性的炉渣,适当增大渣量,较高温度,创造良好去硫条件(3分)。

(2)还原期去硫。去硫主要靠还原期完成,还原期为去硫创造了良好条件,能将钢中的硫去除到很低程度。操作中造好低氧化亚铁、高温、高碱度和良好流动性的还原渣,适当增大渣量,加强搅拌,加速去硫(4分)。

(3)出钢过程中去硫。这是去硫的重要环节。操作中要白渣出钢,渣流动性要好,渣钢混出,出钢口适当开大,快速出钢,钢包尽量放低,使渣钢充分搅拌,最大限度地将硫去除(3分)。

21. 答:根据各合金元素的不同特性,基本原则为:

(1)合金元素和氧的亲合力比铁小时,这些合金可在配料、熔化和氧化期加入,还原期也可少量补加(2分)。

(2)合金元素和氧的亲合力比铁大时,这些合金一般在还原期加入(2分)。

(3)合金元素和氧的亲合力特别大时,这些合金应在还原末期脱氧良好的情况下加入或插入炉内,也可随着钢流加入钢包内,或通过喂线加入包中(2分)。

(4)合金元素在加入前应进行充分烘烤,块度要适当,成分、重量要明确(4分)。

22. 答:铁合金加入量 $= \dfrac{\text{钢液量} \times (\text{控制成分} - \text{炉中成分})}{\text{铁合金元素成分} \times \text{收得率}}$ (5分)。

锰铁加入量 $= (1.40\% - 0.05\%)/(90\% \times 60\%) \times 25 \times 1\,000$ kg $= 625$ kg。

答:锰铁加入量为625 kg(5分)。

23. 答:(1)变质夹杂物,控制硫化物形态和变质氧化物夹杂,使夹杂物的形态、大小、数量、性质及分布等得到改善,从而改善了机械性能(4分)。

(2)净化钢液,稀土与钢中氧和硫有很强的结合能力。稀土在钢中有脱氧、脱硫、净化钢液的作用,去夹杂及低熔点的有害杂质,或抑制这些夹杂物在晶界上偏聚,有净化晶界的作用(4分)。

(3)用作合金化,包括稀土对晶界、相变及组织的影响(2分)。

24. 答:还原期碳高只能是吹氧降碳,即重氧化,直到碳达到规格,再重新还原(2分)。

防止方法如下:

(1)氧化期做好脱碳工作(1分)。(2)氧化期取样分析要有代表性(1分)。(3)不准带料进入还原期(1分)。(4)加入含碳铁合金时慎重考虑增碳问题(1分)。(5)还原期不要造强电石渣(1分)。(6)炭粉(碳化硅粉)不要集中加入,避免碳进入钢水造成增碳(1分)。(7)若加电石还原时,注意炉渣不要太稠或太稀,两者都易增碳(1分)。(8)避免电极头折断落入钢水中造成增碳(1分)。

25. 答:造好泡沫渣的关键是控制好炉渣的成分和熔池温度,并提供足够的气体,操作要点如下(2分):

(1)适当提高炉料的配碳量,一般应比传统冶炼工艺高 0.10%～0.20%(1分)。

(2)装料前,炉底或第一次料加 2%～7%的石灰和 10 kg/t 左右的矿石(2分)。

(3)当炉料达到红热状态,炉底形成熔池后开始吹氧助熔,氧压为 0.4 MPa～0.7Mpa(1分)。

(4)熔氧中期,氧压提高到 0.6 MPa～1.0MPa,并不时向钢渣界面吹氧,必要时可向炉内加入适量的碳酸钙促使炉渣发泡(2分)。

(5)自动流渣后,应及时补加由 50%～85%的石灰和 50%～15%的炭粉组成的泡沫渣料,保持炉渣的碱度和发泡能力(1分)。

(6)熔氧末期,向钢渣界面喷吹 4kg/t～6kg/t 的炭粉,维持炉渣的正常泡沫化,同时,采用高电压、大功率供电,埋弧升温(1分)。

26. 答:(1)烧结层强度要足够低,烧结层的厚度要适当(2分)。

(2)有足够的破坏力,使出钢口上方的烧结层破坏(2分)。

(3)下部松散料要顺利地流出,否则会成为烧结层的破碎阻力,影响自流,在修补出钢口的时候,修补后要清理内腔和 EBT 尾砖(2分)。

(4)当冶炼周期较长时,液相不能及时地出现,填料上部被卷走,烧结层过厚,填料的粒度搭配不合理,导致钢液渗入填料内部,导致烧结层过厚(2分)。

(5)填料的材料组成成分搭配不合理,填充料的烧结温度过低,导致烧结层过厚,需要长时间地烧氧处理(2分)。

27. 答:EBT 填料主要采用优质的耐火材料,配加复合烧结剂、润滑剂、稳定剂等原料混合后制成(2分),原料或成品填料在运输保管过程中受潮,填料后产生气体从出钢口内腔排出,形成一个钢渣可以到达底部的通道,造成 EBT 早期穿钢或穿渣(3分)。这种情况发生在填完出钢口摇炉加料或者加料冶炼不久后。发生这种情况,需要停止冶炼,打开出钢口挡板,然后再烧开出钢口,重新选择填料操作(3分)。保持填料耐火材料的干燥和材质的配比是预防的有效途径(2分)。

28. 答:(1)钢包内的剧烈沸腾或下渣量较大时,炉渣会从钢包内溢出,烧坏吹氩管道、钢水称量装置的仪表线路、电气线路和钢包车的机械设备(2分)。

(2)氧化铁含量较高的氧化渣进入钢包,降低了合金的收得率(2分)。

(3)下渣后拨渣操作不当时,会有一部分钢水拨入渣盆内,增加了钢水的损失(2分)。

(4)出钢下渣会使得钢液中的夹杂物数量增加,影响了钢液的质量(2分)。

(5)如果磷含量接近成分的中上限,钢液回磷有可能会导致磷含量超标(2分)。

29.答:(1)掌握合适的废钢加入量,出钢的时候根据冶炼的情况和加料的情况决定留钢量防止出钢量过大引起的出钢下渣(2分)。

(2)出钢前确保出钢钢包的电子秤完好,可以确保出钢时有可靠的参考依据,做到出钢时心中有数(2分)。

(3)当出钢电子秤显示出钢量达到计划出钢量的93%~97%时,迅速将炉摇到出渣方向5度位置,出钢口内径较大时取下限,出钢口内径较小时取上限(2分)。

(4)出钢前炼钢工或者助手要从炉门仔细观察炉内废钢的熔化情况,避免因为电炉内有未熔化的废钢出钢,造成出钢下渣(1分)。

(5)及时地修补出钢口,或者更换出钢口,消除出钢下渣的因素(1分)。

(6)电炉出钢的温度要合适,既不能温度太低,也不能太高(1分)。

(7)电炉出钢前炉渣中的氧化铁含量较高,炉渣较稀的时候,不要急于出钢,适量地用碳氧枪向渣面喷吹炭粉,待炉渣黏度增加以后再出钢(1分)。

30.答:钢液炉外精炼的主要任务是将在电炉或转炉中的初炼钢液移至炉外精炼装置中,继续完成一些必要的精炼任务(2分),达到去除气体(1分)、排除夹杂(1分)、降低硫磷含量(1分)、调整化学成分和温度(1分),创造最佳浇注条件(1分),从而提高钢液冶金质量(1分),提高生产效率(1分),确保大型铸锻件质量(1分)。

31.答:(1)出钢时严重下渣,产生回磷现象,还将造成合金收得率下降,造成 Mn、Si 等合金元素在钢液中不稳定(2分)。

(2)由于 LF 炉密封性不良,炉内气氛受外界影响大,造成炉内各种成分不稳定(2分)。

(3)电极折断掉入钢液内,或者吹氩压力过大钢液裸露直接氧化电极,会造成钢液碳成分不稳定(2分)。

(4)取样操作不规范,取样没有代表性(2分)。

(5)精炼过程中未能很好造成白渣,造成钢液中元素成分不稳定(2分)。

32.答:钢水弱搅拌净化处理技术是通过弱的氩气搅拌促使夹杂物上浮,它对提高钢水质量起到关键作用(2分)。由于钢包熔池深,钢液循环带入包底的夹杂和卷入钢液的渣需要一定时间和动力促使上浮(3分)。弱搅拌不会导致卷渣,吹入的氩气泡可为 $10\ \mu m$ 或更小的不易排出的夹杂颗粒粘附在气泡表面,随着气泡的上浮而排入渣中(3分)。另外变性的夹杂物也需要有一定的时间上浮(2分)。

33.答:$铁合金加入量=\dfrac{钢液量\times(控制成分-炉中成分)}{铁合金元素成分\times收得率}$(4分)

MnSi 加入量 $=(0.38\%-0.10\%)\times150\times1000/(0.662\times0.95)=668\ kg$(3分)

FeSi 加入量 $=[(0.2\%-0.1\%)\times150\times1000/95\%-668\times16.3\%]/75.12\%=65\ kg$(3分)

答:MnSi、FeSi 分别加入 668 kg、65 kg。

34.答:$[210\times0.7\times0.96/(1.25\times1000)]\times100\%=1.13\%$(5分)。

$1.13\%+0.05\%=1.18\%$,取样无代表性,锰铁加入量少。加入 30~40 kg 锰铁,充分吹氩搅拌,成分合格出钢(5分)。

35. 答:铁合金加入量$=\dfrac{钢液量\times(控制成分-炉中成分)}{铁合金元素成分\times收得率}$(5分)

$$锰铁加入量=36500\ kg\times(0.65\%-0.40\%)/(65\%\times98\%)$$
$$=36500\ kg\times0.25\%/(65\%\times98\%)$$
$$=143\ kg(5分)$$

答:应加入锰铁143 kg。

电炉炼钢工(初级工)技能操作考核框架

一、框架说明

1. 依据《国家职业标准》[注],以及中国北车确定的"岗位个性服从于职业共性"的原则,提出电炉炼钢工(初级工)技能操作考核框架(以下简称:技能考核框架)。

2. 本职业等级技能操作考核评分采用百分制。即:满分为 100 分,60 分为及格,低于 60 分为不及格。

3. 实施"技能考核框架"时,考核制件(活动)命题可以选用本企业的加工件(活动项目),也可以结合实际另外组织命题。

4. 实施"技能考核框架"时,考核的时间和场地条件等应依据《国家职业标准》,并结合企业实际确定。

5. 实施"技能考核框架"时,其"职业功能"的分类按以下要求确定:

(1)"炼钢操作"属于本职业等级技能操作的核心职业活动,其"项目代码"为"E"。

(2)"工艺准备"、"质量检验与误差分析"属于本职业等级技能操作的辅助性活动,其"项目代码"分别为"D"和"F"。

6. 实施"技能考核框架"时,其"鉴定项目"和"选考数量"按以下要求确定:

(1)按照《国家职业标准》有关技能操作鉴定比重的要求,本职业等级技能操作考核制件(活动)的"鉴定项目"应按"D"+"E"+"F"组合,其考核配分比例相应为:"D"占 25 分,"E"占 65 分,"F"占 10 分。

(2)依据中国北车确定的"核心职业活动选取 2/3,并向上取整"的规定,在"E"类鉴定项目——"炼钢操作"的全部 8 项中,至少选取 6 项。

(3)依据中国北车确定的"其余'鉴定项目'的数量可以任选"的规定,"D"和"F"类鉴定项目——"工艺准备"、"质量检验与误差分析"中,至少分别选取 1 项。

(4)依据中国北车确定的"确定'选考数量'时,所涉及'鉴定要素'的数量占比,应不低于对应'鉴定项目'范围内'鉴定要素'总数的 60%,并向上取整"的规定,考核制件(活动)的鉴定要素"选考数量"应按以下要求确定:

①在"D"类"鉴定项目"中,在已选定的 1 个或全部鉴定项目中,至少选取已选鉴定项目所对应的全部鉴定要素的 60%项,并向上保留整数。

②在"E"类"鉴定项目"中,在已选的 6 个鉴定项目所包含的全部鉴定要素中,至少选取总数的 60%项,并向上保留整数。

③在"F"类"鉴定项目"中,在已选定的 1 个或全部鉴定项目中,至少选取已选鉴定项目所对应的全部鉴定要素的 60%项,并向上保留整数。

举例分析:

按照上述"第 6 条"要求,若命题时按最少数量选取,即:在"D"类鉴定项目中选取了"制定炼钢工艺"、"设备维修与保养"2项,在"E"类鉴定项目中选取了"配料、装料"、"熔化期操作"、"氧化期操作"、"还原期操作"、"出钢操作"、"炼钢记录"6项,在"F"类鉴定项目中分别选取了"钢液质量检测"1项,则:

此考核制件(活动)所涉及的"鉴定项目"总数为9项,具体包括:"制定炼钢工艺"、"设备维修与保养","配料、装料"、"熔化期操作"、"氧化期操作"、"还原期操作"、"出钢操作"、"炼钢记录","钢液质量检测";

此考核制件(活动)所涉及的鉴定要素"选考数量"相应为13项,具体包括:"制定炼钢工艺"、"设备维修与保养"鉴定项目包含的全部6个鉴定要素中的4项,"配料、装料"、"熔化期操作"、"氧化期操作"、"还原期操作"、"出钢操作"、"炼钢记录"6个鉴定项目包括的全部13个鉴定要素中的8项,"钢液质量检测"鉴定项目包含的全部1个鉴定要素中的1项。

7. 本职业等级技能操作需要两人及以上共同作业的,可由鉴定组织机构根据"必要、辅助"的原则,结合实际情况确定协助人员的数量。在整个操作过程中,协助人员只能起必要、简单的辅助作用。否则,每违反一次,至少扣减应考者的技能考核总成绩10分,直至取消其考试资格。

8. 实施"技能考核框架"时,应同时对应考者在质量、安全、工艺纪律、文明生产等方面行为进行考核。对于在技能操作考核过程中出现的违章作业现象,每违反一项(次)至少扣减技能考核总成绩10分,直至取消其考试资格。

注:. 按照中国北车规定,各《职业技能操作考核框架》的编制依据现行的《国家职业标准》或现行的《行业职业标准》或现行的《中国北车职业标准》的顺序执行。

二、电炉炼钢工(初级工)技能操作鉴定要素细目表

职业功能	鉴定项目				鉴定要素		
	项目代码	名称	鉴定比重(%)	选考方式	要素代码	名称	重要程度
一、工艺准备	D	(一)制定炼钢工艺	25	任选	001	能读懂碱性电弧炉碳素钢及低合金钢冶炼工艺规程	X
		(二)备料			001	能合理选用常用炉料	X
					002	能对炉料进行使用前杂质去除	Z
					003	能合理配制、使用补炉用砂	X
		(三)工具、量具的准备			001	准确合理使用各种炼钢工具,并做好维护、保养	Y
					002	能正确使用常用测量器具,并进行维护、保养	Y
		(四)设备维修与保养			001	能进行电弧炉基本操作	Y
					002	能对电弧炉进行维护、保养,按规定对机械部分进行润滑	Y
					003	正确进行LF钢包炉引流砂的填装	X
					004	正确进行出钢槽的修补及更换	Y
					005	普通电弧炉堵塞和开启出钢口操作	Y

续上表

职业功能	鉴定项目		鉴定比重（%）	选考方式	鉴定要素		
	项目代码	名称			要素代码	名称	重要程度
二、炼钢操作	E	(一)配料、装料	65	至少选择6项	001	能正确进行碱性电弧炉冶炼碳素钢配料	X
					002	装料罐操作	Y
					003	装炉操作	Y
		(二)熔化期操作			001	按碱性电弧炉氧化法常规操作进行炉料的熔化操作	X
					002	吹氧助熔操作	X
		(三)氧化期操作			001	按碱性电弧炉氧化法常规操作进行氧化期操作	X
					002	吹氧操作	X
					003	氧化渣的扒除操作	X
		(四)还原期操作			001	按碱性电弧炉氧化法常规操作进行还原期操作	X
					002	去硫操作	X
					003	插铝操作	X
		(五)出钢操作			001	普通电弧炉出钢操作	Y
		(六)LF炉精炼			001	LF精炼过程造渣	X
					002	热装塞杆操作	X
					003	加保温剂操作	X
		(七)包衬、炉衬的修补			001	钢包及钢包炉工作层的修补及更换	Y
					002	电弧炉炉墙的砌筑	X
					003	按炉长要求进行炉门区、炉底、炉坡、渣线的修补操作	X
		(八)炼钢记录			001	准确、规范填写炼钢记录	Y
三、质量检验与误差分析	F	(一)温度检测	10	任选	001	正确使用热电偶测温仪进行测温	Y
		(二)成分检测			001	能正确使用钢水取样器取样或用样勺取样浇注样块	Y
					002	根据成分报告单对钢液情况进行简单分析	X
		(三)钢液质量检测			001	正确使用圆杯试样对钢液脱氧情况进行初步判断	Y

注:重要程度中×表示核心要素,Y表示一般要素,Z表示辅助要素。下同。

电炉炼钢工(初级工)技能操作考核
样题与分析

职 业 名 称：_____

考 核 等 级：_____

存 档 编 号：_____

考核站名称：_____

鉴定责任人：_____

命题责任人：_____

主管负责人：_____

中国北车股份有限公司劳动工资部制

职业技能鉴定技能操作考核制件图示或内容

一、试题名称：K2 摇枕、侧架用钢冶炼

二、冶炼钢种：ZG25MnNi

三、化学成分

C：0.20%～0.28%   Si：0.20%～0.40%   Mn：0.70%～1.00%

Ni：0.30%～0.40%   Al：0.02%～0.06%   P、S≤0.030%

Cu≤0.30%

四、技术要求：

1. 钢水氧含量 60ppm 以下。

2. 还原渣 FeO≤1.0%。

3. 浇注温度 1 580℃以下。

4. 要求出钢 10 t，全废钢冶炼。

五、考试规则：

1. 每违反一次工艺纪律、安全操作、劳动保护等扣除 10 分。

2. 有重大安全事故、考试作弊者取消其考试资格。

职业名称	电炉炼钢工
考核等级	初级工
试题名称	K2 摇枕、侧架用钢冶炼
材质等信息	

职业技能鉴定技能操作考核准备单

职业名称	电炉炼钢工
考核等级	初级工
试题名称	K2 摇枕、侧架用钢冶炼

一、材料准备

耐火材料、造渣材料、合金材料、钢铁料等材料准备齐全、分类堆放、干燥、符合《冶金材料规范》并有化学分析的原始抄件。

二、设备、工、量、卡具准备清单

序号	名称	规格	数量	备注
1	测温仪、测温枪、热电偶、秤、氧气表、氩气表			
2	电弧炉、钢包及吊具、料罐及吊具、天车、搅拌机、烤包器			
3	样勺、样杯			
4	扒渣耙子、插铝棒			

三、考场准备

1. 使用前相应的设备、器具、工装的检查与保养。
2. 操作场地干燥,安全防范设施齐全、有效。
3. 配备必要的辅助人员。

四、考核内容及要求

1. 考核内容(按考核试题及要求操作)。
2. 考核时限 240 分钟。
3. 考核评分按下表评分标准进行。

职业名称	电炉炼钢工	考核等级	初级工		
试题名称	K2 摇枕、侧架用钢冶炼	考核时限	240 分钟		
鉴定项目	考核内容	配分	评分标准	扣分说明	得分
制定炼钢工艺、设备维修与保养	通读工艺规程	8	对规程进行解释说明		
	引流砂准备	2	充分干燥		
	填装	2	馒头状凸起		
	修补操作	2	平整、流畅,修补料捣实		
	烘烤要求	2	修补后烘烤,保证干燥		
	清理	1	清洁无杂物		
	出钢口堵塞	4	大块石灰、小块石灰搭配使用、堵牢、堵严,向炉膛内推紧		
	出钢口开启	4	开启前清理出钢槽,出钢口全部打开,将石灰等堵塞物清理干净,不能放在出钢槽内,开启后迅速离开		

续上表

鉴定项目	考核内容	配分	评分标准	扣分说明	得分
配料、装料、熔化期、氧化期、还原期、出钢操作、记录填写	料罐起吊时间	2	炉盖抬起、旋转同时进行		
	装炉操作	2	料罐正对炉膛中心,罐底与炉体上沿在同一平面打开炉罐		
	废钢入炉后工作	2	用磁盘吸出高于炉体上沿炉料;清除炉体上沿废钢		
	吹氧助熔时机	2	炉门附近炉料达到红热程度,炉底有部分钢水时		
	操作顺序	3	先吹氧清理炉门,然后在未切割电极附近搭桥炉料,最后处理靠近炉坡的炉料		
	操作要点	3	边切割,边推料。不搭桥时渣面吹氧或浅插钢水吹氧		
	脱碳	3	速度 0.01%/min~0.03%/min;吹氧管与钢液面成 20°~30°角,深度 200 mm 左右,沿水平方向徐徐移动		
	脱磷	3	造高碱度、强氧化性、流动性良好的炉渣,流渣操作,钢渣界面吹氧,促进钢渣反应		
	造渣	3	前期渣量大,碱度大,后期渣量小,碱度小,流动性良好		
	净沸腾控制	2	时间不小于 10 min		
	出渣成分控制	3	碳 0.12%~0.17%,磷 0.012 以下,镍 0.30% 以下,锰 0.20% 以上		
	符合扒渣条件	2	成分、温度满足工艺要求,准备扒渣耙子 2 个		
	扒渣前炉渣处理	1	调整炉渣黏度(必要时加适量碳粉)		
	操作要求	2	快速、干净、彻底		
	扒渣后要求	1	及时补充新渣		
	造稀薄渣	3	加石灰、萤石造稀薄渣,渣量 2% 左右		
	脱氧	4	前期加铝、锰、硅预脱氧,然后加碳化硅粉或硅铁粉＋碳粉扩散脱氧,最后用铝终脱氧		
	脱硫	4	造高碱度、强还原性、流动性良好的炉渣,加强钢渣搅拌		
	取样	2	取样前充分搅拌,取样部位为炉门到 2# 电极中间,钢液面下 200~300 mm		
	出钢前插铝时间	1	出钢前 3~5 min		
	操作要求	3	迅速将铝插入钢水,停留约 20 s 再左右移动		
	注意事项	3	插铝棒长度合适,铝块不宜过多,不要使铝浮在渣面上		

续上表

鉴定项目	考核内容	配分	评分标准	扣分说明	得分
配料、装料、熔化期、氧化期、还原期、出钢操作、记录填写	满足出钢条件	2	成分合格，白渣，脱氧良好，温度 1 610～1 640 ℃		
	出钢槽清理	2	干燥、流畅、清洁		
	钢渣混冲	4	钢钢口开足够大，与天车密切配合，钢渣同出		
	记录填写	3	准确、规范、完整		
钢液质量检测	取样安全要求	2	停电并抬起电极		
	样模准备	3	干燥、清洁		
	脱氧情况判断	5	表面下凹，表明脱氧良好		
质量、安全、工艺纪律、文明生产等综合考核项目	考核时限	不限	每超时 15 分钟，扣 10 分		
	工艺纪律	不限	依据企业有关工艺纪律规定执行，每违反一次扣 10 分		
	劳动保护	不限	依据企业有关劳动保护管理规定执行，每违反一次扣 10 分		
	文明生产	不限	依据企业有关文明生产管理规定执行，每违反一次扣 10 分		
	安全生产	不限	依据企业有关安全生产管理规定执行，每违反一次扣 10 分		

4. 考试过程中出现违反质量、安全、工艺纪律等现象，每违反一项（次）至少扣减技能考核总成绩 10 分，直到取消其考试资格。

职业技能鉴定技能考核制件(内容)分析

职业名称	电炉炼钢工				
考核等级	初级工				
试题名称	K2 摇枕、侧架用钢冶炼				
职业标准依据	北车《电炉炼钢工职业技能鉴定标准》				

试题中鉴定项目及鉴定要素的分析与确定

鉴定项目分类 分析事项	基本技能"D"	专业技能"E"	相关技能"F"	合计	数量与占比说明
鉴定项目总数	4	8	3	15	
选取的鉴定项目数量	2	6	1	9	"E"占总数 2/3 以上， "D""F"至少选 1 项
选取的鉴定项目 数量占比	50%	75%	33%	60%	
对应选取鉴定项目所 包含的鉴定要素总数	6	13	1	20	
选取的鉴定要素数量	4	8	1	13	
选取的鉴定要素 数量占比	66%	61%	100%	65%	60%以上

所选取鉴定项目及相应鉴定要素分解与说明

鉴定项目类别	鉴定项目名称	国家职业标准规定比重(%)	《框架》中鉴定要素名称	本命题中具体鉴定要素分解	配分	评分标准	考核难点说明
"D"	制定炼钢工艺、设备维修与保养	25	能读懂碱性电弧炉碳素钢及低合金钢冶炼工艺规程	通读工艺规程	8	对规程进行解释说明	
			正确进行 LF 钢包炉引流砂的填装	引流砂准备	2	充分干燥	
				填装	2	馒头状凸起	
			正确进行出钢槽的修补	修补操作	2	平整、流畅，修补料捣实	
				烘烤要求	2	修补后烘烤，保证干燥	
				清理	1	清洁无杂物	
			普通电弧炉堵塞和开启出钢口操作	出钢口堵塞	4	大块石灰、小块石灰搭配使用，堵牢、堵严，向炉膛内推紧	
				出钢口开启	4	开启前清理出钢槽，出钢口全部打开，将石灰等堵塞物清理干净，不能放在出钢槽内，开启后迅速离开	

鉴定项目类别	鉴定项目名称	国家职业标准规定比重(%)	《框架》中鉴定要素名称	本命题中具体鉴定要素分解	配分	评分标准	考核难点说明
"E"	配料、装料、熔化期、氧化期、还原期、出钢操作、记录填写	65	装炉操作	料罐起吊时间	2	炉盖抬起、旋转同时进行	
				装炉操作	2	料罐正对炉膛中心,罐底与炉体上沿在同一平面打开炉罐	
				废钢入炉后工作	2	用磁盘吸出高于炉体上沿炉料;清除炉体上沿废钢	水冷炉盖不能压料
			吹氧助熔操作	吹氧助熔时机	2	炉门附近炉料达到红热程度,炉底有部分钢水时	
				操作顺序	3	先吹氧清理炉门,再未切割电极附近搭桥炉料,最后处理靠近炉坡的炉料	
				操作要点	3	边切割、边推料。不搭桥时渣面吹氧或浅插钢水吹氧	视钢水碳含量而定
			碱性电弧炉冶炼低合金钢的氧化期操作	脱碳	3	速度 0.01%/min ～0.03%/min;吹氧管与钢液面成 20°～30°角,深度 200 mm 左右,沿水平方向徐徐移动	
				脱磷	3	造高碱度、强氧化性、流动性良好的炉渣,流渣操作,钢渣界面吹氧,促进钢渣反应	适当偏低温度
				造渣	3	前期渣量大,碱度大,后期渣量小,碱度小,流动性良好	
				净沸腾控制	2	时间不小于 10 min	起止时间确定
				出渣成分控制	3	碳 0.12%～0.17%,磷 0.012 以下,镍0.30% 以 下,锰0.20%以上	碳磷镍控制是关键
			拨渣操作	符合扒渣条件	2	成分、温度满足工艺要求,准备扒渣耙子 2 个	
				扒渣前炉渣处理	1	调整炉渣黏度(必要时加适量碳粉)	
				操作要求	2	快速、干净、彻底	
				扒渣后要求	1	及时补充新渣	

续上表

鉴定项目类别	鉴定项目名称	国家职业标准规定比重(%)	《框架》中鉴定要素名称	本命题中具体鉴定要素分解	配分	评分标准	考核难点说明
"E"	配料、装料、熔化期、氧化期、还原期、出钢操作、记录填写	65	碱性电弧炉冶炼低合金钢的还原期操作	造稀薄渣	3	加石灰、萤石造稀薄渣,渣量2%左右	
				脱氧	4	前期加铝、锰、硅预脱氧,然后加碳化硅粉或硅铁粉＋碳粉扩散脱氧,最后用铝终脱氧	扩散脱氧剂分批、少量、多次加入
				脱硫	4	造高碱度、强还原性、流动性良好的炉渣,加强钢渣搅拌	
				取样	2	取样前充分搅拌,取样部位为炉门到2♯电极中间,钢液面下200~300 mm	有代表性
			插铝操作	出钢前插铝时间	1	出钢前3~5 min	
				操作要求	3	迅速将铝插入钢水,停留约20 s再左右移动	
				注意事项	3	插铝棒长度合适、铝块不宜过多、不要使铝浮在渣面上	
			普通电弧炉出钢操作	满足出钢条件	2	成分合格,白渣,脱氧良好,温度1 610~1 640 ℃	
				出钢槽清理	2	干燥、流畅、清洁	
				钢渣混冲	4	钢钢口开足够大,与天车密切配合,钢渣同出	
			炼钢记录	记录填写	3	准确、规范、完整	
"F"	钢液质量检测	10	正确使用圆杯试样对钢液脱氧情况进行初步判断	取样安全要求	2	停电并抬起电极	
				样模准备	3	干燥、清洁	
				脱氧情况判断	5	表面下凹,表明脱氧良好	
质量、安全、工艺纪律、文明生产等综合考核项目				考核时限	不限	每超时5分钟,扣10分	
				工艺纪律	不限	依据企业有关工艺纪律管理规定执行,每违反一次扣10分	
				劳动保护	不限	依据企业有关劳动保护规定执行,每违反一次扣10分	
				文明生产	不限	依据企业有关文明生产管理规定执行,每违反一次扣10分	
				安全生产	不限	依据企业有关安全生产管理规定执行,每违反一次扣10分	

电炉炼钢工(中级工)技能操作考核框架

一、框架说明

1. 依据《国家职业标准》[注]，以及中国北车确定的"岗位个性服从于职业共性"的原则，提出电炉炼钢工(中级工)技能操作考核框架(以下简称：技能考核框架)。

2. 本职业等级技能操作考核评分采用百分制。即：满分为 100 分，60 分为及格，低于 60 分为不及格。

3. 实施"技能考核框架"时，考核制件(活动)命题可以选用本企业的加工件(活动项目)，也可以结合实际另外组织命题。

4. 实施"技能考核框架"时，考核的时间和场地条件等应依据《国家职业标准》，并结合企业实际确定。

5. 实施"技能考核框架"时，其"职业功能"的分类按以下要求确定：

(1)"炼钢操作"属于本职业等级技能操作的核心职业活动，其"项目代码"为"E"。

(2)"工艺准备"、"质量检验与误差分析"属于本职业等级技能操作的辅助性活动，其"项目代码"分别为"D"和"F"。

6. 实施"技能考核框架"时，其"鉴定项目"和"选考数量"按以下要求确定：

(1)按照《国家职业标准》有关技能操作鉴定比重的要求，本职业等级技能操作考核制件(活动)的"鉴定项目"应按"D"+"E"+"F"组合，其考核配分比例相应为："D"占 20 分，"E"占 70 分，"F"占 10 分。

(2)依据中国北车确定的"核心职业活动选取 2/3，并向上取整"的规定，在"E"类鉴定项目——"炼钢操作"的全部 8 项中，至少选取 6 项。

(3)依据中国北车确定的"其余'鉴定项目'的数量可以任选"的规定，"D"和"F"类鉴定项目——"工艺准备"、"质量检验与误差分析"中，至少分别选取 1 项。

(4)依据中国北车确定的"确定'选考数量'时，所涉及'鉴定要素'的数量占比，应不低于对应'鉴定项目'范围内'鉴定要素'总数的 60%，并向上取整"的规定，考核制件(活动)的鉴定要素"选考数量"应按以下要求确定：

①在"D"类"鉴定项目"中，在已选定的 1 个或全部鉴定项目中，至少选取已选鉴定项目所对应的全部鉴定要素的 60%项，并向上保留整数。

②在"E"类"鉴定项目"中，在已选的 6 个鉴定项目所包含的全部鉴定要素中，至少选取总数的 60%项，并向上保留整数。

③在"F"类"鉴定项目"中，在已选定的 1 个或全部鉴定项目中，至少选取已选鉴定项目所对应的全部鉴定要素的 60%项，并向上保留整数。

举例分析：

按照上述"第 6 条"要求，若命题时按最少数量选取，即：在"D"类鉴定项目中选取了"制定炼钢工艺"、"设备维护与保养"2 项，在"E"类鉴定项目中选取了"配料、装料"、"熔化期操作"、

"氧化期操作"、"出钢操作"、"LF 精炼"、"炼钢记录"6 项,在"F"类鉴定项目中分别选取了"温度检测"1 项,则:

此考核制件(活动)所涉及的"鉴定项目"总数为 9 项,具体包括:"制定炼钢工艺"、"设备维护与保养"、"配料、装料"、"熔化期操作"、"氧化期操作"、"出钢操作"、"LF 精炼"、"炼钢记录"、"温度检测";

此考核制件(活动)所涉及的鉴定要素"选考数量"相应为 14 项,具体包括:"制定炼钢工艺"、"设备维护与保养"鉴定项目包含的全部 6 个鉴定要素中的 4 项,"配料、装料"、"熔化期操作"、"氧化期操作"、"出钢操作"、"LF 精炼"、"炼钢记录"6 个鉴定项目包括的全部 14 个鉴定要素中的 9 项,"温度检测"鉴定项目包含的全部 1 个鉴定要素中的 1 项。

7. 本职业等级技能操作需要两人及以上共同作业的,可由鉴定组织机构根据"必要、辅助"的原则,结合实际情况确定协助人员的数量。在整个操作过程中,协助人员只能起必要、简单的辅助作用。否则,每违反一次,至少扣减应考者的技能考核总成绩 10 分,直至取消其考试资格。

8. 实施"技能考核框架"时,应同时对应考者在质量、安全、工艺纪律、文明生产等方面行为进行考核。对于在技能操作考核过程中出现的违章作业现象,每违反一项(次)至少扣减技能考核总成绩 10 分,直至取消其考试资格。

注:按照中国北车规定,各《职业技能操作考核框架》的编制依据现行的《国家职业标准》或现行的《行业职业标准》或现行的《中国北车职业标准》的顺序执行。

二、电炉炼钢工（中级工）技能操作鉴定要素细目表

职业功能	鉴定项目				鉴定要素		
	项目代码	名称	鉴定比重（%）	选考方式	要素代码	名称	重要程度
一、工艺准备	D	（一）制定炼钢工艺	20	任选	001	能制定碱性电弧炉氧化法常用碳素钢冶炼作业指导书	Y
					002	能读懂碱性电弧炉碳素钢及低合金钢冶炼工艺规程	X
					003	能读懂偏心底电弧炉＋精炼炉（EBT＋LF)冶炼工艺规程	X
		（二）备料			001	合理选择炉料,能进行炉料的配比核算	X
					002	根据使用要求对炉料进行使用前处理	Z
		（三）工具、量具的准备			001	准确合理使用各种炼钢工具,并做好维护、保养和修理	Y
					002	准确合理使用测量器具,并进行维护、保养及一般故障的排除	Y
		（四）设备维修与保养			001	能进行电弧炉操作,能对电弧炉进行常规检查	Y
					002	EBT 出钢口清理及引流砂填装操作	X
					003	整体炉盖芯的安装	Y

续上表

职业功能	鉴定项目				鉴定要素		
	项目代码	名称	鉴定比重（%）	选考方式	要素代码	名称	重要程度
二、炼钢操作	E	（一）配料、装料	70	至少选择6项	001	能正确进行碱性电弧炉冶炼碳素钢配料	X
					002	装料罐操作	Y
		（二）熔化期操作			001	按碱性电弧炉氧化法常规操作进行炉料的熔化操作	X
		（三）氧化期操作			001	按碱性电弧炉氧化法常规操作进行氧化期操作	X
					002	快速去磷操作	X
					003	氧化渣的观察及处理	X
		（四）还原期操作			001	按碱性电弧炉氧化法常规操作进行还原期操作	X
					002	去硫操作	X
					003	还原渣的观察及处理	X
		（五）出钢操作			001	普通电弧炉出钢操作	X
					002	确定脱氧剂加入量，对钢液进行终脱氧	X
					003	偏心底电弧炉出钢操作	X
		（六）LF炉精炼			001	精炼操作	X
					002	LF精炼过程供氩	X
					003	喂线操作	X
					004	热装塞杆操作	X
		（七）炉衬修补及钢包修砌			001	钢包及钢包炉工作层的修补及更换	Y
					002	炉门区、炉底、炉坡及渣线的维护操作	Y
					003	塞杆袖砖及塞头砖装配	Y
		（八）炼钢记录			001	准确、规范填写炼钢记录	Y
三、质量检验与误差分析	F	（一）温度检测	10	任选	001	熟练使用热电偶测温仪进行测温	Y
		（二）成分检测			001	能正确使用钢水取样器取样或用样勺取样浇注样块	Y
					002	根据成分报告单对钢液情况做出较详细的分析，并能进行成分调整	Y
		（三）钢液质量检测			001	正确使用圆杯试样对钢液脱氧情况进行判断	Y

电炉炼钢工(中级工)技能操作考核
样题与分析

职 业 名 称:＿＿＿＿＿＿＿＿＿＿＿＿

考 核 等 级:＿＿＿＿＿＿＿＿＿＿＿＿

存 档 编 号:＿＿＿＿＿＿＿＿＿＿＿＿

考核站名称:＿＿＿＿＿＿＿＿＿＿＿＿

鉴定责任人:＿＿＿＿＿＿＿＿＿＿＿＿

命题责任人:＿＿＿＿＿＿＿＿＿＿＿＿

主管负责人:＿＿＿＿＿＿＿＿＿＿＿＿

中国北车股份有限公司劳动工资部制

职业技能鉴定技能操作考核制件图示或内容

一、试题名称：K2 摇枕、侧架用钢冶炼

二、冶炼钢种：ZG25MnNi

三、化学成分

C：0.20%～0.28%　　　Si：0.20%～0.40%　　　Mn：0.70%～1.00%

Ni：0.30%～0.40%　　　Al：0.02%～0.06%　　　P、S≤0.030%

Cu≤0.30%

四、技术要求：

1. 钢水氧含量 60ppm 以下。

2. 还原渣 FeO≤1.0%。

3. 浇注温度 1580℃以下。

4. 要求出钢 10 t，全废钢冶炼。

五、考试规则：

1. 每违反一次工艺纪律、安全操作、劳动保护等扣除 10 分。

2. 有重大安全事故、考试作弊者取消其考试资格。

职业名称	电炉炼钢工
考核等级	中级工
试题名称	K2 摇枕、侧架用钢冶炼
材质等信息	

职业技能鉴定技能操作考核准备单

职业名称	电炉炼钢工
考核等级	中级工
试题名称	K2 摇枕、侧架用钢冶炼

一、材料准备

耐火材料、造渣材料、合金材料、钢铁料等材料准备齐全、分类堆放、干燥、符合《冶金材料规范》并有化学分析的原始抄件。

二、设备、工、量、卡具准备清单

序号	名称	规格	数量	备注
1	测温仪、测温枪、热电偶、秤、氧气表、氩气表			
2	电弧炉、钢包及吊具、料罐及吊具、天车、搅拌机、烤包器			
3	样勺、样杯			
4	扒渣耙子、插铝棒			

三、考场准备

1. 使用前相应的设备、器具、工装的检查与保养。
2. 操作场地干燥,安全防范设施齐全、有效。
3. 配备必要的辅助人员。

四、考核内容及要求

1. 考核内容(按考核试题及要求操作)。

2. 考核时限 240 分钟。

3. 考试过程中出现违反质量、安全、工艺纪律等现象,每违反一项(次)至少扣减技能考核总成绩 10 分,直到取消其考试资格。

4. 考核评分按下表评分标准进行。

职业名称	电炉炼钢工	考核等级	中级工			
试题名称	K2 摇枕、侧架用钢冶炼	考核时限	240 分钟			
鉴定项目	考核内容	配分	评分标准		扣分说明	得分
制定炼钢工艺、设备维修与保养	氧化期渣量及碱度的确定	1	渣量 3%～4%,碱度 2～3			
	脱碳速度和净沸腾时间的确定	1	速度 0.01%/min～0.03%/min,时间不小于 10 min			
	出渣条件的确定	2	碳 0.15%～0.20%,磷 0.015 以下,锰 0.20% 以上,温度 1 610～1 630 ℃			
	出钢条件的确定	2	成分合格,脱氧良好,温度 610 ℃～1 640 ℃			
	喂线参数的确定	1	速度 50～70 m/min,数量 0.5～0.7 kg/t			

续上表

鉴定项目	考核内容	配分	评分标准	扣分说明	得分
制定炼钢工艺、设备维修与保养	通读工艺规程	3	对规程进行解释说明		
	出钢口清理	3	迅速、干净		
	引流砂填装	2	呈馒头状		
	泥料涂抹	2	涂抹均匀厚度 3～5 mm		
	安装	3	销、孔对准定位,垂直下落		
配料、装料、熔化期、氧化期、出钢操作、LF精炼、记录填写	装料前检查	2	料罐销轴及钢丝绳		
	装料顺序	2	从下到上依次小块料或钢屑＋大块料和中块料＋小块料或钢屑		
	含镍炉料的处理	2	准确称量		
	石灰加入量	2	2%～7%		
	配碳量	2	保证熔清碳 0.50% 以上		
	吹氧助熔	3	先吹氧清理炉门,然后在未切割电极附近搭桥炉料,最后处理靠近炉坡的炉料		
	造熔化渣	3	渣量 2% 左右,碱度合适,强氧化性,流动性良好		
	脱磷	4	造好熔化渣,加强吹氧搅拌,适当流渣,升温不能过快		
	脱碳	3	速度 0.01%/min～0.03%/min;吹氧管与钢液面成 20°～30° 角,深度 200 mm 左右,沿水平方向徐徐移动		
	脱磷	3	造高碱度、强氧化性、流动性良好的炉渣,流渣操作,钢渣界面吹氧,促进钢渣反应		
	造渣	3	前期渣量大,碱度大,后期渣量小,碱度小,流动性良好		
	净沸腾控制	2	时间不小于 10 min		
	出渣成分控制	3	碳 0.12%～0.18%,磷 0.015 以下,镍 0.40% 以下,锰 0.20% 以上		
	氧化性判定	3	判断正确得分		
	碱度判定	3	判断正确得分		
	满足出钢条件	2	成分合格,温度合格		
	出钢速度的控制	2	速度合理控制		
	出钢过程合金化及造渣	4	严格按工艺执行		
	造渣	3	加石灰、萤石、精炼合成渣造渣,渣量 2% 左右		
	脱氧	3	加碳化硅粉或硅铁粉＋碳粉扩散脱氧,最后用铝终脱氧		
	脱硫	3	造高碱度、强还原性、流动性良好的炉渣,加强钢渣搅拌		
	取样	1	取样前充分搅拌,取样部位为钢包中心,钢液面下 300～500 mm		
	喂线搅拌强度确定	2	分批、少加、勤加		
	喂线速度确定	2	≤1%		
	喂入量确定	2	≥15 min		
	操作前吹扫	1	接触面干净清洁		
	操作要求	2	连接紧密、牢固		
	结束后要求	1	加保温剂		
	记录填写	2	准确、规范、完整		

鉴定项目	考核内容	配分	评分标准	扣分说明	得分
温度检测	测温安全要求	2	停电并抬起电极		
	取样前操作要求	4	充分搅拌		
	测温部位	4	取样部位为钢包中心,深度 300~500 mm		
质量、安全、工艺纪律、文明生产等综合考核项目	考核时限	不限	每超时 5 分钟,扣 10 分		
	工艺纪律	不限	依据企业有关工艺纪律规定执行,每违反一次扣 10 分		
	劳动保护	不限	依据企业有关劳动保护管理规定执行,每违反一次扣 10 分		
	文明生产	不限	依据企业有关文明生产管理规定执行,每违反一次扣 10 分		
	安全生产	不限	依据企业有关安全生产管理规定执行,每违反一次扣 10 分		

职业技能鉴定技能考核制件(内容)分析

职业名称	电炉炼钢工
考核等级	中级工
试题名称	K2 摇枕、侧架用钢冶炼
职业标准依据	北车《电炉炼钢工职业技能鉴定标准》

试题中鉴定项目及鉴定要素的分析与确定

鉴定项目分类 / 分析事项	基本技能"D"	专业技能"E"	相关技能"F"	合计	数量与占比说明
鉴定项目总数	4	8	3	15	
选取的鉴定项目数量	2	6	1	9	"E"占总数 2/3 以上,"D""F"至少选 1 项
选取的鉴定项目数量占比	50%	75%	33%	60%	
对应选取鉴定项目所包含的鉴定要素总数	6	14	1	21	
选取的鉴定要素数量	4	9	1	14	
选取的鉴定要素数量占比	67%	64%	100%	67%	60%以上

所选取鉴定项目及相应鉴定要素分解与说明

鉴定项目类别	鉴定项目名称	国家职业标准规定比重(%)	《框架》中鉴定要素名称	本命题中具体鉴定要素分解	配分	评分标准	考核难点说明
"D"	制定炼钢工艺、设备维修与保养	20	能制定碱性电弧炉氧化法常用碳素钢冶炼作业指导书(ZG25#)	氧化期渣量及碱度的确定	1	渣量 3%～4%,碱度 2～3	
				脱碳速度和净沸腾时间的确定	1	速度 0.01%/min～0.03%/min,时间不小于 10 min	
				出渣条件的确定	2	碳 0.15%～0.20%,磷 0.015 以下,锰 0.20% 以上,温度 1 610～1 630℃	
				出钢条件的确定	2	成分合格,白渣,脱氧良好,温度 1 610～1 640℃	炉后吹氩温度可适当提高
				喂线参数的确定	1	速度 50～70 m/min,数量 0.5～0.7 kg/t	10 t 钢水包
			能读懂(EBT-LF)冶炼工艺规程	通读工艺规程	3	对规程进行解释说明	
			EBT 出钢口清理及引流砂填装操作	出钢口清理	3	迅速、干净	
				引流砂填装	2	呈馒头状	
			整体炉盖芯的安装	泥料涂抹	2	涂抹均匀厚度 3～5 mm	
				安装	3	销、孔对准定位,垂直下落	

续上表

鉴定项目类别	鉴定项目名称	国家职业标准规定比重(%)	《框架》中鉴定要素名称	本命题中具体鉴定要素分解	配分	评分标准	考核难点说明
"E"	配料、装料、熔化期、氧化期、出钢操作、LF精炼、记录填写	70	装料罐操作	装料前检查	2	料罐销轴及钢丝绳	
				装料顺序	2	从下到上依次小块料或钢屑＋大块料和中块料＋小块料或钢屑	
				含镍炉料的处理	2	准确称量	
				石灰加入量	2	2%～7%	
				配碳量	2	保证熔清碳0.50%以上	
			碱性电弧炉冶炼低合金钢的熔化期操作	吹氧助熔	3	先吹氧清理炉门,然后在未切割电极附近搭桥炉料,最后处理靠近炉坡的炉料	
				造熔化渣	3	渣量2%左右,碱度合适,强氧化性,流动性良好	
				脱磷	4	造好熔化渣,加强吹氧搅拌,适当流渣,升温不能过快	
			碱性电弧炉冶炼低合金钢的氧化期操作	脱碳	3	速度0.01%/min～0.03%/min;吹氧管与钢液面成20°～30°角,深度200 mm左右,沿水平方向徐徐移动	
				脱磷	3	造高碱度、强氧化性、流动性良好的炉渣,流渣操作钢渣界面吹氧,促进钢渣反应	适当偏低温度
				造渣	3	前期渣量大,碱度大,后期渣量小,碱度小,流动性良好	
				净沸腾控制	2	时间不小于10 min	起止时间确定
				出渣成分控制	3	碳0.12%～0.18%,磷0.015以下,镍0.40%以下,锰0.20%以上	碳磷镍控制是关键
			氧化渣的观察及处理	氧化性判定	3	判断正确得分	
				碱度判定	3	判断正确得分	
			偏心底电弧炉出钢操作	满足出钢条件	2	成分合格,温度合格	
				出钢速度的控制	2	速度合理控制	
				出钢过程合金化及造渣	4	严格按工艺执行	
			LF精炼操作	造渣	3	加石灰、萤石、精炼合成渣造渣,渣量2%左右	
				脱氧	3	加碳化硅粉或硅铁粉＋碳粉扩散脱氧,最后用铝终脱氧	扩散脱氧剂分批、少量、多次加入

鉴定项目类别	鉴定项目名称	国家职业标准规定比重（%）	《框架》中鉴定要素名称	本命题中具体鉴定要素分解	配分	评分标准	考核难点说明
"E"	配料、装料、熔化期、氧化期、出钢操作、LF精炼、记录填写	70	LF精炼操作	脱硫	3	造高碱度、强还原性、流动性良好的炉渣,加强钢渣搅拌	
				取样	1	取样前充分搅拌,取样部位为钢包中心,钢液面下300~500 mm	
			喂线操作	喂线搅拌强度确定	2	分批、少加、勤加	
				喂线速度确定	2	≤1%	
				喂入量确定	2	≥15 min	
			热装塞杆操作	操作前吹扫	1	接触面干净清洁	
				操作要求	2	连接紧密、牢固	
				结束后要求	1	加保温剂	
			炼钢记录	记录填写	2	准确、规范、完整	
"F"	温度检测	10	熟练使用热电偶测温仪进行测温	测温安全要求	2	停电并抬起电极	
				取样前操作要求	4	充分搅拌	
				测温部位	4	取样部位为钢包中心,深度300~500 mm	
质量、安全、工艺纪律、文明生产等综合考核项目				考核时限	不限	每超时5分钟,扣10分	
				工艺纪律	不限	依据企业有关工艺纪律规定执行,每违反一次扣10分	
				劳动保护	不限	依据企业有关劳动保护管理规定执行,每违反一次扣10分	
				文明生产	不限	依据企业有关文明生产管理规定执行,每违反一次扣10分	
				安全生产	不限	依据企业有关安全生产管理规定执行,每违反一次扣10分	

电炉炼钢工(高级工)技能操作考核框架

一、框架说明

1. 依据《国家职业标准》^注，以及中国北车确定的"岗位个性服从于职业共性"的原则，提出电炉炼钢工(高级工)技能操作考核框架(以下简称：技能考核框架)。

2. 本职业等级技能操作考核评分采用百分制。即：满分为 100 分，60 分为及格，低于 60 分为不及格。

3. 实施"技能考核框架"时，考核制件(活动)命题可以选用本企业的加工件(活动项目)，也可以结合实际另外组织命题。

4. 实施"技能考核框架"时，考核的时间和场地条件等应依据《国家职业标准》，并结合企业实际确定。

5. 实施"技能考核框架"时，其"职业功能"的分类按以下要求确定：

(1)"炼钢操作"属于本职业等级技能操作的核心职业活动，其"项目代码"为"E"。

(2)"工艺准备"、"质量检验与误差分析"属于本职业等级技能操作的辅助性活动，其"项目代码"分别为"D"和"F"。

6. 实施"技能考核框架"时，其"鉴定项目"和"选考数量"按以下要求确定：

(1)按照《国家职业标准》有关技能操作鉴定比重的要求，本职业等级技能操作考核制件(活动)的"鉴定项目"应按"D"+"E"+"F"组合，其考核配分比例相应为："D"占 15 分，"E"占 75 分，"F"占 10 分。

(2)依据中国北车确定的"核心职业活动选取 2/3，并向上取整"的规定，在"E"类鉴定项目——"炼钢操作"的全部 8 项中，至少选取 6 项。

(3)依据中国北车确定的"其余'鉴定项目'的数量可以任选"的规定，"D"和"F"类鉴定项目——"工艺准备"、"质量检验与误差分析"中，至少分别选取 1 项。

(4)依据中国北车确定的"确定'选考数量'时，所涉及'鉴定要素'的数量占比，应不低于对应'鉴定项目'范围内'鉴定要素'总数的 60%，并向上取整"的规定，考核制件(活动)的鉴定要素"选考数量"应按以下要求确定：

①在"D"类"鉴定项目"中，在已选定的 1 个或全部鉴定项目中，至少选取已选鉴定项目所对应的全部鉴定要素的 60%项，并向上保留整数。

②在"E"类"鉴定项目"中，在已选的 6 个鉴定项目所包含的全部鉴定要素中，至少选取总数的 60%项，并向上保留整数。

③在"F"类"鉴定项目"中，在已选定的 1 个或全部鉴定项目中，至少选取已选鉴定项目所对应的全部鉴定要素的 60%项，并向上保留整数。

举例分析：

按照上述"第 6 条"要求，若命题时按最少数量选取，即：在"D"类鉴定项目中选取了"制定炼钢工艺"、"备料"2项,在"E"类鉴定项目中选取了"配料、装料"、"熔化期操作"、"氧化期操作"、"还原期操作"、"出钢操作"、"炼钢记录"6项,在"F"类鉴定项目中分别选取了"钢液质量检测"1项,则:

　　此考核制件(活动)所涉及的"鉴定项目"总数为9项,具体包括:"制定炼钢工艺"、"备料"、"配料、装料"、"熔化期操作"、"氧化期操作"、"还原期操作"、"出钢操作"、"炼钢记录"、"钢液质量检测";

　　此考核制件(活动)所涉及的鉴定要素"选考数量"相应为14项,具体包括:"制定炼钢工艺"、"配料"2个鉴定项目包含的全部5个鉴定要素中的3项,"配料、装料"、"熔化期操作"、"氧化期操作"、"还原期操作"、"出钢操作"、"炼钢记录"6个鉴定项目包括的全部16个鉴定要素中的10项,"钢液质量检测"鉴定项目包含的全部1个鉴定要素中的1项。

　　7. 本职业等级技能操作需要两人及以上共同作业的,可由鉴定组织机构根据"必要、辅助"的原则,结合实际情况确定协助人员的数量。在整个操作过程中,协助人员只能起必要、简单的辅助作用。否则,每违反一次,至少扣减应考者的技能考核总成绩10分,直至取消其考试资格。

　　8. 实施"技能考核框架"时,应同时对应考者在质量、安全、工艺纪律、文明生产等方面行为进行考核。对于在技能操作考核过程中出现的违章作业现象,每违反一项(次)至少扣减技能考核总成绩10分,直至取消其考试资格。

　　注:按照中国北车规定,各《职业技能操作考核框架》的编制依据现行的《国家职业标准》或现行的《行业职业标准》或现行的《中国北车职业标准》的顺序执行。

二、电炉炼钢工(高级工)技能操作鉴定要素细目表

职业功能	鉴定项目				鉴定要素		
	项目代码	名称	鉴定比重(%)	选考方式	要素代码	名称	重要程度
一、工艺准备	D	(一)制定炼钢工艺	15	任选	001	能制定碱性电弧炉氧化法常用低合金钢冶炼工艺规程	Y
					002	能制定碱性电弧炉低合金钢冶炼作业指导书	X
					003	能读懂偏心底电弧炉＋精炼炉(EBT＋LF)冶炼工艺规程	X
		(二)备料			001	合理选择炉料,核算合金材料加入量,明确炉料成分	X
					002	根据使用要求对炉料进行使用前处理	Z
		(三)工具、量具的准备			001	准确合理使用各种炼钢工具,并能进行工具制作材料的优选,简单工具自制	Y
					002	准确合理使用测量器具,并进行维护、保养、调试及常规故障的排除	Y
		(四)设备维修与保养			001	能配合好设备维护和电炉调试工作	Y
					002	EBT出钢口的修补和更换操作	X
					003	LF精炼炉塞杆的冷装操作	X

续上表

职业功能	鉴定项目				鉴定要素		
	项目代码	名称	鉴定比重（%）	选考方式	要素代码	名称	重要程度
二、炼钢操作	E	（一）配料、装料	75	至少选择6项	001	能正确进行碱性电弧炉冶炼低合金钢配料	X
					002	装料罐操作	Y
		（二）熔化期操作			001	碱性电弧炉冶炼低合金钢的熔化期操作	X
					002	缩短熔化期的操作	X
		（三）氧化期操作			001	碱性电弧炉冶炼低合金钢的氧化期操作	X
					002	熔氧结合快速炼钢操作	X
					003	长弧泡沫渣操作	Y
		（四）还原期操作			001	碱性电弧炉冶炼低合金钢的还原期操作	X
					002	白渣精炼操作	X
					003	合金化操作	X
					004	钢水量的校核及合金加入量的计算	X
		（五）出钢操作			001	普通电弧炉出钢操作	X
					002	确定脱氧剂加入量，对钢液终脱氧	X
					003	偏心底电弧炉出钢操作	X
					004	核算合金加入量，对钢脱氧及粗合金化，出钢过程造渣操作	X
		（六）LF炉精炼			001	低合金钢精炼操作	X
					002	LF合金化操作	X
					003	喂线操作	X
					004	热装塞杆操作	X
		（七）包衬、炉衬、炉盖的砌筑			001	钢包及钢包炉的砌筑	Y
					002	电弧炉炉衬的砌筑	Y
					003	炉盖的砌筑	Y
		（八）炼钢记录			001	准确、规范填写炼钢记录，并能指导中、初级炼钢工规范填写炼钢记录	Y
三、质量检验与误差分析	F	（一）温度检测	10	任选	001	正确使用热电偶测温仪进行测温	Y
					002	能对测量温度引起的误差因素进行分析	Z
		（二）成分检测			001	根据炉前成分分析报告对钢液成分做出详细分析，并结合惯性误差对炼钢各步骤化学成分进行调整	Y
		（三）钢液质量检测			001	正确使用圆杯试样对钢液脱氧情况进行判断。对脱氧情况不良因素进行分析	Y

电炉炼钢工(高级工)技能操作考核
样题与分析

职 业 名 称：_____

考 核 等 级：_____

存 档 编 号：_____

考核站名称：_____

鉴定责任人：_____

命题责任人：_____

主管负责人：_____

中国北车股份有限公司劳动工资部制

职业技能鉴定技能操作考核制件图示或内容

一、试题名称:K6 摇枕、侧架用钢冶炼

二、冶炼钢种:ZG25MnCrNi

三、化学成分

C:0.23%~0.29%　　Si:0.30%~0.50%　　Mn:0.80%~1.00%

Cr:0.3%~0.50%　　Ni:0.20%~0.30%　　Al:0.02%~0.06%

P、S≤0.025%　　　　Cu≤0.30%

四、技术要求:

1. 钢水氧含量 60ppm 以下。

2. 还原渣 FeO≤1.0%。

3. 浇注温度 1580℃以下。

4. 要求出钢 10 t,全废钢冶炼。

五、考试规则:

1. 每违反一次工艺纪律、安全操作、劳动保护等扣除 10 分。

2. 有重大安全事故、考试作弊者取消其考试资格。

职业名称	电炉炼钢工
考核等级	高级工
试题名称	K2 摇枕、侧架用钢冶炼
材质等信息	

职业技能鉴定技能操作考核准备单

职业名称	电炉炼钢工
考核等级	高级工
试题名称	K6 摇枕、侧架用钢冶炼

一、材料准备

耐火材料、造渣材料、合金材料、钢铁料等材料准备齐全、分类堆放、干燥、符合《冶金材料规范》并有化学分析的原始抄件。

二、设备、工、量、卡具准备清单

序号	名称	规格	数量	备注
1	测温仪、测温枪、热电偶、秤、氧气表、氩气表			
2	电弧炉、钢包及吊具、料罐及吊具、天车、搅拌机、烤包器			
3	样勺、样杯			
4	扒渣耙子、插铝棒			

三、考场准备

1. 使用前相应的设备、器具、工装的检查与保养。
2. 操作场地干燥,安全防范设施齐全、有效。
3. 配备必要的辅助人员。

四、考核内容及要求

1. 考核内容(按考核试题及要求操作)。
2. 考核时限 270 分钟。
3. 考试过程中出现违反质量、安全、工艺纪律等现象,每违反一项(次)至少扣减技能考核总成绩 10 分,直到取消其考试资格。
4. 考核评分按下表评分标准进行。

职业名称	电炉炼钢工	考核等级	高级工		
试题名称	K6 摇枕、侧架用钢冶炼	考核时限	270 分钟		
鉴定项目	考核内容	配分	评分标准	扣分说明	得分
制定炼钢工艺、备料	氧化期渣量及碱度的确定	1	渣量 3%~4%,碱度 2~3		
	脱碳速度和净沸腾时间的确定	1	速度 0.01%/min~0.03%/min,时间不小于 10 min		
	出渣条件的确定	2	碳 0.12%~0.17%,磷 0.012 以下,镍 0.30 以下,锰 0.20% 以上,温度 1 610~1 630℃		
	出钢条件的确定	2	成分合格,脱氧良好,温度 1 610~1 640℃		

鉴定项目	考核内容	配分	评分标准	扣分说明	得分
制定炼钢工艺、备料	喂线参数的确定	1	速度 50～70 m/min,数量 0.5～0.7 kg/t		
	锰铁	1	锰铁 130 kg		
	硅铁	1	硅铁 60 kg		
	铬铁	1	铬铁 70 kg		
	镍板	1	镍板 23 kg		
	合金	2	块度处理、烘烤后使用		
	萤石、矿石	1	杂质去除、块度处理		
	石灰	1	焦炭去除、粉末去除		
装料、配料、熔化期、氧化期、还原期、出钢操作、记录填写	装料前检查	2	料罐销轴及钢丝绳		
	装料顺序	2	从下到上依次小块料或钢屑＋大块料和中块料＋小块料或钢屑		
	含镍炉料的处理	1	准确称量		
	石灰加入量	2	2%～7%		
	配碳量	2	保证熔清碳 0.50% 以上		
	吹氧助熔	3	先吹氧清理炉门,再未切割电极附近搭桥炉料,最后处理靠近炉坡的炉料		
	造熔化渣	3	渣量 2% 左右,碱度合适,强氧化性,流动性良好		
	脱磷	4	造好熔化渣,加强吹氧搅拌,适当流渣		
	脱碳	3	速度 0.01%/min～0.03%/min;吹氧管与钢液面成 20°～30°角,深度 200 mm 左右,沿水平方向徐徐移动		
	脱磷	3	造高碱度、强氧化性、流动性良好的炉渣,流渣操作,钢渣界面吹氧,促进钢渣反应		
	造渣	3	前期渣量大,碱度大,后期渣量小,碱度小,流动性良好		
	净沸腾控制	2	时间不少于 10 min		
	出渣成分控制	3	碳 0.12%～0.17%,磷 0.012 以下,镍 0.30% 以下,锰 0.20% 以上		
	料罐中石灰加入量	2	2%～7%		
	吹氧助熔	2	及时吹氧助熔,向熔池供氧,促进泡沫渣形成		
	渣量控制	2	3%～4%		
	流渣后造新渣	2	自动流渣后,及时补加石灰和碳粉组成的泡沫渣料,保持炉渣的碱度和发泡能力		
	造稀薄渣	2	加石灰、萤石造稀薄渣,渣量 2% 左右		
	脱氧	3	前期加铝、锰、硅预脱氧,然后加碳化硅粉或硅铁粉＋碳粉扩散脱氧,最后用铝终脱氧		
	脱硫	3	造高碱度、强还原性、流动性良好的炉渣,加强钢渣搅拌		
	取样	2	取样前充分搅拌,取样部位为炉门到 2# 电极中间,钢液面下 200～300 mm		
	扩散脱氧剂使用	2	分批、少加、勤加		

鉴定项目	考核内容	配分	评分标准	扣分说明	得分
装料、配料、熔化期、氧化期、还原期、出钢操作、记录填写	炉渣 FeO 含量	3	≤1%		
	白渣保持时间	3	≥15 min		
	成分调整	5	根据成分调整结果判定计算准确性		
	满足出钢条件	2	成分合格,白渣,脱氧良好,温度 1 610～1 640℃		
	出钢槽清理	2	干燥、流畅、清洁		
	钢渣混冲	2	出钢口开足够大,与天车密切配合,钢渣同出		
	出钢过程中加入适量铝饼或铝块终脱氧	3	根据炉渣氧化性强弱、钢水量多少加入铝 0.8～1.2 kg/t		
	记录填写	2	准确、规范、完整		
钢液质量检测	取样安全要求	2	停电并抬起电极		
	样模准备	3	干燥、清洁		
	脱氧情况判断	5	表面下凹,表明脱氧良好		
质量、安全、工艺纪律、文明生产等综合考核项目	考核时限	不限	每超时 5 分钟,扣 10 分		
	工艺纪律	不限	依据企业有关工艺纪律规定执行,每违反一次扣 10 分		
	劳动保护	不限	依据企业有关劳动保护管理规定执行,每违反一次扣 10 分		
	文明生产	不限	依据企业有关文明生产管理规定执行,每违反一次扣 10 分		
	安全生产	不限	依据企业有关安全生产管理规定执行,每违反一次扣 10 分		

职业技能鉴定技能考核制件(内容)分析

职业名称	电炉炼钢工
考核等级	高级工
试题名称	K6 摇枕、侧架用钢冶炼
职业标准依据	北车《电炉炼钢工职业技能鉴定标准》

试题中鉴定项目及鉴定要素的分析与确定

分析事项 ＼ 鉴定项目分类	基本技能"D"	专业技能"E"	相关技能"F"	合计	数量与占比说明
鉴定项目总数	4	8	3	15	
选取的鉴定项目数量	2	6	1	9	"E"占总数2/3以上,"D""F"至少选1项
选取的鉴定项目数量占比	50%	75%	33%	60%	
对应选取鉴定项目所包含的鉴定要素总数	5	16	1	22	
选取的鉴定要素数量	3	10	1	14	
选取的鉴定要素数量占比	60%	63%	100%	63%	60%以上

所选取鉴定项目及相应鉴定要素分解与说明

鉴定项目类别	鉴定项目名称	国家职业标准规定比重(%)	《框架》中鉴定要素名称	本命题中具体鉴定要素分解	配分	评分标准	考核难点说明
"D"	制定炼钢工艺、备料	15	能制定碱性电弧炉低合金钢冶炼作业指导书(B+钢)	氧化期渣量及碱度的确定	1	渣量 3% ～ 4%,碱度2～3	
				脱碳速度和净沸腾时间的确定	1	速度 0.01% ～ 0.03%,时间不小于 10 min	
				出渣条件的确定	2	碳 0.12% ～ 0.17%,磷 0.012% 以下,镍 0.30% 以下,锰 0.20% 以上,温度 1 610～1 630℃	
				出钢条件的确定	2	成分合格,白渣,脱氧良好,温度 1 610 ～ 1 640℃	炉后吹氩温度可适当提高
			核算合金材料加入量	喂线参数的确定	1	速度 50 - 70 m/min,数量 0.5～0.7 kg/t	10 t 钢水包
				锰铁	1	锰铁 130 kg	
				硅铁	1	硅铁 60 kg	
				铬铁	1	铬铁 70 kg	
				镍板	1	镍板 23 kg	

鉴定项目类别	鉴定项目名称	国家职业标准规定比重(%)	《框架》中鉴定要素名称	本命题中具体鉴定要素分解	配分	评分标准	考核难点说明
"D"	制定炼钢工艺、备料	15	使用前对炉料进行处理	合金	2	块度处理、烘烤后使用	
				萤石、矿石	1	杂质去除、块度处理	
				石灰	1	焦炭去除、粉末去除	
"E"	装料、配料、熔化期、氧化期、还原期、出钢操作、记录填写	75	装料罐操作	装料前检查	2	料罐销轴及钢丝绳	
				装料顺序	2	从下到上依次小块料或钢屑＋大块料和中块料＋小块料或钢屑	
				含镍炉料的处理	1	准确称量	
				石灰加入量	2	2%～7%	
				配碳量	2	保证熔清碳 0.50% 以上	
			碱性电弧炉冶炼低合金钢的熔化期操作	吹氧助熔	3	先吹氧清理炉门，再未切割电极附近搭桥炉料，最后处理靠近炉坡的炉料	
				造熔化渣	3	渣量 2% 左右，碱度合适，强氧化性，流动性良好	
				脱磷	4	造好熔化渣，加强吹氧搅拌，适当流渣	
			碱性电弧炉冶炼低合金钢的氧化期操作	脱碳	3	速度 0.01%/min ～ 0.03%/min；吹氧管与钢液面成 20°～30°角，深度 200 mm 左右，沿水平方向徐徐移动	
				脱磷	3	造高碱度、强氧化性、流动性良好的炉渣，流渣操作，钢渣界面吹氧，促进钢渣反应	适当偏低温度
				造渣	3	前期渣量大，碱度大，后期渣量小，碱度小，流动性良好	
				净沸腾控制	2	时间不少于 10 min	起止时间确定
				出渣成分控制	3	碳 0.12% ～ 0.17%，磷 0.012% 以下，镍 0.30% 以下，锰 0.20% 以上	碳磷镍控制是关键
			长弧泡沫渣操作	料罐中石灰加入量	2	2%～7%	
				吹氧助熔	2	及时吹氧助熔，向熔池供氧，促进泡沫渣形成	
				渣量控制	2	3%～4%	
				流渣后造新渣	2	自动流渣后，及时补加石灰和碳粉组成的泡沫渣料，保持炉渣的碱度和发泡能力	

续上表

鉴定项目类别	鉴定项目名称	国家职业标准规定比重(%)	《框架》中鉴定要素名称	本命题中具体鉴定要素分解	配分	评分标准	考核难点说明
"E"	装料、配料、熔化期、氧化期、还原期、出钢操作、记录填写	75	碱性电弧炉冶炼低合金钢的还原期操作	造稀薄渣	2	加石灰、萤石造稀薄渣,渣量2%左右	
				脱氧	3	前期加铝、锰、硅预脱氧,然后加碳化硅粉或硅铁粉+碳粉扩散脱氧,最后用铝终脱氧	
				脱硫	3	造高碱度、强还原性、流动性良好的炉渣,加强钢渣搅拌	
				取样	2	取样前充分搅拌,取样部位为炉门到2♯电极中间,钢液面下200~300 mm	有代表性
			白渣精炼操作	扩散脱氧剂使用	2	分批、少加、勤加	
				炉渣FeO含量	3	≤1%	
				白渣保持时间	3	≥15 min	
			合金加入量的计算	成分调整	5	根据成分调整结果判定计算准确性	
			普通电弧炉出钢操作	满足出钢条件	2	成分合格,白渣,脱氧良好,温度1 610~1 640℃	
				出钢槽清理	2	干燥、流畅、清洁	
				钢渣混冲	2	出钢口开足够大,与天车密切配合,钢渣同出	
			确定脱氧剂加入量,对钢液终脱氧	出钢过程中加入适量铝饼或铝块终脱氧	3	根据炉渣氧化性强弱、钢水量多少加入铝0.8~1.2 kg/t	炉渣氧化性强弱判断
			炼钢记录	记录填写	2	准确、规范、完整	
"F"	钢液质量检测	10	正确使用圆杯试样对钢液脱氧情况进行判断。对脱氧情况不良因素进行分析	取样安全要求	2	停电并抬起电极	
				样模准备	3	干燥、清洁	
				脱氧情况判断	5	表面下凹,表明脱氧良好	
质量、安全、工艺纪律、文明生产等综合考核项目				考核时限	不限	每超时5分钟,扣10分	
				工艺纪律	不限	依据企业有关工艺纪律规定执行,每违反一次扣10分	
				劳动保护	不限	依据企业有关劳动保护管理规定执行,每违反一次扣10分	
				文明生产	不限	依据企业有关文明生产管理规定执行,每违反一次扣10分	
				安全生产	不限	依据企业有关安全生产管理规定执行,每违反一次扣10分	